Vom Urknall zum modernen Menschen

T0220607

Peter Ulmschneider

Vom Urknall zum modernen Menschen

Die Entwicklung der Welt in zehn Schritten

 Springer Spektrum

Peter Ulmschneider
Zentrum für Astronomie Heidelberg,
Institut für Theoretische Astrophysik
Universität Heidelberg
Heidelberg, Deutschland
ulmschneider@uni-heidelberg.de
http://www.ita.uni-heidelberg.de/~ulm/index.html

ISBN 978-3-642-29925-4   ISBN 978-3-642-29926-1 (eBook)
DOI 10.1007/978-3-642-29926-1

Die Deutsche Nationalbibliothek verzeichnet diese Publikation in der Deutschen
Nationalbibliografie; detaillierte bibliografische Daten sind im Internet über http://dnb.d-nb.de
abrufbar.

Springer Spektrum

Gedruckt auf säurefreiem und chlorfrei gebleichtem Papier.

Springer Spektrum ist eine Marke von Springer DE. Springer DE ist Teil der Fachverlagsgruppe
Springer Science+Business Media
www.springer-spektrum.de

Einleitung

„Dass ich sterblich bin weiß ich, und dass meine Tage gezählt sind; aber wenn ich im Geiste den vielfach verschlungen Kreisbahnen der Gestirne nachspüre, dann berühre ich mit den Füßen nicht mehr die Erde: am Tische des Zeus selbst labt mich Ambrosia, die Götterspeise". So schrieb *Claudius Ptolemäus* (um 125 n. Chr.), Lehrer an der antiken Bibliothek von Alexandria und Autor des *Almagest*, eines Lehrbuchs der Astronomie, das für 1500 Jahre die Bibel dieser Wissenschaft sein sollte.[1]

Ptolemäus' Worte drücken die Faszination über die Phänomene und Gesetzmäßigkeiten der physischen Welt aus, die Menschen schon damals bei der Betrachtung ihrer Umwelt und der eigenen Existenz empfunden haben. Knapp 2000 Jahre später soll das vorliegende Buch den Fortschritt in unserem heutigen Verständnis der Natur, von der Entstehung des Universums bis zum modernen Menschen beschreiben. Jedes der zehn Kapitel dokumentiert einen fundamentalen Schritt dieser Entwicklung.

Kapitel 1 beschreibt wie das Universum im Urknall entstand und wie es wieder enden wird. Dokumentiert werden die Frühgeschichte des Universums, die Ausbildung galaktischer Strukturen und die zukünftige Entwicklung des Weltalls bis zum Kältetod.

Kapitel 2 befasst sich mit dem Kollaps riesiger galaktischer Molekül- und Staubwolken, bei dem Sterne und Planeten entstehen. Diese erleiden dabei in ihrer nachfolgenden Entwicklung sehr unterschiedliche Schicksale.

Nur sehr wenige Planeten ermöglichen günstige Voraussetzungen zur Entstehung von Leben. Welche Eigenschaften solche erdähnliche Planeten besitzen müssen, wird in Kap. 3 anhand der Erde diskutiert.

Entscheidend für das Auftreten von Leben ist die Einzigartigkeit des Elements Kohlenstoff, Grundlage der Organischen Chemie, sowie das Vorhandensein von flüssigem Wasser. Diese und andere für das Leben wichtige Substanzen werden in Kap. 4 behandelt.

In Kap. 5 werden das Phänomen Leben, seine biochemischen Grundlagen, die Sequenzierung und Klassifikation der Organismen sowie die geologischen Lebensspuren und Theorien zur Bildung des Lebens aus einer abiotischen Welt erläutert.

Kapitel 6 widmet sich der anschließenden Entwicklung: dem Darwin-Prozess von Mutation und natürlicher Selektion, der zur Entwicklung der eukaryotischen Zellen führte, ohne die höhere Lebensformen nicht hätten entstehen können.

Ein weiterer fundamentaler Schritt, das Auftreten der Mehrzelligkeit, die vor etwa 1 Mrd. Jahren die Spezialisierung der Zellen und die Bildung von Organen und Körperteilen erlaubte, ist in Kap. 7 erläutert. Die Mehrzelligkeit stellt die Voraussetzung für die Eroberung des Landes durch Pflanzen und Tiere dar.

In Kap. 8 werden die Entwicklung der Säugetiere, das Massensterben am Ende der Kreidezeit, die Evolution der Primaten und die Entwicklung der Intelligenz besprochen. Zum Verständnis der höheren Gehirnfunktionen bei Tieren haben hier auch große Fortschritte auf dem Gebiet der Künstlichen Intelligenz und Robotik beigetragen.

Kapitel 9 beschäftigt sich mit der Entstehung des modernen Menschen. Der aufrechte Gang, die Befreiung der Hände von der Fortbewegung sowie die Entwicklung des Gehirns erlaubten die mentale Evolution, die sich sowohl in einer technologischen (Werkzeuggebrauch, Feuernutzung) als auch kulturellen Evolution (Sprache, Recht) äußert.

---

[1] Manitius K (1963) Ptolemäus, Handbuch der Astronomie Band I. Teubner, Leipzig, S XXXII.

Die zukünftige Entwicklung der Menschheit und die wahrscheinliche Existenz extraterrestrischer intelligenter Zivilisationen werden in Kap. 10 diskutiert. Eine Hypothese stellt das Streben der mentalen Evolution des Lebens im Universum auf einen evolutionären Konvergenzpunkt hin dar.

Tabelle A1 mit astronomischen und physikalischen Einheiten sowie Tab. A2 mit geologischen Zeitepochen finden sich zur besseren Übersicht im Anhang.

Für großzügige Unterstützung bei der Korrekturlesung von Teilen oder dem ganzen Manuskript sowie für zahlreiche Hinweise und Verbesserungsvorschläge habe ich vielen zu danken. Zunächst meinen Astrophysikkollegen Immo Appenzeller, Matthias Bartelmann, Hans-Peter Gail und Joachim Krautter von der Universität Heidelberg sowie Dietrich Lemke (Max-Planck-Institut für Astronomie, Heidelberg) und Volker Bromm (University of Texas, Austin, USA). Aus anderen Fächern kommen hinzu: die Kollegen Karl Doehring (öffentl. Recht), Andreas Draguhn (Neurophysiologie), Claudia Erbar (Botanik), Thomas Fuchs (Psychopathologie), Joachim Funke (Psychologie), Joachim Kirsch (Zellbiologie), Peter Leins (Botanik) und Volker Storch (Zoologie) der Universität Heidelberg sowie Hermann Dertinger (Strahlenbiologie, Karlsruher Institut für Technologie, Karlsruhe), Dieter Godel (Physik, Jade Hochschule, Wilhelmshaven), Armin Kreiner (Theologie, Universität München), Martin Ulmschneider (Molekulare Biophysik, Johns Hopkins University, Baltimore, USA), János Vic (Theologie, Universität Cluj, Rumänien) und Uwe Walzer (Geowissenschaften, Universität Jena). Besonderer Dank gebührt auch Reinhard Breuer (Spektrum der Wissenschaft, Heidelberg), Katharina Ulmschneider (Universität Oxford) und Helgard Ulmschneider.

Heidelberg, März 2013   Peter Ulmschneider

Inhaltsverzeichnis

Das Universum

P. Ulmschneider, Vom Urknall zum modernen Menschen, DOI 10.1007/978-3-642-29926-1_1,
© Springer-Verlag Berlin Heidelberg 2014

Jahrhundertelange Entwicklung von astronomischen Teleskopen, modernen Instrumenten und analytischen Untersuchungsmethoden sowie, in neuester Zeit, von umfangreichen Computersimulationen deuten darauf hin, dass Urknall und Kältetod den Anfang und das Ende unserer Welt markieren. Weltmodelle und präzise Beobachtungen erlauben, die Entwicklung von extrem heißen Frühphasen des Universums, in der die chemischen Elemente entstanden sind, bis zur Bildung von Sternen, Galaxien und den Strukturen des heutigen Weltalls nachzuvollziehen. Zusätzlich ermöglichen sie, das zukünftige Schicksal unserer Welt vorherzusagen.

1.1 Die Milchstraße und Galaxien

Schon um 480 v. Chr. wusste der vorsokratische griechische Philosoph Parmenides von Elea (nach Diogenes Laertius ca. 200 n. Chr., Leben und Meinungen berühmter Philosophen), dass unsere Erde eine Kugel ist. Ihren wahren Umfang bestimmte erstmals der griechische Mathematiker Erathostenes um 240 v. Chr. In der Antike und im Mittelalter ging man davon aus, dass die Erde im Zentrum des Universums stehe (*geozentrisches System*). Dieses Weltbild erschütterte um 1530 der deutsch-polnische Mathematiker und Arzt Nikolaus Kopernikus, indem er antike Vorstellungen aufgriff und postulierte, dass die Erde als Planet zusammen mit den damals bekannten fünf Planeten Merkur, Venus, Mars, Jupiter und Saturn um die Sonne kreise. Den eindeutigen Nachweis für dieses *heliozentrische System* lieferte zwischen 1609 und 1618 der deutsche Astronom und Mathematiker Johannes Kepler mit der Entdeckung der drei nach ihm benannten Gesetze. Der englische Physiker und Mathematiker Isaak Newton bestätigte dies 60 Jahre später mit den Bewegungsgleichungen und dem Gravitationsgesetz, aus denen er die Kepler-Gesetze ableiten konnte. Die endgültige Bestätigung dieses Systems gelang 1838 dem deutschen Mathematiker Friedrich Wilhelm Bessel mit der ersten Bestimmung der Entfernung zu einem anderen Stern.

Im Jahr 1923 zeigte der amerikanische Astronom Edwin Hubble, dass unser Sonnensystem zu einer riesigen Galaxis – der Milchstraße – gehört, einer scheibenförmigen Ansammlung von ca. 200 Mrd. Sternen mit einem Durchmesser von etwa 100.000 Lj (1 Lichtjahr [Lj] = $9{,}46 \times 10^{15}$ m). Zwei Jahre später entdeckte er, dass es sich beim Andromedanebel M 31 ebenfalls um eine Galaxie handelt. Abbildung 1.1 zeigt links unsere Heimatgalaxis als eine zweiarmige Balkenspirale mit einer Balkenlänge von 27.000 Lj, deren Zentrum die Sonne im Abstand von 26.000 Lj umkreist, und rechts den doppelt so großen Andromedanebel, der 2,5 Mio. Lj entfernt liegt.

Zusammen mit einer Reihe weiterer Galaxien gehören beide zur sogenannten Lokalen Gruppe, die zusammen mit anderen den Virgo-Galaxienhaufen bildet, dessen Zentrum sich in einer Entfernung von 60 Mio. Lj befindet. Mittlerweile ist bekannt, dass eine riesige Zahl von Galaxienhaufen mit typischerweise jeweils 50–1000 Mitgliedern ein weitläufiges Universum bevölkert, das mit etwa 100 Mrd. Galaxien und zusammen etwa 10^{23} Sternen einen Durchmesser von mehr als 30 Mrd. Lj besitzt.

a   b

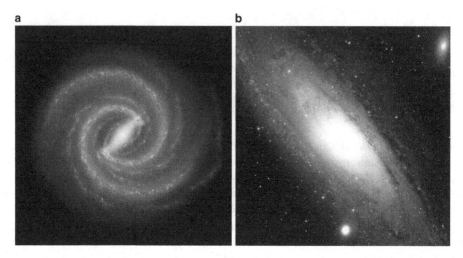

◘ **Abb. 1.1** Unsere Galaxis (**a**) und im gleichen Maßstab der Andromedanebel M 31 (**b**) mit den elliptischen Zwerggalaxien M 32 (*unten*) und M 110 (*oben*) (NASA/JPL-Caltech)

◘ **Abb. 1.2** Langzeitaufnahme (Hubble Deep Field) mit dem Hubble Space Teleskop (STScI und NASA)

Abbildung 1.2 zeigt eine mit dem Hubble Space Teleskop gewonnene Langzeitaufnahme eines winzigen Gebietes im Sternbild Ursa Major, das eine Überlagerung von 342 Einzelbildern darstellt, die in 10 Tagen im Dez. 1995 aufgenommen wurden. Bis auf wenige zur Milchstraße gehörenden Vordergrundsterne sind alle Lichtfleckchen in diesem Bild Galaxien. Ihre Ausdehnung wird mit der Entfernung immer kleiner, wobei die winzigsten Lichtpünktchen von Galaxien stammen, die bis zu 10 Mrd. Lj entfernt liegen.

Die erwähnten Gesamtzahlen an Galaxien ergeben sich aus Zählungen in wie in Abb. 1.2 dargestellten Himmelsgebieten und anschließenden Hochrechnungen auf das ganze Himmelsgewölbe. Abbildung 1.2 zeigt weit in der Vergangenheit liegende Zustände, da die wenigen eingefangenen Lichtquanten Milliarden Jahre unterwegs waren, bevor sie in der Digitalkamera des Hubble Space Teleskops absorbiert wurden. Dabei dürften die meisten der ca. 10^{55} Photonen, die pro Sekunde von solchen Galaxien in alle Himmelsrichtungen ausgesandt wurden, nie eingefangen werden, sondern ewig weiterfliegen (Abschn. 1.17.2).

1.2   Teleskope

Zwei wichtige technische Errungenschaften stellen die Grundlage für unser heutiges Bild des Universums dar: die Erfindung des *Fernrohrs*, das die Welt jenseits des Sonnensystems zu erkunden erlaubte und die Entwicklung von *Entfernungsbestimmungsmethoden*, die es ermöglichen, die Natur der beobachteten Objekte zu verstehen und richtig einzuordnen. Bis heute bringt jedes weiterentwickelte astronomische Beobachtungsinstrument fast unweigerlich neue umwälzende Erkenntnisse.

Warum wurde das aus zwei Linsen und einem Rohr zur Ausblendung des Streulichts bestehende Fernrohr, das erstmalig 1608 von Niederländern konstruiert und 1609 von Galileo Galilei und 1611 von Johannes Kepler für astronomische Zwecke verbessert nachgebaut wurde, nicht bereits in der Antike entwickelt? Wurden doch in der assyrischen (um 700 v. Chr.) und klassisch-griechischen Zeit (um 400 v. Chr.) bereits Linsen als Brenn- und Vergrößerungsgläser hergestellt und war die Mathematik der Kegelschnitte bereits Euklid (ca. 360–280 v. Chr.) und Apollonius von Perge (ca. 262–190 v. Chr.) bekannt. Der Grund liegt in der schlechten Qualität der frühen Linsen. Erst der Fortschritt bei den hochwertigeren homogenen Muranogläsern zur Zeit Galileis erlaubte es, astronomische Fernrohre zuerst mit dreifacher und später mit dreißigfacher Vergrößerung zu konstruieren.

Mit Galileis Entdeckungen begann eine Revolution in der Astronomie, die u. a. den berühmten Refraktor des Yerkes Observatory (1897), die Spiegelteleskope des Mt. Wilson Observatory (1917) und des Mt. Palomar Observatory (1948) hervorbrachte. Mithilfe des Spiegelteleskops auf Mt. Wilson gelang es Hubble 1925 im Andromedanebel Cepheiden, pulsierende Sterne, zu entdecken und damit den bereits erwähnten Nachweis zu erbringen, dass es sich bei dem Andromedanebel um eine Galaxie handelt. Die schnelle Entwicklung zu immer größeren und mächtigeren astronomischen Teleskopen hält bis in die neueste Zeit an.

Abbildung 1.3 zeigt die vier Spiegelteleskope der Europäischen Südsternwarte (ESO) auf dem Cerro Paranal in Chile, die zum Very Large Telescope (VLT) gehören. Ihre Hauptspiegel haben einen Durchmesser von 8 m und können zu einem interferometrischen Gesamtteleskop mit einer Öffnung von maximal 130 m zusammengeschaltet werden. Die Spiegel sind mit einer *aktiven Optik* ausgestattet, um stets die Idealform zu bewahren, und sollen noch mit einer *adaptiven Optik* ausgerüstet werden, die es erlaubt, die Luftunruhe zu kompensieren und im sichtbaren und infraroten Spektralbereich außergewöhnlich scharfe Bilder zu erzeugen.

Das zunehmende Interesse an Beobachtungen im Radiofrequenzbereich, der es erlaubt, tief in Staubwolken und Gebiete der Sternentstehung vorzudringen, hat zum Bau von großen Radioteleskopen wie dem Arecibo Observatory auf Puerto Rico mit seinem 305 m Spiegel geführt sowie zu ausgedehnten Arrays von Radioantennen mit einer Basislänge, die praktisch den Durchmesser der Erde erreicht wie das zehn Radioteleskope umfassende Very Long Baseline Array (VLBA) (Abb. 1.4a).

◻ Abb. 1.3 Die vier 8 m-Teleskope des Europäischen Very Large Telescope (VLT) auf dem Cerro Paranal in den chilenischen Anden (ESO)

a   b

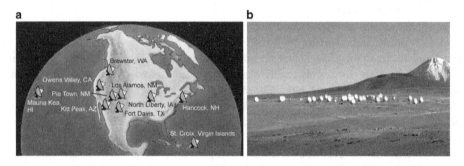

◻ Abb. 1.4 Das Very Long Baseline Array (VLBA) Radioteleskop (**a**) und das im Bau befindliche Atacama Large Millimeter Array (ALMA) (**b**) (NAIC, ESO)

Eines der ehrgeizigsten Projekte der bodengebundenen Astronomie stellt das voraussichtlich bis Ende 2013 fertiggestellte Atacama Large Millimeter Array (ALMA) dar, das 66 versetzbare Radioantennen besitzen soll (Abb. 1.4b). Das Array wird auf dem 5000 m hohen Hochplateau Chajnantor in der Atacamawüste von Chile errichtet, wo es kaum störenden atmosphärischen Wasserdampf gibt. Durch Verschieben der Antennen kann ALMA in ein Gesamtteleskop mit einer Öffnung bis zu 16 km verwandelt werden.

Große Teleskope werden zunehmend auch im Weltraum stationiert (Abb. 1.5), so das Hubble Space Telescope (HST), das 1990 mit einem Space Shuttle in eine 575 km hohe Erdumlaufbahn gebracht wurde. Das im Bau befindliche James Webb Space Telescope (JWST) soll 2018 gestartet werden, um das HST zu ersetzen. Im sogenannten Lagrange-Punkt L_2 wird es in 1,5 Mio. km Entfernung von der Erde auf ihrer sonnenabgewandten Seite stationiert werden und zusammen mit der Erde um die Sonne kreisen. Der Hauptspiegel des HST hat einen Durchmesser von 2,4 m, während der des JWST 6,5 m betragen wird.

Ein weiteres wichtiges im Bau befindliches Instrument ist der ESA Astrometrie Satellit GAIA, der eine präzise Vermessung des lokalen Weltalls zum Ziel hat. Er verfügt über zwei mit CCDs ausgestattete Teleskope, die in einem festen Winkel von 106,5° zueinander montiert

a   b

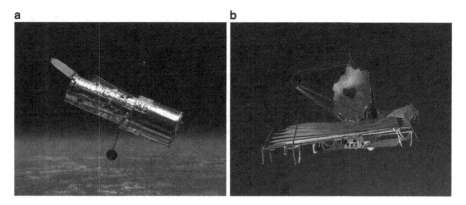

◘ **Abb. 1.5** Hubble Space Telescope (**a**) und James Webb Space Telescope (**b**) (STScI, NASA)

sind. Durch Rotation des Satelliten wird eine präzise dreidimensionale Karte von 10^9 Sternen der Milchstraße aufgebaut, wobei jedes Objekt etwa 70-mal beobachtet wird. Damit können erheblich genauere Entfernungen als mit dem Vorgängersatelliten Hipparcos erzielt werden.

1.3 Entfernungen

Entfernungsbestimmungsmethoden sind die zweite essenzielle Errungenschaft, die eine Vorstellung von dem uns umgebenden Universum ermöglicht.

1.3.1 Sonnenentfernung des Aristarch von Samos

Schon in der Antike bemühte man sich, Entfernungen im Sonnensystem zu messen. Wie Ptolemäus berichtet, bestimmte Aristarch von Samos (ca. 310–230 v. Chr.) die Mondentfernung in Einheiten des Erdradius, indem er zunächst den Durchmesser des Erdschattens bei Mondfinsternissen mit 2,6 Monddurchmessern ermittelte (Manitius 1963). Sodann berechnete er die Sonnenentfernung als 19-mal größer als die Mondentfernung. Dies leitete er aus einem gemessenen Winkelabstand von 87° zwischen Sonne und Mond ab, wenn Letzterer genau im ersten Viertel stand und somit Erde, Mond und Sonne ein rechtwinkliges Dreieck bildeten. Die geometrischen Beziehungen im Schattenkegel der Erde bei einer Mondfinsternis erlaubten dann aus den beiden gemessenen Werten die Größenverhältnisse des Sonne-Erde-Mond-Systems zu bestimmen (Heath 1981).

Es ergab sich eine Mondentfernung von 67 Erdradien und dass die Sonne 5,6-mal und der Mond 0,3-mal so groß waren wie die Erde. Die von Aristarch errechnete, fast zweitausend Jahre lang akzeptierte Messgröße von 19, muss in Wahrheit 400 lauten. Die Werte für die Größe des Mondes und dessen Entfernung sind jedoch realistisch, besonders als Eratosthenes, wie erwähnt, den Erdradius auf 16 % genau bestimmte. Da also zu Zeiten des Hellenismus die Dimensionen des Sonne-Erde-Mond-Systems grob bekannt waren, postulierte Aristarch ein heliozentrisches Sonnensystem, in dem die Erde zusammen mit den anderen Planeten um die

Sonne kreist, wobei der Tag-Nacht-Rhythmus und die scheinbare Rotation der Fixsternsphäre um die Erde als Eigenrotation der Erde um ihre Achse verstanden wurde.

1.3.2 Die kosmische Entfernungsleiter

Diese Geschichte zeigt, wie entscheidend eine präzise astronomische Entfernungsbestimmung für unsere Vorstellung vom Weltall ist. Wegen der gigantischen Größe des Universums gibt es keine *einzelne* Methode, die es erlaubt, alle Distanzen der Objekte zu messen. Man stützt sich vielmehr auf die *kosmische Entfernungsleiter*, die von der *Triangulierung* über die *Cepheiden* zu den *Supernovae* reicht und eine Hierarchie von Entfernungsmessmethoden darstellt, die jeweils gegeneinander geeicht werden müssen. Für Objekte des Sonnensystems liefern die Rückkehrzeiten von Radar- oder Lasersignalen sehr genaue Entfernungen. Für nahe Sterne, in Distanzen bis zu 100 Lj nutzt man die Triangulierungen von der Erdbahn aus. Hier wird ein naher Stern vor dem weit dahinter liegenden Sternfeld im Abstand von einem halben Jahr beobachtet, nachdem die Erde an gegenüberliegenden Punkten ihrer Bahn um die Sonne angekommen ist. Von dem erwähnten Astrometriesatelliten GAIA werden präzise trigonometrische Entfernungen von Sternen bis zu einigen 1000 Lj erwartet.

1.3.3 Cepheiden

Der nächste Schritt auf der Entfernungsleiter sind die *Cepheiden*, helle pulsierende Sterne, aus deren beobachteter Pulsationsdauer man ihre absolute Helligkeit ableiten und durch Vergleich mit der gemessenen scheinbaren Helligkeit die Entfernung bestimmen kann. Der Nachweis von Cepheiden in Nachbargalaxien erlaubt, Entfernungen bis ca. 10^8 Lj zu messen. Um die Cepheiden der Milchstraße zu eichen, benutzte man früher eine Reihe von Methoden wie die Sternstromparallaxe und das Hauptreihenfitting; inzwischen sind neuere Methoden, wie z. B. die Beobachtung von Lichtechos, verfügbar (Benedict et al. 2007; Kervella et al. 2008).

Mithilfe der 23,5 Mio. Lj entfernten sogenannten „Anker"-Galaxie NGC4258 kann man neuerdings extragalaktische Cepheiden direkt eichen. Hier handelt es sich um eine sogenannte AGN-Galaxie, die in ihrem Kern ein aktives galaktisches supermassereiches Schwarzes Loch (SMBH) besitzt. Während der Kern unserer Galaxis verhältnismäßig ruhig ist, stürzen bei AGN-Galaxien große Gasmengen in den Kern und erzeugen gewaltige Leuchterscheinungen. Aus Gründen der Drehimpulserhaltung können diese Massen nicht direkt in den Kern fließen, sondern bilden eine Akkretionsscheibe, in der sie in spiralförmigen Bahnen den Kern umkreisen, bis sie schließlich in ihn hineinstürzen.

Von den 22 AGN-Galaxien in unserer Nachbarschaft ist NGC4258 die einzige, in deren Akkretionsscheibe mit dem Very Long Baseline Array (VLBA) Maserlinien von Wasserdampf beobachtet wurden. Maser funktionieren wie Laser und erzeugen eine intensive Radioemission. An den mit Dreiecken bezeichneten Stellen in Abb. 1.6a treten enge Maserlinien auf, mit denen sich die Rotation der Scheibe präzise messen lässt. Auf der linken Seite kommen Gasmassen mit bis zu 1500 km/s auf uns zu und auf der rechten Seite fliegen sie mit 450 km/s von uns weg. Aus den beobachteten Winkelabständen und Geschwindigkeiten konnte die genaue Entfernung von NGC4258 bestimmt und der mit dem Hubble Space Teleskop beobachtete Zusammenhang zwischen der scheinbaren Helligkeit (Größenklasse) und Pulsationsperiode der Cepheiden ermittelt werden (Abb. 1.6b).

Abb. 1.6 Die „Anker"-Galaxie NGC4258. **a** Akkretionsscheibe aus Messungen im Radiogebiet. Die Skala zeigt einen Winkel von 2,9 Millibogensekunden (Herrnstein et al. 1999), **b** Leuchtkraftperiodendiagramm von 97 Cepheiden dieser Galaxie (Riess et al. 2009)

1.3.4 Typ-Ia-Supernovae

Der letzte Schritt auf der kosmischen Entfernungsleiter sind *Typ-Ia-Supernovae*, die ihrerseits mit Cepheiden geeicht werden müssen. Bei einer Supernova Ia handelt es sich um die Explosion und Vernichtung eines *Weißen Zwergsterns*. Letztere sind extrem kompakte Sterne, die als Endprodukte der normalen Sternentwicklung entstehen und in Abschn. 2.3 näher besprochen werden. Sie können eine maximale Masse annehmen, die durch die Chandrasekhar-Grenze von ca. 1,4 Sonnenmassen gegeben ist. Jenseits dieser Grenze ist es dem Weißen Zwerg nicht mehr möglich, sein Gewicht mithilfe des sogenannten Elektronenentartungsdrucks stabil zu halten: Es findet ein Kollaps mit anschließender Explosion statt, die den Weißen Zwerg zerreißt. Supernovae Ia treten in Doppelsternsystemen auf, in denen ein Weißer Zwerg einen

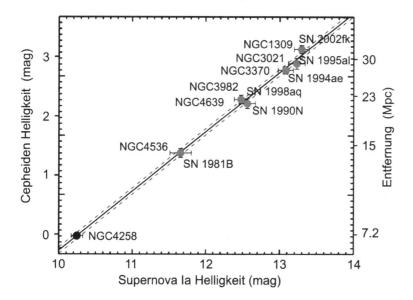

Abb. 1.7 Der Zusammenhang von Cepheiden und Supernovae-Ia-Helligkeiten von sechs Galaxien legt als Eichung eine fiktive Supernovahelligkeit in der „Anker"-Galaxie NGC4258 fest. Rechts eine Entfernungsskala. Modifiziert nach Riess et al. (2009)

Roten Riesenstern begleitet. Rote Riesen haben ausgedehnte Hüllen und besitzen massereiche Sternwinde. Davon wird Masse auf den nahen Weißen Zwerg übertragen, bis dieser die Chandrasekhar-Grenze erreicht, kollabiert und explodiert.

Da im Moment des Kollapses alle Weißen Zwerge die gleiche Masse besitzen, müssen bei den Supernovae Ia dieselben absoluten Helligkeiten auftreten, was zur Entfernungsbestimmung benutzt wird. Abbildung 1.7 zeigt den linearen Zusammenhang der scheinbaren Helligkeiten (Magnituden) von Cepheiden und Typ-Ia-Supernovae bei *sechs* nahen Galaxien. Aus der bekannten Entfernung von NGC4258 und den beobachteten Helligkeitsunterschieden der Cepheiden der *sieben* Galaxien lassen sich die absoluten Helligkeiten der Supernovae Ia ermitteln. Da diese zu den hellsten Erscheinungen im Universum gehören, kann man mit ihnen die Distanzen zu den fernsten Objekten des Universums bestimmen.

1.4   Rotverschiebung, Fluchtgeschwindigkeit

Vergleicht man die Spektren naher Galaxien mit denen der fernen von Abb. 1.2, findet man, dass bekannte Spektrallinien, die man für nahe Galaxien bei einer Wellenlänge λ_0 beobachtet, für ferne bei einer Wellenlänge λ auftreten, wobei λ stets größer ist als λ_0 (Abb. 1.8). Da diese Verschiebung um $\Delta\lambda = \lambda - \lambda_0$ zum roten Spektralbereich hin erfolgt, spricht man von *Rotverschiebung* (Abb. 1.8, Pfeil). Diese wird oft auch mit dem sogenannten z-Parameter angegeben, wobei $z = \Delta\lambda/\lambda_0$ ist. Bei der Entdeckung dieses Effektes hatte man die Rotverschiebung auf eine *Fluchtgeschwindigkeit* v der fernen Galaxien zurückgeführt, wobei für Geschwindigkeiten v, die viel kleiner als die Lichtgeschwindigkeit c sind, die Beziehung $v = cz$ gilt. Heute betrachtet man den eingebürgerten Begriff Fluchtgeschwindigkeit allerdings als wenig glücklich, da erkannt wurde, dass die Rotverschiebung nicht von einer Bewegung der fernen Galaxien gegenüber den lokalen herrührt, sondern daher, dass sich der Raum zwischen den fernen und nahen Galaxien ständig ausdehnt.

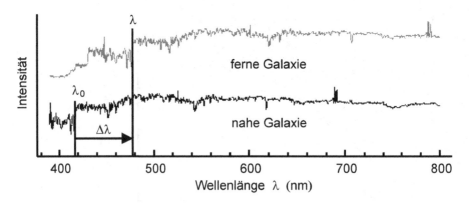

◘ Abb. 1.8 Die Wellenlängen der Spektren ferner und naher Galaxien sind um den Betrag $\Delta\lambda$ gegeneinander verschoben

Abb. 1.9 Das Hubble-Gesetz
(Freedman et al. 2001)

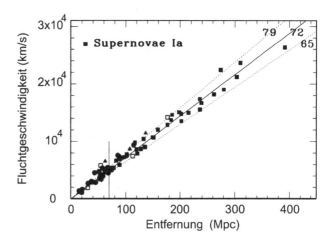

1.5 Das Hubble-Gesetz, der Urknall (Big Bang)

Trägt man die Fluchtgeschwindigkeiten gegen die Entfernungen auf, fällt eine erstaunliche Beziehung zwischen diesen Messgrößen auf (Abb. 1.9). Diese von Georges Lemaître 1927 theoretisch abgeleitete und von Hubble 1929 durch Beobachtung bestätigte Beziehung, das *Hubble-Gesetz*, besagt, dass Galaxien umso größere Fluchtgeschwindigkeiten v besitzen, je weiter sie entfernt sind.

Das Gesetz kann durch $v = H_0 d$ ausgedrückt werden, wobei d die Entfernung und H_0 die *Hubblekonstante* bezeichnen. In Abb. 1.9 findet man den Wert $H_0 = 72$ km/s/Mpc mit einem Fehler von ± 8 km/s/Mpc (1 Mpc $= 10^6$ pc, mit 1 pc (Parsec) $= 3,09 \times 10^{16}$ m). Ein vergleichbarer Wert von $H_0 = 74,2 \pm 3,6$ km/s/Mpc wurde vom Nobelpreisträger Adam Riess mit seiner im Abschn. 1.3.4 besprochenen besseren Eichung der Supernovae Ia entdeckt (Riess et al. 2009). Rechnet man die Fluchtbewegungen (Raumausdehnung) von der beobachteten Distanz aus zurück, ergibt sich, dass unsere Welt explosionsartig aus einem hochkonzentrierten Zustand heraus entstanden sein muss. Dieses, *Urknall* (oder *Big Bang*) genannte Ereignis, hat vor ca. 13,7 Mrd. Jahren stattgefunden und man nimmt an, dass damals Raum, Zeit, Energie und Materie sowie die Naturgesetze entstanden sind.

1.6 Die kosmische Mikrowellenhintergrundstrahlung

Überraschenderweise konnten die Expansion des Weltalls und der Wert der Hubblekonstante von einem ganz anderen Gebiet der Astronomie – den Messungen der *kosmischen Mikrowellenhintergrundstrahlung* (CMB) – voll bestätigt werden. Hier handelt es sich um eine kurzwellige Radiostrahlung in einem Frequenzbereich um 160 GHz und Wellenlängenbereich um $\lambda = 1,9$ mm (Abb. 1.10a), die das ganze Universum in alle Richtungen durchzieht. Sie ist mit hoher Genauigkeit isotrop, d. h. unabhängig von der Himmelsrichtung.

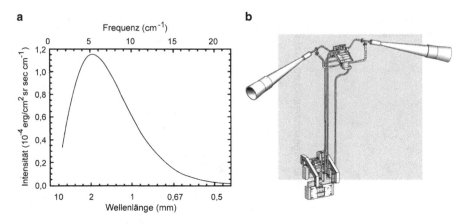

◻ Abb. 1.10 **a** Planck-Spektrum der kosmischen Hintergrundstrahlung, gemessen vom amerikanischen Satelliten COBE (Fixsen et al. 1996), **b** In Paaren unter einem Winkel von 140° angeordnete Radiometer des WMAP Satelliten (NASA/WMAP Science Team)

1.6.1 COBE-Resultate

Obwohl diese Radiostrahlung bereits in den 1960er Jahren entdeckt wurde, gipfelten zunehmend genauere Messung dann in dem 1989 gestarteten amerikanischen Satelliten COBE (Cosmic Background Explorer). COBE konnte zeigen, dass die kosmische Hintergrundstrahlung mit hoher Genauigkeit dem Planck-Strahlungsgesetz für eine Temperatur von $2,725 \pm 0,002$ K folgt (Fixsen und Mather 2002). Bei gegebener Temperatur sagt das Gesetz die Intensität der Radiostrahlung bei verschiedenen Wellenlängen voraus. Die gemessenen Datenpunkte dieses sogenannten Planck-Spektrums lagen so präzise auf der theoretischen Kurve, dass sie in der Strichdicke der gezeichneten Linie verschwanden (Abb. 1.10a).

Es zeigt sich, dass die kosmische Hintergrundstrahlung 99,994 % der im Weltall vorhandenen Strahlungsenergie ausmacht, von der Materie und sonstigen Bestandteilen des Universums praktisch abgekoppelt ist und auf eine Expansion des Weltalls hinweist.

Abbildung 1.11 zeigt wie sich Dichte und Energiedichte bei einer kosmischen Expansion verhalten. Während für materielle Teilchen die Energiedichte (die Energie pro Volumen) mit zunehmendem Volumen abnimmt, da sich eine feste Anzahl von Teilchen auf einen immer größeren Raum verteilt, verkleinert sich die Energiedichte von Photonen schneller, weil sich außerdem die Wellenlänge der Photonen vergrößert. Da die Energiedichte und die Temperatur eng miteinander verknüpft sind, sinkt bei der Expansion auch die Temperatur rapide ab. Dies bedeutet, je kleiner das ursprüngliche Volumen des Universums war, desto höher waren seine Temperaturen.

1.6.2 WMAP und Planck-Ergebnisse

Während man bereits aus dem Wert und der Isotropie der Temperatur der kosmischen Hintergrundstrahlung wichtige Erkenntnisse über die Zeit unmittelbar nach dem Urknall gewinnen konnte, führte die Beobachtung der winzigen Temperaturschwankungen um den Mittelwert zu

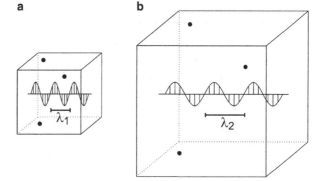

□ Abb. 1.11 Die Expansion des Raumes von einer früheren (**a**) zu einer späteren Epoche (**b**). Die Punkte stellen Protonen, die Welle ein Photon dar mit der Wellenlänge λ

einer wahren Fundgrube an Informationen über den Anfang und die Frühgeschichte unseres Universums. Da die von COBE gemessenen Temperaturschwankungen und die Winkelauflösung von 7° nicht genau genug waren, wurde 2001 der amerikanische Satellit WMAP (Wilkinson Microwave Anisotropy Probe) gestartet, der eine verbesserte Winkelauflösung (0,25°) und Temperatursensitivität besaß. Um Störsignale von Sonne und Erde auszuschalten, wurde er 1,5 Mio. km von der Erde entfernt im Lagrange-Punkt L_2 in eine stabile Umlaufbahn außerhalb der Erdbahn um die Sonne stationiert.

Mit 20 Radiometern ausgestattet, beobachtete WMAP, anders als COBE, nicht die Temperatur selbst, sondern mithilfe eines um einen Winkel von 140° auseinander gerichteten Radiometerpaars die Temperaturdifferenzen der verschiedenen Himmelsregionen (Abb. 1.10b). Aufgrund fortlaufender Rotation des Satelliten überstrichen die Radiometer mit der Zeit mehrfach alle Orte des Himmelsgewölbes. Als Resultat einer 7-jährigen Beobachtung durch WMAP zeigt Abb. 1.12 eine Karte der Temperaturschwankungen (Jarosik et al. 2011). Eine neuere Karte mit höherer Auflösung ergibt sich aus 16 Monate langen Beobachtungen des ESA Planck-Satelliten (http://www.nasa.gov/planck). Die Analyse der Karten wird in Abschn. 1.11 präsentiert.

□ Abb. 1.12 Über das Himmelsgewölbe verteilte Temperaturschwankungen der kosmischen Hintergrundstrahlung, gemessen vom WMAP-Satelliten. Die Variationen um einen Mittelwert von 2,725 K betragen ca. 0,0004 K von den kältesten (dunklen) zu den heißesten (hellen) Gebieten (http://map.gsfc.nasa.gov/media/121238/index.html)

1.7   Weltmodelle

Zur Analyse der kosmischen Hintergrundstrahlung bedarf es theoretischer Modelle, aufgrund derer man diese Beobachtungen verstehen kann. In der Physik gibt es zwei Theorien, die wichtige Fundamente darstellen und sich in der Konfrontation mit Beobachtungen immer wieder als zutreffend und verlässlich erwiesen haben: die von Albert Einstein 1915 vorgeschlagene *Allgemeine Relativitätstheorie* und die auf Max Planck um 1900 zurückgehende, von Erwin Schrödinger, Werner Heisenberg und anderen in den 1920er und 1930er Jahren ausgebaute *Quantenmechanik*, die zur *Quantenfeldtheorie* erweitert wurde.

Die Allgemeine Relativitätstheorie beschreibt die Wechselwirkung der Materie mit Raum und Zeit. Sie lehrt, dass Gravitation, Materiedichte und die Krümmung des Raumes eng zusammenhängen. Einen *ebenen Raum* erhält man, wenn man im Weltall eine homogene Massenverteilung mit einer kritischen Materiedichte $\rho_{\mathrm{krit}} = 9{,}7 \times 10^{-30}$ g/cm^3 annimmt. Hier tritt bei beliebig im Raum liegenden Dreiecken stets eine Winkelsumme von genau 180° auf (Abb. 1.13c). Bei Materiedichten größer als ρ_{krit} ist der *Raum sphärisch gekrümmt*. Dies kann man feststellen, indem man die Winkelsumme von Dreiecken misst und einen Wert von mehr als 180° findet. Diese Krümmungseigenschaft des dreidimensionalen Raumes, die sich unserer direkten Vorstellung entzieht, lässt sich auf einer zweidimensionalen Kugel anschaulich darstellen (Abb. 1.13a). Ist die Materiedichte kleiner als ρ_{krit}, erhält man einen *hyperbolisch gekrümmten Raum* mit einer Dreieckwinkelsumme von weniger als 180° (Abb. 1.13b).

1922 gelang es dem russischen Mathematiker Alexander Friedmann, aus der Allgemeinen Relativitätstheorie die nach ihm benannten *Friedmann-Gleichungen* abzuleiten, mit deren Hilfe er die *Friedmann-Weltmodelle* konstruierte. Wenn man sich das beobachtbare Weltall als eine Kugel gefüllt mit „gasartiger" isotrop und homogen verteilter Materie vorstellt, erlauben die Gleichungen, unter Annahme bestimmter Anfangsbedingungen, die Expansion des Weltalls theoretisch vorherzusagen. Nimmt man an, dass diese Kugel den heutigen Radius r_0 besitzt, kann seine Entwicklung durch einen *Skalenfaktor a* beschrieben werden, der den Radius r in Einheiten von r_0 beschreibt. Beim Urknall hat man $a = 0$, also ein Weltall mit der Ausdehnung null, auch Singularität genannt, während das heutige Weltall die Ausdehnung (Skalenfaktor) $a = 1$ besitzt.

Für die Weltmodelle wird weiter angenommen, dass der aus „gasartigen" Teilchen bestehende Inhalt der Kugel eine Dichte ρ besitzt, die sich aus drei Komponenten zusammensetzt: der *Baryonischen Materie* ρ_{b} (ein Stoff, den wir sehen und fühlen können), der hypothetischen *Dunklen Materie* ρ_{c} (Abschn. 1.13) und der *Dunklen Energie* ρ_{Λ} (Abschn. 1.16), wobei ρ_{b} und ρ_{c} bei der Expansion wie $1/a^3$ oder $1/a^4$ abnehmen (Abschn. 1.10) und $\rho_{\Lambda} = 7{,}2 \times 10^{-30}$ g/cm^3

◘ **Abb. 1.13** Winkelsumme bei Dreiecken auf einer Kugel (**a**), einer Sattelfläche (**b**) und einer Ebene (**c**)

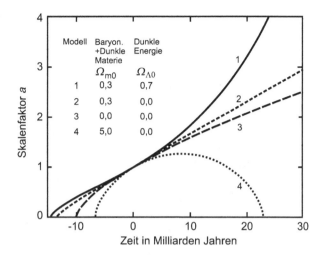

Abb. 1.14 Skalenfaktor a als Funktion der Zeit t. Verschiedene Weltmodelle aufgrund der Auswahl von Dichteparametern Ω_{m0} und $\Omega_{\Lambda 0}$ (NASA/WMAP Science Team)

Modell	Baryon. +Dunkle Materie Ω_{m0}	Dunkle Energie $\Omega_{\Lambda 0}$
1	0,3	0,7
2	0,3	0,0
3	0,0	0,0
4	5,0	0,0

konstant bleibt. Zudem kann man vereinfachend dem „gasartigen" Inhalt der Kugel eine Temperatur T und einen Druck p zuordnen. Als primäre Parameter, die die Weltmodelle eindeutig festlegen, dienen die sogenannten Dichteparameter $\Omega_{b0} = \rho_{b0}/\rho_{krit}$, $\Omega_{c0} = \rho_{c0}/\rho_{krit}$ und $\Omega_{\Lambda 0} = \rho_{\Lambda 0}/\rho_{krit}$, die die heutigen Dichten der drei Komponenten in Einheiten der erwähnten heutigen kritischen Dichte ρ_{krit} angeben. Abbildung 1.14 zeigt vier Weltmodelle, die sich aufgrund der Auswahl der drei erwähnten und dreier weiterer *Primärparameter* ergeben, wobei noch der Dichteparameter $\Omega_{m0} = \Omega_{b0} + \Omega_{c0}$ angegeben werden kann (Spergel et al. 2003; Komatsu et al. 2011).

Alle anderen Parameter, wie z. B. die Hubblekonstante H_0, sind dann als Resultat der Wahl der sechs Primärparameter durch die sich ergebenden Weltmodelle festgelegt. Für diese Modelle gilt, dass sie bei $a = 0$ beginnen und bei $a = 1$ den heutigen Zeitpunkt erreichen. Da die räumliche Geometrie eines Weltmodells vom Wert der Gesamtdichte $\Omega_{tot} = \Omega_{m0} + \Omega_{\Lambda 0}$ abhängt, ergibt sich bei den Weltmodellen 1 und 3 mit $\Omega_{tot} = 1,0$ ein flaches Universum. Im Weltmodell 2 mit der Dichte $\Omega_{tot} = 0,3$, wie für Fälle, bei denen Ω_{tot} kleiner als 1,0 ist, hat man Welten mit negativ gekrümmtem Raum. Wie bei flachen Weltmodellen expandiert hier der Raum immer weiter und dehnt sich bis ins Unendliche aus.

Bei Weltmodell 4 mit der Gesamtdichte $\Omega_{tot} = 5$, wie in allen Fällen mit Ω_{tot} größer als 1,0, hat man eine Welt mit positiv gekrümmtem Raum. Wie Abb. 1.14 zeigt, erreicht bei solchen Weltmodellen der Raum zu einer bestimmten Zeit eine maximale Ausdehnung, um dann wieder zusammenzufallen und schließlich in einer Singularität $a = 0$ zu enden. Die Beobachtungen des WMAP-Satelliten zeigen (Abschn. 1.11), dass für unsere Welt das Modell 1 zutrifft. Sie begann vor 13,7 Mrd. Jahren (Abb. 1.14), hat sich bis vor ca. 5 Mrd. Jahren relativ gemächlich ausgedehnt, und wird in einer rapid beschleunigten Expansion in 20 Mrd. Jahren die dreifache heutige Ausdehnung erreichen.

1.8 Planck-Epoche, der Beginn der Welt?

Die zeitliche Entwicklung des Skalenfaktors a in Weltmodell 1 (Abb. 1.14) kann die oben erwähnte Expansion des Weltalls erklären. Wenn man die in Abb. 1.11 eingezeichneten Teilchen als Galaxien betrachtet, sieht man, dass die beobachteten Fluchtgeschwindigkeiten der Galaxien nicht von einer schnelleren physischen Bewegung ferner Galaxien herrührt, wie man sie etwa von einer Explosion vermuten könnte, sondern von der wachsenden Ausdehnung des Raumes, die die einzelnen Galaxien voneinander entfernt. Diese Raumausdehnung kann sogar mit Überlichtgeschwindigkeit erfolgen (Lineweaver und Davis 2005).

1.8.1 Die Planck-Zeit

Was geschieht, wenn man sich der anfänglichen Singularität bei $a = 0$ nähert? Hier geraten die beiden fundamentalen Säulen der modernen Physik, Quantenmechanik (Quantenfeldtheorie) und Allgemeine Relativitätstheorie, an ihre Grenzen. Zeigen lässt sich dies in Abb. 1.15, bei der die Ausdehnung und Masse von kosmischen Objekten in einem sehr weiten Bereich logarithmisch aufgetragen sind: Die Masse variiert über 110 Größenordnungen von 10^{-60}–10^{50} g, die Ausdehnung über 70 Größenordnungen von 10^{-40}–10^{30} cm.

Die Quantenmechanik begann mit der Entdeckung des Planck-Strahlungsgesetzes und der Erklärung des photoelektrischen Effekts durch Max Planck 1900 und Albert Einstein 1905. Sie bemerkten, dass das Licht nicht als eine sich kontinuierlich ausbreitende Welle eintrifft, sondern als Lichtquanten (Photonen) in diskreten Paketen mit der Energie $E = hc/\lambda$ ankommt. Hier sind λ die Wellenlänge des Lichts, c die Lichtgeschwindigkeit und h eine von Planck eingeführte Konstante, das Planck-Wirkungsquantum. Kombiniert man diese Beziehung mit der von Albert Einstein im Rahmen der Speziellen Relativitätstheorie 1905 gefundenen Beziehung $E = mc^2$, zwischen der Energie und der Masse m, indem man den Lichtquanten eine fiktive Masse $m = E/c^2$ zuweist, so lässt sich die Beziehung $h/\lambda = mc$ zwischen der Wellenlänge und der Masse herleiten, die als durchgezogene Gerade in Abb. 1.15 dargestellt ist.[1]

Jeder Punkt der Gerade stellt ein Lichtquant mit einer bestimmten Ausdehnung dar, für die hier vereinfacht die Wellenlänge genommen wurde und die Linie das ganze elektromagnetische Spektrum repräsentiert. Der Übersichtlichkeit halber ist in Abb. 1.15 nur ein einziges Lichtquant des sichtbaren Lichtes markiert. Auf dieser Gerade liegen aber auch das Elektron

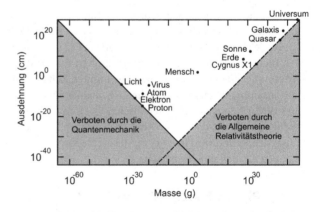

☐ **Abb. 1.15** Ausdehnung und Masse von Strukturen im Universum (nach Majid 2008)

---

[1] Aus experimentellen wie theoretischen Gründen wird angenommen, dass Lichtquanten keine Masse besitzen, ihre Masse also exakt gleich null ist. Das Konzept einer fiktiven Masse $m_F = E/c^2$ hat aber eine gewisse Berechtigung, weil man beobachtet, dass bei der Absorption eines Photons mit Energie E in Atomen, die Atommasse sich um den Betrag m_F vergrößert und bei der Emission um m_F verkleinert.

und das Proton, wenn man für ihre Ausdehnung ihre sogenannte De-Broglie-Wellenlänge λ nimmt.[2] Andere Teilchen mit bekannter Größe und Masse, wie Atome und Viren, liegen rechts in der Nähe der Gerade. Da bei gegebener Masse alle bekannten materiellen Objekte ausgedehnter sind als ihre De-Broglie-Wellenlänge, ist das links der Gerade liegende (graue) Gebiet in Abb. 1.15 aus Sicht der Quantenmechanik verboten.

Betrachtet man ein Teilchen der Masse m in einem Gravitationsfeld, das von einem Körper der Masse M herrührt, der sich in einer Entfernung r befindet, so hat dieses Teilchen die potenzielle Energie $E = GMm/r$, wobei G die Gravitationskonstante ist. Wenn man für den Radius von Schwarzen Löchern diejenige Entfernung nimmt, bei der die Entweichgeschwindigkeit die Lichtgeschwindigkeit erreichen würde, kann die dortige potenzielle Energie der kinetischen Energie $E = 1/2mc^2$ gleichgesetzt werden. Man erhält damit eine auf der Allgemeinen Relativitätstheorie (die die Gravitation erklärt) beruhende Beziehung $r = 2GM/c^2$ zwischen der Distanz r und der Masse M, die als gestrichelte Linie in Abb. 1.15 zu sehen ist. Auf ihr liegen z. B. das erste nachgewiesene stellare Schwarze Loch Cygnus X-1 und auch die massereichen galaktischen Schwarzen Löcher, die man als Galaxienkerne in unserer Milchstraße, in aktiven Galaxien (AGN) und als Quasare (SMBH) beobachtet. Andere bekannte Objekte wie Mensch, Erde, Sonne, Galaxien und sogar das Universum selbst liegen in der Nähe dieser Linie.

Da Schwarze Löcher die kompaktesten Objekte des Universums sind, haben alle anderen Gegenstände vergleichbarer Masse eine größere Ausdehnung. Das bedeutet, dass das rechts der gestrichelten Linie sich erstreckende (graue) Gebiet aufgrund der Allgemeinen Relativitätstheorie verboten ist. Für die im erlaubten (weißen) Bereich von Abb. 1.15 liegenden Objekte des Universums gilt also, dass der kleinste Gegenstand für den die bekannte Physik noch gültig ist, beim Schnittpunkt der beiden Linien liegt. Er besitzt die *Planck-Masse* von etwa 2×10^{-5} g und *Planck-Länge* von ca. 10^{-33} cm. Dividiert man diese Länge durch die Lichtgeschwindigkeit, erhält man die *Planck-Zeit* von ca. 10^{-43} s, wobei das Zeitintervall von $0–10^{-43}$ s nach dem Urknall *Planck-Epoche* genannt wird.

1.8.2 Theorien der Quantengravitation

Genau genommen wissen wir also nicht, ob der in der Planck-Epoche liegende Urknall wirklich existiert, weil die aus der Relativitätstheorie abgeleiteten Friedmann-Gleichungen, die auf eine Singularität schließen lassen, dort zusammenbrechen (Abb. 1.15). Dieses Zeitintervall und alles, was vielleicht davor war, liegt außerhalb der Reichweite wohlbegründeter physikalischer Theorien. Es sieht sogar so aus, als ob in der Planck-Epoche Zeit und Raum sich selbst auf eine ungewöhnliche Weise verhalten. Solche Grenzen stellen eine Herausforderung für die Naturwissenschaften dar und man sucht mit großer Energie und erheblichem Aufwand nach Theorien, die die Zustände dieser Epoche beschreiben und die Relativitätstheorie und Quantenmechanik dort modifizieren.

Derartige Theorien der Quantengravitation (Stringtheorien, M-Theorie, Schleifen-Quantentheorie, Twistor-Theorie, auf nichtkommutativer Geometrie basierende auch Prä-Geometrie genannte Theorie und Quantengruppen-Theorie) werden intensiv diskutiert (Heller 2008). Sie

---

[2] Der französische Physiker Louis-Victor de Broglie postulierte 1924 den Welle-Teilchen-Dualismus, nach dem auch klassische Teilchen wie Elektronen und Protonen Welleneigenschaft zeigen müssten. Jedem Teilchen der Masse m kann eine De-Broglie-Wellenlänge λ aufgrund von $h / \lambda = mc$ zugeordnet werden, was durch Interferenzexperimente voll bestätigt wurde.

sind derzeit noch als ausgedehnte mathematische Spekulationen anzusehen, weil experimentelle Bestätigungen fehlen. Die Kernfrage ist, ob der zur Planck-Epoche gehörende Urknall (mit Entstehung von Raum und Zeit) wirklich als Singularität auftrat oder ob nicht das Weltall schon immer bestanden hat und vielleicht durch einen extrem kondensierten Zustand, den *Flaschenhals*, ging (Bojowald 2007, 2009).

Einige dieser Theorien versuchen zu klären, ob während der Planck-Epoche unsere Vorstellung von einer kontinuierlichen Raumzeit noch gültig ist, in der Objekte lokalisiert und voneinander unterschieden werden können und ob Singularitäten überhaupt erlaubt sind (Connes 2008). Hinweise darauf, dass vorher eine andere vergangene Welt bestanden haben könnte, geben „Erinnerungen daran" in der heutigen Physik, zu denen experimentell wohlbestätigte Effekte der Quantenmechanik zählen. Erstens sind Fermionen und Bosonen (Abschn. 1.9) untereinander nicht unterscheidbare Teilchen. Zweitens existiert das experimentell gut bestätigte Phänomen der sogenannten Quantenverschränkung, (quantum entanglement, auch Einstein-Podolski-Rosen-Effekt genannt), ein quantenmechanischer Effekt, bei dem zwei räumlich weit (z. B. 30 km) auseinander liegende Teilchen mit einander verbunden bleiben, sodass bei der Messung des Spins des einen Teilchens augenblicklich der Spin des anderen Teilchens festgelegt ist.

1.9   Der Zoo der Elementarteilchen

Wie vermutlich die Dunkle Materie setzt sich auch die gewöhnliche Materie, *Baryonische Materie* genannt, aus einzelnen Teilchen zusammen, zu denen die Atome gehören sowie die *Elementarteilchen*, die sowohl als Bausteine der Atome vorkommen, als auch separat auftreten. Elementarteilchen sind winzige Teilchen ohne messbare innere Struktur, die sich nicht mehr weiter aufspalten lassen. Atome bestehen aus Protonen, Neutronen und Elektronen, wobei Protonen und Neutronen aus Quarks zusammengesetzt sind, während Elektronen und Quarks Elementarteilchen darstellen.

Zum Standardmodell der Teilchenphysik zählen die in Abb. 1.16 aufgeführten 12 Elementarteilchen (6 Quarks und 6 Leptonen) sowie 4 Typen von Austauschteilchen. Hinzu treten noch ihre Antiteilchen, wobei die Photonen, die 8 Gluonen und die Z^0-Bosonen ihre eigenen Antiteilchen darstellen, und das W^+-Boson das Antiteilchen von W^- ist. Zudem kommt noch das im Juli 2012 wahrscheinlich nachgewiesene Higgs-Boson vor. Die Austauschteilchen verdanken ihren Namen der Tatsache, dass sie drei der vier fundamentalen Naturkräfte ver-

◻ **Abb. 1.16** Die Elementarteilchen des Standardmodells (Fermilab)

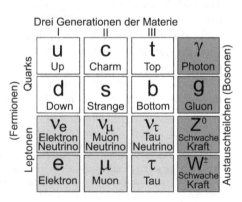

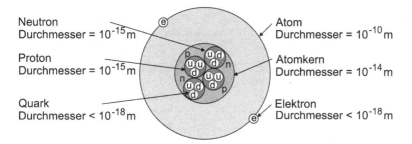

Abb. 1.17 Größenverhältnisse (schematisch) in einem Heliumatom mit zwei Protonen und zwei Neutronen, umkreist von zwei Elektronen. Die Protonen bestehen aus drei (uud)-Quarks und die Neutronen aus drei (udd)-Quarks (LBNL)

mitteln: Die Photonen γ übertragen die *elektromagnetische Kraft*, die Gluonen g die *Starke Kernkraft*, die für den Zusammenhalt der Quarks in den zusammengesetzten Teilchen (Protonen, Neutronen etc.) verantwortlich ist und die Z^0, W^- und W^+-Bosonen die *Schwache Kernkraft*. Die vierte fundamentale Naturkraft ist die Gravitation, die vermutlich von dem noch nicht nachgewiesenen Graviton übertragen wird.

Elementare Teilchen verfügen über einen Spin, den man sich als eine Art Rotation um die eigene Achse vorstellen kann. Er tritt nur in ganz- und halbzahligen Werten auf. Damit lassen sich die Teilchen in Abb. 1.16 in Fermionen (mit Spin 1/2) und Bosonen (mit Spin 1) einordnen. Bei den zusammengesetzten Teilchen ist vor allem die aus Baryonen und Mesonen bestehende Gruppe der *Hadronen* zu nennen, die aus Quarks aufgebaut sind und in einer großen Zahl verschiedener Typen auftreten. Während *Baryonen* aus drei Quarks, und Antibaryonen aus drei Antiquarks zusammengesetzt sind, bestehen Mesonen aus einem Quark-Antiquark-Paar. *Mesonen* sind kurzlebige Teilchen, die in Bruchteilen von Sekunden (10^{-8}–10^{-23} s) zerfallen. Alle Baryonen zerfallen außer Protonen, Antiprotonen, Neutronen und Antineutronen. Letztere beide sind aber nur stabil, wenn sie in Atomkernen gebunden sind, freie Neutronen zerfallen mit Lebensdauern von 882 s. Die Größenunterschiede der Teilchen illustriert Abb. 1.17 für ein Helium-Atommodell. Wäre dieses Atom 10 km groß, hätte der Atomkern einen Durchmesser von 1 m, die Protonen und Neutronen wären 10 cm groß und die Elektronen und Quarks kleiner als 0,1 mm.

1.10 Die Frühgeschichte des Universums bis zur Rekombination

Die Geschichte unserer Welt aufzuklären ist eine zentrale Aufgabe der Kosmologie. Aufgrund der rapiden Änderungen der physikalischen Zustände von Materie und Strahlung sowie dem starken Abfall von Temperatur und Dichte in den kosmologischen Standardmodellen, entstehen verschiedene zeitlich aufeinanderfolgende Epochen mit unterschiedlicher Physik. In Tab. 1.1 und Abb. 1.18 sind Werte der physikalischen Größen bei der Entwicklung des Universums angegeben; sie liefern einen groben Überblick über seine Geschichte (nach Börner 2004; Longair 1998; Kolanoski 2011, mit $t \sim T^{-2} \sim r^2$, wobei für die Inflation ein Expansionsfaktor von 10^{30} nach Liddle 1999 angenommen wurde).

◻ Tab. 1.1 Hauptphasen der Geschichte des Universums. Für die Grenzen der einzelnen Epochen sind die Zeit t nach dem Urknall, die Energie E, die Temperatur T und der Radius r des sichtbaren Weltalls angegeben (modifiziert nach Kolanoski 2011)

Hauptphasen	t (s)	E (GeV)	T (K)	r (m)	Ereignisse
Planck-Epoche	0	??	??	??	Urknall Raum, Zeit nicht kontinuierlich, gemeinsame Urkraft, Gravitation spaltet sich ab
GUT-Epoche	10^{-43}	10^{19}	10^{32}	10^{-35}	Planckzeit X-Bosonen, Materie-Antimaterie Asymmetrie, starke Kraft spaltet sich ab
Elektroschwache Epoche	10^{-36}	10^{15}	10^{28}	10^{-31} 10^{-1}	GUT-Symmetriebrechung. $E = m_X c^2$ Inflation, Baryogenese
Quark-Epoche	10^{-12}	10^{2}	10^{15}	10^{12}	Elektroschwache Symmetriebrechung $E = m_w c^2$ schwache und elektromagnetische Kraft trennen sich, Quark-Gluonen Plasma noch zu heiß für Hadronen
Hadronen-Epoche	10^{-6}	10^{0}	10^{13}	10^{14}	$E = m_H c^2$ Quark-Gluonen Plasma, Hadronen-Erzeugung, $p\bar{p}$-Annihilation
Leptonen- Epoche	10^{0}	10^{-3}	10^{10}	10^{17}	$E = m_L c^2$, Neutrinos entkoppeln, $e^+ e^-$-Annihilation
Photonen-Epoche	10^{2}	10^{-4}	10^{9}	10^{18}	Nukleosynthese, Bildung leichter Kerne: D, He, Li, Be
Materie-Epoche	10^{12}	10^{-9}	10^{4}	10^{23}	Photonen entkoppeln, Übergang von Strahlungs- zu Materie-Dominanz, Bildung: Atome, Sterne, Galaxien
	10^{17}	10^{-13}	10^{0}	10^{26}	Bildung des Sonnensystems, des organischen Lebens, heute ($t_0 = 1{,}37 \times 10^{10}$ Jahre)

Wie schon Abb. 1.11 zeigt, verkleinert sich die Materiedichte ρ wegen der Volumenvergrößerung mit dem Skalenfaktor a wie $\rho = 7 \times 10^{-31}/a^3$ und die Photonendichte wegen der zusätzlichen Vergrößerung der Wellenlänge λ bei der Expansion wie $\rho_S = 5 \times 10^{-36}/a^4$. Die Abhängigkeit der Photonentemperatur vom Skalenfaktor a ist durch $T = 2{,}725/a$ gegeben (Abb. 1.18, Tab. 1.1). Die in der kosmischen Materie steckende Energie E ist im thermischen Gleichgewicht bis auf eine Konstante gleich der Temperatur T (Tab. 1.1) und wird in der Teilchenphysik üblicherweise in GeV gemessen, wobei 1 GeV $= 10^9$ eV $= 1{,}60 \times 10^{-10}$ J. Die Masse ist in GeV/c^2 angegeben, mit c der Lichtgeschwindigkeit. Für die frühe strahlungsdominierte Zeit t gilt die Beziehung $t \sim a^2$, für die spätere materiedominierte Zeit $t \sim a^{3/2}$. Der Radius r des sichtbaren Weltalls ergibt sich aus $r = r_0\, a$, wobei man einen heutigen Radius von etwa $r_0 = 10^{26}$ m ansetzt (Tab. 1.1).

Im heißen frühen Universum führte der Zusammenstoß energiereicher Photonen immer wieder zu einer Erzeugung massereicher Teilchen-Antiteilchen-Paaren, während andererseits sich Teilchen und Antiteilchen schnell wieder unter Produktion zweier Photonen vernichteten (Abb. 1.19). Diese im thermodynamischen Gleichgewicht symmetrisch ablaufenden Prozes-

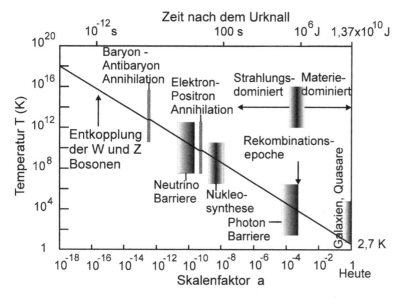

◘ Abb. 1.18 Der Abfall der Photonentemperatur T mit dem Skalenfaktor a im Universum, zusammen mit wichtigen Ereignissen (Longair 2008)

◘ **Abb. 1.19** Erzeugung eines Teilchen-Antiteilchen-Paars bei der Kollision zweier energiereicher Photonen (*links*). Annihilation (Vernichtung) eines Teilchen-Antiteilchen-Paars mit Produktion zweier Photonen (*rechts*)

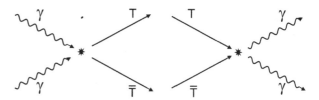

se führen zu einer steten Folge von Umwandlungen: Photonen $\rightarrow$ Teilchen $\rightarrow$ Photonen $\rightarrow$ Teilchen etc.

Tabelle 1.1 zeigt eine Reihe von durch *Symmetriebrechung* hervorgerufenen zeitlichen Grenzen, die von unterschiedlichen Teilchenmassen bewirkt wurden. Bei diesen Grenzen ändert sich die Physik erheblich und die nachfolgenden Epochen werden von jeweils anderen Teilchen dominiert. Wenn X-Teilchen mit der Masse $m_X = 10^{15}$ GeV/c^2 nicht mehr erzeugt werden können, weil die Photonen durch die Expansion nicht mehr genügend Energie besitzen, kommt man zum Ende der sogenannten GUT-Epoche. Sind die Photonenenergien so gering, dass die Z^0, W^+, und W^--Bosonen mit den Massen von ca. $m_W = 100$ GeV/c^2 nicht mehr produziert werden können, erreicht man das Ende der elektroschwachen Epoche. Dasselbe geschieht bei den Hadronen- und Leptonen-Epochen, wenn die Photonenenergien nicht mehr ausreichen, die Massen von Hadronen und Leptonen zu erzeugen (Tab. 1.1).

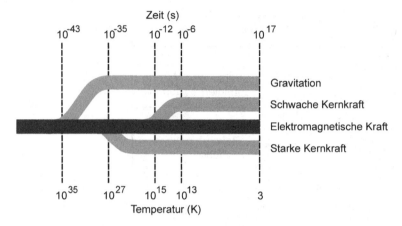

Abb. 1.20 Abkoppelung der vier bekannten Naturkräfte von einer gemeinsamen Urkraft

1.10.1   GUT-Epoche (10^{-43}–10^{-36} s)

In der Natur treten vier universelle Naturkräfte auf, die *Gravitation*, die *Starke* und *Schwache Kernkraft* sowie die *Elektromagnetische Kraft*. Man vermutet, dass diese Vier gleich nach dem Urknall eine einheitliche Urkraft darstellten, von der sich aber bereits in der Planck-Epoche die Gravitation abkoppelte (Abb. 1.20). Für die drei verbleibenden Kräfte wurde eine sogenannte Große Vereinheitlichte Theorie (grand unified theory, GUT) entwickelt, die diese gemeinsame GUT-Kraft beschreibt. Mit dem Alter von 10^{-36} s sank die Temperatur auf etwa 10^{28} K ab und die starke Kernkraft trennte sich von der GUT-Kraft.

1.10.2   Elektroschwache Epoche (10^{-36}–10^{-12} s)

In dieser Epoche trat vermutlich ein überraschender, *Inflation* genannter Vorgang auf: eine Phase extrem rascher Expansion, bei der vermutlich zwischen 10^{-36} s und 10^{-32} s eine Raumausdehnung um einen Faktor von ca. 10^{23} (mit einer Unsicherheit von 10^6 bis 10^{32}, Alabidi und Lyth 2006) stattfand, wobei sich der Durchmesser des sichtbaren Weltalls auf etwa einen Meter vergrößerte. Diese Inflation kann mehrere kosmologische Beobachtungen erklären, etwa die Amplitude der auf Dichteschwankungen beruhenden Temperaturschwankung in der kosmischen Hintergrundstrahlung, das Flachheitsproblem und das Horizontproblem. Es wird postuliert, dass Quantenfluktuationen im frühen Universum zu kleinen Dichtefluktuationen führten, die die Grundlage für die späteren Ansammlungen von Galaxien und Galaxienhaufen darstellten. Durch die Inflation wurden diese Dichteschwankungen bis zu Werten verstärkt, die für die Strukturentwicklung passen.

Abbildung 1.21 zeigt, wie die Inflation das sogenannte *Flachheitsproblem* löst. Zu sehen ist eine Ameise, die auf einem ca. 1 m großen Ball umherläuft und deutlich die stark gekrümmte Oberfläche wahrnimmt. Bläst man den Luftballon auf einen Durchmesser von 1000 m auf, wäre die Welt der Ameise schon wesentlich flacher. Bei einer durch die Inflation verursachten Expansion zu einem Durchmesser von 10^{30} m würde dagegen eine völlig ebene Welt entstehen.

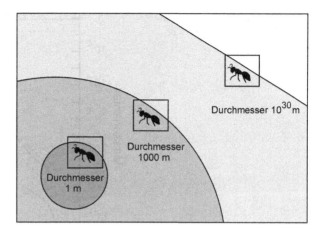

◘ Abb. 1.21 Flachheitsproblem. Ein Ball von 1 m Durchmesser, auf dem eine Ameise läuft, wird auf 1000 m und schließlich auf 10^{30} m aufgeblasen. Die Krümmung der Lauffläche wird zunehmend geringer

Durchmesser 10^{30} m

Durchmesser 1000 m

Durchmesser 1 m

Dies kann erklären, warum unsere Welt mit hoher Genauigkeit räumlich flach ist, was durch die Beobachtungen des WMAP-Satelliten und früherer Experimente nachgewiesen wurde.

Ein sogenanntes *Horizontproblem* entsteht aus der Beobachtung, dass die Temperatur der kosmischen Hintergrundstrahlung, wie bereits erwähnt, eine äußerst perfekte Isotropie aufweist. In Abb. 1.12 wurde gezeigt, dass die Temperatur, über das Himmelsgewölbe verteilt, um etwa 0,0004 K variiert. Rechnet man die Expansion mit dem Modell 1 von Abb. 1.14 zurück, könnten zwei Regionen 1 und 2, die heute um den Durchmesser des Weltalls auseinanderliegen, niemals miteinander Kontakt gehabt haben. Obwohl im frühen Universum der Durchmesser des Weltalls viel kleiner war, wäre die Expansion zu schnell verlaufen, als dass das von der Region 1 ausgesandte Licht je die Region 2 hätte erreichen und für eine einheitliche Temperatur sorgen können. Der heute beobachtete Zustand lässt sich jedoch erklären, wenn vor der Expansion die beiden Gebiete in engem durch Strahlung vermittelten Wärmekontakt gestanden haben und danach durch die Inflation in weit entfernte Regionen verschoben wurden.

1.10.3 Quark-, Hadronen- und Leptonen-Epoche (10^{-12} s bis 3 min)

Etwa 10^{-12} s nach dem Urknall in der Quark-Epoche hatte sich das Universum auf 10^{15} K abgekühlt; es begann die Zeit, in der im Kosmos im heißen dichten Quark-Gluonen-Plasma sich gelegentlich Quarks zu Hadronen, d. h. Mesonen und Baryonen verbanden. In dieser Zeit (wenn nicht schon in den Epochen davor) könnte die heute beobachtete Asymmetrie zwischen Materie und Antimaterie entstanden sein. Aus einem vorherigen Zustand, in dem Materie und Antimaterie etwa gleich häufig vorhanden waren, außer einem kleinen Überschuss an Materie, entstand durch die Materie-Antimaterie-Annihilation die heutige, fast vollständig aus Materie bestehende Welt. Man nimmt an, dass ursprünglich für 10^{10} Antibaryonen etwa $10^{10} + 1$ Baryonen existierten (Börner 2004). Die Quark-Epoche endete nach 10^{-6} s, als die mittlere Teilchenenergie die Bindungsenergie der Hadronen erreichte.

In der folgenden Hadronen-Epoche gab es keine freien Quarks mehr, da alle in Hadronen eingeschlossen waren. Bei Temperaturen von weniger als 10^{13} K zerfielen die schwereren Hadronen und es blieben nur Protonen und Neutronen übrig, zusammen mit Elektronen und Neutrinos sowie Photonen. Wegen der Ladungsneutralität des Universums war übrigens die

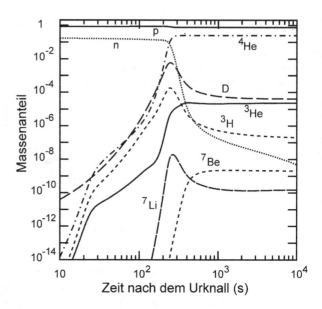

Abb. 1.22 Primordiale Nukleosynthese nach dem Urknall (Coc 2009)

Anzahl der Elektronen stets gleich der der Protonen. In der Leptonen-Epoche, etwa 1 s nach dem Urknall war die Temperatur auf 10^{10} K gefallen; die Neutrinos entkoppelten sich und bilden vermutlich, vergleichbar dem kosmischen Mikrowellenhintergrund, einen *Neutrinohintergrund*, für den eine heutige Temperatur von 1,95 K angenommen wird.

1.10.4 Photonen-Epoche (3 min bis 380.000 Jahre)

In der Photonen-Epoche fiel die Temperatur so weit ab, dass sich durch Kernfusion Atomkerne bildeten. Der *primordiale Nukleosynthese* genannte Prozess dauerte von ca. 1–10 min nach dem Urknall. Hier fusionierten Protonen und Neutronen zu Deuterium (D) und je zwei Deuteriumkerne zu Helium. Abbildung 1.22 zeigt, dass man innerhalb von nur 10 min die folgenden Atomkerne erhielt: 25 % Gewichtsanteil Helium (^{4}He), 75 % Protonen, also nichtfusionierte Wasserstoffkerne, 0,001 % Deuterium und leichtes Helium (^{3}He) sowie Spuren von Tritium (^{3}H), Lithium (^{7}Li) und Beryllium (^{7}Be). Die anderen heute beobachteten Elemente wurden erst viel später durch Fusionsprozesse in Sternen gebildet. Da die Temperatur nach wie vor sehr hoch war, lag die Materie in Form eines Plasmas vor, d. h. eines Gemischs aus Heliumkernen, Protonen und Elektronen.

Hier wurden die Photonen vor allem an den freien Elektronen der vollionisierten Materie gestreut, wodurch sie einen Strahlungsdruck auf die Materie ausübten. Diese Streuung machte das Weltall undurchsichtig. Etwa 380.000 Jahre nach dem Urknall fiel die Temperatur jedoch auf etwa 3000 K ab, wodurch die Strahlung nicht mehr energiereich genug war, um die sich zunehmend bildenden Atome zu ionisieren. Die immer häufiger stattfindende Rekombination der Elektronen mit Protonen und Heliumkernen entfernte ständig freie Elektronen, sodass der auf Elektronenstreuung basierende Strahlungsdruck zusammenbrach, die Strahlung ungehindert fließen konnte und das Universum durchsichtig wurde. Diese ca. 40.000 Jahre dauernde Epoche wird *Rekombinationszeit* genannt.

1.11 Die Rekombinationszeit, Analyse der kosmischen Hintergrundstrahlung

Aufgrund der Schwerkraft führten schon lange vor der Rekombinationszeit Dichteschwankungen zu Zusammenballungen, die sich stetig vergrößerten. Diese Materiekonzentrationen produzierten lokale Temperaturerhöhungen, die den Strahlungsdruck verstärkten, der dann seinerseits versuchte, die Materie wieder auseinanderzutreiben. Das Wechselspiel einander entgegen gerichteter Kräfte führte zu akustischen Schwingungen. Als sich zur Rekombinationszeit die Strahlung von der Materie entkoppelte, blieb die Temperatur der Photonen festgefroren und ihre erreichte Fluktuation in der kosmischen Hintergrundstrahlung erhalten (Abb. 1.12).

Abbildung 1.23 zeigt die akustischen Schwingungen unterschiedlich großer Gebiete im Weltall bis zur Rekombinationszeit t_{RE}. Für ein sehr großes Gebiet 1 verläuft die von der Schwerkraft bewirkte Massenkontraktion so langsam, dass zum Zeitpunkt t_{RE} der Zusammenfall erst so richtig in Fahrt gekommen ist. Die Temperaturerhöhung ist mäßig und der sich aufbauende Strahlungsdruck kann sich noch nicht erfolgreich gegen die Schwerkraft stemmen.

Im kleineren Gebiet 2 findet die Kontraktion schneller statt, sodass die damit verbundene Temperaturerhöhung zur Zeit t_{RE} gerade ihr Maximum erreicht. Hier stoppt der Strahlungsdruck den Zusammenfall und ist dabei, ihn umzukehren. Bei einem noch kleineren Gebiet 3 laufen die Prozesse viel schneller ab und zum Zeitpunkt t_{RE} ist es gerade dabei wieder zu expandieren. Nach einer vorhergehenden Kontraktion, hat das kleinste Gebiet 4 zur Zeit t_{RE} gerade seine maximale Expansion erreicht, bei der die Temperatur ein Minimum aufweist.

Unterwirft man in Abb. 1.12 die Temperaturfluktuation zwischen Orten, die um einen Winkelabstand α auseinander liegen, einer Häufigkeitsanalyse, so erkennt man, dass bei manchen Winkeln höhere Fluktuationen auftreten als bei anderen. Abbildung 1.24 zeigt die (quadratischen) Amplituden der Temperaturfluktuationen, die bei den jeweiligen Winkelabständen α auftreten. Beobachtete Messpunkte sind mit Fehlerbalken versehen. Gleichzeitig ist eine theoretische Simulation (durchgezogene Linie) angegeben, die die Beobachtungen gut wiedergibt. Das stärkste Signal tritt bei einem Winkelabstand von etwa $\alpha = 0{,}8°$ auf.

Diese höchste Temperaturfluktuation entspricht dem Zustand von Gebiet 2 von Abb. 1.23, bei dem eine maximale Kontraktion herrscht. Das nächstkleinere Maximum der Kurve beim

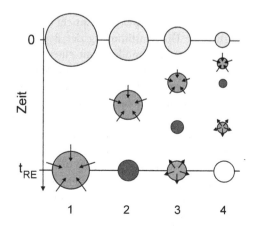

Abb. 1.23 Akustische Schwingungen verschieden großer Gebiete (1–4) im Universum bis zur Rekombinationszeit t_{RE}

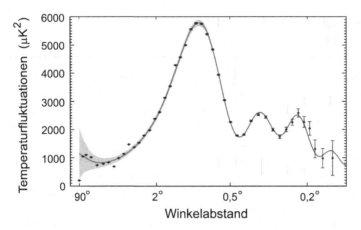

Abb. 1.24 Amplitude der Temperaturfluktuationen (in μK^2) der kosmischen Hintergrundstrahlung gegen die Winkelausdehnung der fluktuierenden Gebiete aufgetragen. Sieben Jahre Beobachtungen von WMAP (http://map.gsfc.nasa.gov/media/111133/index.html)

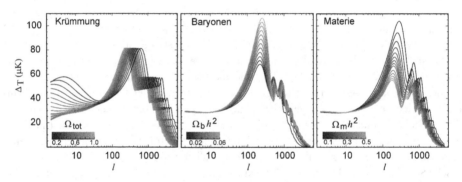

Abb. 1.25 Theoretische Spektren von Temperaturfluktuationen unter Annahme von verschiedenen primären Dichteparametern für die Weltmodelle (Hu und Dodelson 2002)

Winkelabstand von 0,4° entspricht dem Zustand von Gebiet 4 mit maximaler Expansion etc. Die gute Übereinstimmung der Beobachtungen mit der theoretischen Kurve wird erzielt, indem man Weltmodelle mit einer Vielzahl unterschiedlicher Primärparameter berechnet (Abb. 1.25) und dann diejenigen auswählt, mit denen die Beobachtungen am besten wiedergegeben werden. Da der Strahlungsdruck nur auf Baryonische Materie wirkt, weil Dunkle Materie nicht mit den Photonen wechselwirkt, hängt die beobachtete Temperaturschwankung stark vom Verhältnis der baryonischen zur Gesamtmaterie ab. Dies erlaubt, die Primärparameter festzulegen, d. h. die fundamentalen Dichteparameter zu bestimmen und damit auch z. B. die Hubblekonstante völlig unabhängig von den Supernovabeobachtungen zu ermitteln.

Auf diese Weise ergaben die WMAP-Messungen einen Wert von $H_0 = 71{,}0 \pm 2{,}5$ km/s/Mpc für die Hubblekonstante, der sehr gut mit dem Wert aus den Supernovabeobachtungen übereinstimmt (Jarosik et al. 2011). Für die heutigen Dichteparameter der Baryonischen Materie, Dunklen Materie und Dunklen Energie konnten $\Omega_b = 0{,}045$, $\Omega_c = 0{,}222$ und $\Omega_\Lambda = 0{,}734$ ermittelt werden, wobei die Gesamtmateriedichte $\Omega_m = \Omega_b + \Omega_c = 0{,}267$ beträgt. Die Dunkle Materie stellt also 83 % der im Weltall vorhandenen Materie dar. Die ersten vorläufigen Ergebnisse des neuen ESA Planck-Satelliten deuten nicht auf drastische Änderungen dieser Werte hin. Wie bereits erwähnt, zeigen sie, dass das Weltmodell 1 in Abb. 1.14 gültig ist. Für die Gesamtdichte Ω_{tot} des Weltalls erhält man ziemlich genau die kritische Dichte $\Omega_{tot} = \Omega_m + \Omega_\Lambda = 1{,}080 \pm 0{,}1$, d. h. die Geometrie des Universums erweist sich als flach. Die von WMAP in Abb. 1.14 vorgelegten theoretischen Weltmodelle sind übrigens sogenannte ΛCDM(Lambda cold dark matter)-Modelle, bei denen von kalter Dunkler Materie und der Annahme von Dunkler Energie in Form der kosmologischen Konstante Λ ausgegangen wird. Zur kalten Dunklen Materie siehe Abschn. 1.13.

1.12 Galaxien, Sternhaufen und ihre Verteilung

Bevor die weitere Entwicklung des Universums nach der Rekombinationszeit beschrieben wird, werden zunächst die Endprodukte: die Galaxien und Sternhaufen sowie ihre Verteilung im Weltall näher betrachtet.

1.12.1 Morphologie der Objekte

Zu Beginn wurden bereits zwei *Spiralgalaxien*, die Milchstraße und der Andromedanebel (Abb. 1.1), gezeigt. Von der Seite sehen solche Spiralgalaxien wie die Galaxie NGC 4565 aus (Abb. 1.26). Morphologisch sind sie aus drei Komponenten aufgebaut: einer ausgedehnten flachen Scheibe, in der die Spiralarme auftreten, einer aufgewölbten, Bulge genannte Kernregion und einem ausgedehnten, kugelförmigen Halo von schwach leuchtenden massearmen Sternen, der das Ganze umhüllt. Spiralgalaxien haben Massen von 10^9–10^{12} M_0 und Durchmesser von 4000–300.000 Lj. Die Scheiben rotieren dabei um ihr Zentrum nicht starr, sondern mit Geschwindigkeiten, die von der Entfernung vom Zentrum abhängen. Die abgeplattete Form des Bulges wird durch eine systematische Rotation um das Zentrum der Galaxie erklärt, die den ansonsten zufällig gerichteten und ungeordneten Bewegungen der Bulge-Sterne überlagert ist. Wie man in den Abb. 1.1 und 1.26 sieht, existieren in den Scheiben der Spiralgalaxien große Wolken von Gas und Staub, aus denen immer wieder neue Sterne gebildet werden.

Elliptische Galaxien stellen einen zweiten Galaxientyp dar (Abb. 1.1 und 1.27). Sie reichen von kleinen Zwerggalaxien mit wenigen 10^5 M_0 und Durchmessern von ca. 300 Lj bis zu riesigen, das Zentrum von Galaxienhaufen dominierenden Objekten mit einigen 10^{13} M_0 und Durchmessern bis zu ca. 600.000 Lj. Von kugelförmiger bis ellipsoider Gestalt bestehen sie meist aus alten Sternen und besitzen wenig Gas und Staub. Elliptische Galaxien rotieren nicht oder nur sehr langsam. Ihre Sterne bewegen sich auf zufällig gerichteten individuellen Bahnen um das Zentrum. Eine Abplattung der Galaxien beruht nicht auf Rotation, sondern auf einer anisotropen räumlichen Verteilung der Sterngeschwindigkeiten.

Abbildung 1.28 zeigt die Hubbleklassifikation der Galaxien, die verschiedene elliptische und Spiralgalaxien nach Gestalt, Balkenbildung und Enge der Windungen der Spiralarme in Typen einteilt.

Zwei weitere Typen stellen *Irreguläre Galaxien* und *Zwerggalaxien* dar mit Massen von 10^6–10^{11} M_0 und Durchmessern von 3000–30.000 Lj. Irreguläre Galaxien besitzen viel Gas und Staub; ihre Bewegungen reichen von geringer Rotation bis zu chaotischen Strömungen. Zwerg-

1

◘ **Abb. 1.26** Die 30 Mio. Lj ent-
fernte Spiralgalaxie NGC 4565 im
Sternbild Coma Berenices von der
Seite gesehen (STScI)

◘ **Abb. 1.27** Die elliptische Galaxie M87 im Sternbild Virgo. Zu
beachten ist das sphärische System von Kugelhaufen im Halo der
Galaxie (NASA)

galaxien treten als Spiralgalaxien, elliptische Galaxien (M 32 und M 101 in Abb. 1.1) und irreguläre Galaxien auf. Wie irreguläre Galaxien werden viele Zwerggalaxien bei Zusammenstößen von Galaxien gebildet aber es gibt auch solche, die schon im frühen Universum direkt entstanden sein dürften.

Die Massen von Zwerggalaxien reichen an die Massen von Sternhaufen heran, die man als *Kugelhaufen* im Halo von Galaxien sieht. Sie kreisen in individuellen Bahnen um die Galaxienkerne (Abb. 1.27, 1.29). Kugelhaufen sind meist alte Gebilde mit ca. 10.000 bis mehrere Millionen Sternen. Abbildung 1.29 zeigt den Kugelhaufen Omega Centauri, der mit ca. 10 Mio. Ster-

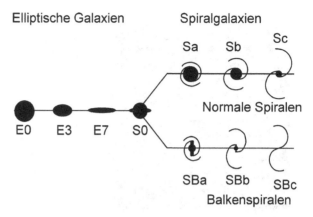

⊡ Abb. 1.28 Hubbleklassifikation der elliptischen und Spiralgalaxien

⊡ Abb. 1.29 Kugelsternhaufen Omega Centauri in 16.000 Lj Entfernung (NASA)

nen und einer Masse von 5×10^6 M_0 ein Alter von etwa 12 Mrd. Jahren besitzt. Zusammen mit 150 weiteren Kugelhaufen kreist er um das Zentrum der Milchstraße. In seinem Kern sitzt ein ca. 40.000 M_0 großes Schwarzes Loch, d. h. dieser Kugelhaufen könnte vielleicht auch eine Zwerggalaxie sein. Der Andromedanebel besitzt etwa 500 Kugelhaufen und M87 sogar mehr als 10.000 (Abb. 1.27). Ein anderer Typ von Sternhaufen sind die *Offenen Haufen*. Diese sind junge Objekte mit meist einigen Tausend Mitgliedern (Abb. 1.38). Man findet sie in den Scheiben der Spiralgalaxien als Folge der dortigen Sternbildung.

1.12.2 Verteilung der Galaxien im Weltall

Im Sloan Digital Sky Survey, dem 2000 begonnenen großen Durchmusterungsprogramm des Weltalls, wurden acht Jahre lang die Positionen und Entfernungen von ca. 930.000 Galaxien und mehr als 120.000 Quasaren ermittelt (Abb. 1.30a). Zusätzlich entdeckte das Programm

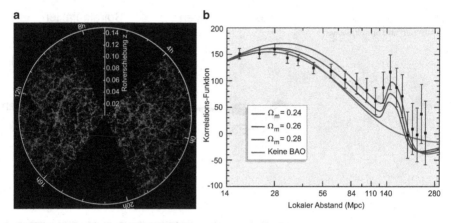

a **b**

◘ **Abb. 1.30   a** Galaxienverteilung als Funktion der Entfernung in Richtung der Polkappen der Milchstraße. Die Rotverschiebung von $z = 0{,}14$ entspricht einer Entfernung r von ca. 590 Mpc, wobei $r = zc/H_0 = 4220z$ gilt (SDSS), **b** Häufigkeitsverteilung der lokalen Abstände der Galaxien mit theoretischen Simulationen (Bennett 2006)

fast 500 spektroskopisch identifizierte Typ-Ia-Supernovae. Für den Survey wurde eigens ein Teleskop mit 2,5 m Hauptspiegeldurchmesser am Apache Point Observatory, New Mexico, errichtet, das ein Viertel des Himmels durch Filteraufnahmen in fünf Wellenlängen registrierte und die nördlichen und südlichen Polkappen über der Milchstraßenebene beobachtete.

In Abb. 1.30a überrascht, dass die Galaxien im Weltraum nicht gleichmäßig verteilt sind, sondern sich in filamentartigen Bändern häufen, zwischen denen sich große Leerräume befinden. Wenn man die gegenseitigen Abstände der Galaxien einer Häufigkeitsanalyse unterzieht, wie in Abb. 1.24, erhält man die in Abb. 1.30b gezeigte Verteilung, die bei etwa 150 Mpc ein deutliches Maximum besitzt. Dies stimmt gut mit den bereits oben erwähnten baryonischen akustischen Schwingungen (BAO) überein, was zeigt, dass aus den primordialen Massenzusammenballungen nach dem Wegfall des Strahlungsdrucks schließlich Galaxien entstanden sind.

1.13   Dunkle Materie

Bevor die Entstehung der ersten Sterne, Galaxien und Quasare diskutiert wird, werden Natur und vermutete Eigenschaften der hypothetischen Dunklen Materie vorgestellt.

1.13.1   Hinweise auf Dunkle Materie

Schon 1933 hatte der Schweizer Physiker und Astronom Fritz Zwicky bemerkt, dass die beobachteten Radialgeschwindigkeitsvariationen in dem aus ca. 800 Mitgliedern bestehenden Coma-Galaxienhaufen (Abb. 1.31a) viel zu hoch waren, um durch die Gravitationswirkung der sichtbaren Materie zusammengehalten zu werden. Bei einem solchen isolierten Gebilde müsste der Virialsatz gelten, der besagt, dass die gesamte, in den Bewegungen der Haufengalaxien vorhandene kinetische Energie der halben, in der gegenseitigen Anziehungskraft steckenden

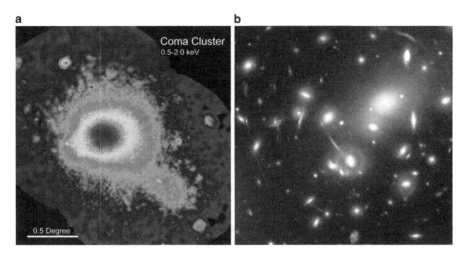

Abb. 1.31 **a** Röntgenstrahlung vom Zentrum des Coma-Galaxienhaufens, aufgenommen von ROSAT (Snowden, Goddard Space Flight Center), **b** der massereiche Galaxienhaufen Abell 2218 wirkt als Gravitationslinse, die das Licht von weit dahinter liegenden Galaxien in bogenförmige Strukturen verzerrt und vergrößert (ST Scl)

potenziellen Energie entspricht. Zwicky, dem zur damaligen Zeit nicht geglaubt wurde, schätzte ab, dass die 400-fache sichtbare Masse notwendig sei, um den Coma-Haufen im Gleichgewicht zu halten und konstatierte ein Problem von fehlender Masse in Galaxienhaufen. Die Dunkle Materie würde dieses Problem lösen.

Dass der Coma-Haufen und andere Galaxienhaufen wesentlich mehr Masse haben müssten, kann auch mit Röntgensatelliten wie Rosat, Chandra oder XMM erhärtet werden, die große Mengen von äußerst heißen Gasen mit Temperaturen von $10^7 - 10^8$ K im Zentrum solcher Haufen beobachtet haben (Abb. 1.31a). Dass diese Gase nicht ins intergalaktische Medium abfließen, sondern von der Schwerkraft des Haufens zurückgehalten werden, kann nur mit einer zusätzlichen, die sichtbare Materie erheblich übersteigenden Masse bewerkstelligt werden. In dieselbe Richtung weist der von Einstein vorhergesagte Gravitationslinseneffekt, den man nicht nur bei der Sonne, sondern auch bei Galaxienhaufen beobachtet. Abbildung 1.31b zeigt den 2 Mrd. Lj entfernten massereichen Galaxienhaufen Abell 2218 mit Tausenden von Galaxien. Die Linsenwirkung dieser Massenansammlung fokussiert das Licht von weit hinter dem Haufen liegenden Galaxien in lange bogenförmige Strukturen. Auch bei solchen Galaxienhaufen reicht die Licht aussendende Baryonische Materie bei Weitem nicht aus, um den beobachteten Linseneffekt zu erklären. Befriedigende Übereinstimmung von Theorie und Beobachtung findet man jedoch, wenn zusätzlich eine große Menge Dunkler Materie angenommen wird.

Ein weiteres Argument für die Existenz von Dunkler Materie wurde 1970 entdeckt, als man die Rotationsgeschwindigkeit des Andromedanebels vom Zentrum bis zu den äußeren Regionen beobachtete und feststellte (Abb. 1.32), dass sie nach außen hin einen konstanten Verlauf zeigt (Rubin und Ford 1970). Dieses Verhalten war unerwartet, denn nach dem 3. Kepler-Gesetz fallen die Kreisbahngeschwindigkeiten immer mehr ab, je weiter man sich vom Massezentrum entfernt. Neuere Beobachtungen mit hochauflösenden Radioteleskopen zeigen, dass die Rotationskurve bis zum Rande der sichtbaren Galaxie in 30 kpc (100.000 Lj) nahezu konstant weitergeht. Mithilfe eines Modells, das Dunkle Materie berücksichtigt, lassen sich diese

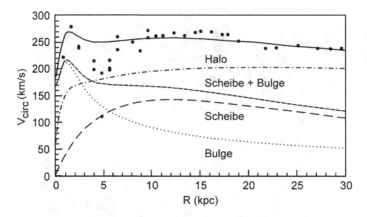

□ Abb. 1.32 Rotationsgeschwindigkeiten des Andromedanebels als Funktion des Abstandes vom Zentrum, zusammen mit den Beiträgen der verschiedenen Komponenten eines theoretischen ΛCDM-Galaxien-Modells. Punkte stellen aus von CO- und H-Spektrallinien im Radiobereich gewonnene Beobachtungen dar (Klypin et al. 2002)

Beobachtungen gut reproduzieren (Abb. 1.32). Solche Rotationskurven mit nach außen konstanter Rotationsgeschwindigkeit finden sich bei praktisch allen Galaxien (Burstein und Rubin 1985). Daher wird vermutet, dass ein ausgedehnter Halo aus Dunkler Materie die Galaxien umgibt. Ein zusätzliches Argument für die Existenz der Dunklen Materie liefern schließlich die theoretischen Strukturentwicklungsrechnungen (Abschn. 1.14). Die beobachtete Verteilung der filamentartigen Massenansammlungen mit dazwischen liegenden Leerräumen im Weltall kann nur mit einem ΛCDM-Modell befriedigend erklärt werden.

1.13.2   Kandidaten für Dunkle Materie

Offensichtliche Kandidaten für die Dunkle Materie sind die zahlreich vorhandenen Neutrinos, die Massen von weniger als $10 \, eV/c^2$ besitzen und sich seit dem frühen Universum mit hoher Geschwindigkeit bewegen. Da hohe Geschwindigkeit mit hoher Temperatur korreliert ist, bezeichnet man diesen Typ auch als *heiße Dunkle Materie* (HDM). Für solche Materie lässt sich ein Massenzusammenfall durch die Schwerkraft viel schwieriger erreichen. Zunächst würden nur sehr große Massen kollabieren, als Erstes träten Galaxienhaufen auf, was eine ganz andere Strukturentwicklung darstellt als mit der *kalten Dunklen Materie* (CDM). Bei CDM-Modellen besitzt die Dunkle Materie eine geringe Temperatur und damit eine geringe Geschwindigkeiten und der Kollaps findet zuerst in kleinen und erst später in großen Gebieten statt. Da aber dies genau beobachtet wird, kann man die HDM-Modelle ausschließen.

Die hypothetischen *schwach wechselwirkenden massereichen Teilchen* (weakly interacting massive particles, *WIMPS*), mit Massen bis zu einigen $100 \, GeV/c^2$, vergleichbar einem Neutron mit hundertfacher Masse, sind die meistfavorisierten Kandidaten für Dunkle Materie. Es wird postuliert, dass WIMPS mit anderen Teilchen weder elektromagnetisch noch mit der starken Kernkraft wechselwirken, sondern nur mit der Schwerkraft und allenfalls der schwachen Kernkraft. Ebenso wie Neutrinos würden WIMPS praktisch die Erde durchfliegen, ohne einen

◘ Tab. 1.2 Teilchen des Standardmodells und ihre supersymmetrischen Partner (SUSY)

Normale Teilchen	SUSY-Partner
Leptonen	Sleptonen
Quarks	Squarks
Gluonen	Gluinos
W^{+-}	Winos
Z^0	Zino
Photon	Photino
Higgs	Higgsino
Graviton	Gravitino

Zusammenstoß zu erleiden. Da WIMPS gegenüber Neutrinos eine viel größere Masse besitzen, würden sie sich viel langsamer bewegen und wären ideale Teilchen für die kalte Dunkle Materie.

Als mögliche Erweiterung des Standardmodells der Teilchenphysik wird eine *Supersymmetrie* (SUSY) postuliert, bei der jedem normalen Teilchen ein bisher noch nicht entdeckter supersymmetrischer Partner zugeordnet wird (Tab. 1.2). Das leichteste solcher supersymmetrischen Partner, etwa ein *Neutralino* wäre ein idealer Kandidat für die kalte Dunkle Materie. *Axionen* sind hypothetische Elementarteilchen, die vorgeschlagen wurden, um die Abwesenheit der sogenannten CP-Verletzung bei der starken Kernkraft zu erklären. *Massereiche kompakte Halo-Objekte* (MACHOS) wurden postuliert in der Hoffnung, dass in unserer Galaxis vielleicht doch Masse in Form von nichtleuchtender Baryonischer Materie vorhanden ist, etwa in Form von Planeten und Braunen Zwergen. Experimente zur quantitativen Bestimmung der Häufigkeit und Masse solcher Objekte im Halo der Milchstraße ergaben jedoch, dass sie zur Erklärung der Dunklen Materie nicht ausreichen. Schließlich wurde als Ausweg die *Modified Newtonian Dynamics*, MOND genannte Theorie vorgeschlagen, die behauptet, dass das ganze Problem überhaupt nicht existiere, es müsse vielmehr das Gravitationsgesetz modifiziert werden (Milgrom 1983).

1.14 Die Strukturentwicklung nach der Rekombinationsepoche

Von der *Rekombinationsepoche* an koppelte sich, wie erwähnt, die Materie völlig von der Strahlung ab. Durch die weitere Expansion des Raumes verschob sich die Wellenlänge der Strahlung immer mehr in den langwelligen – für unsere Augen unsichtbaren – infraroten Spektralbereich (Abb. 1.11). Es begann ein sogenanntes *Dunkles Zeitalter*, das bis zur Entstehung der ersten sogenannten *Population-III-Sterne* etwa 100–200 Mio. Jahre dauerte (Bromm et al. 2009; Collins et al. 2009). Durch die von diesen Sternen emittierte intensive sichtbare und ultraviolette Strahlung leuchtete das Weltall wieder auf und die Materie des Kosmos wurde im Wirkungsbereich der Strahlung ionisiert. Diese *Reionisation* war ein langwieriger Vorgang, der bis etwa 430 Mio. Jahre nach dem Urknall andauerte (Dunkley et al. 2009; Hinshaw et al. 2009). Gleichzeitig verschob sich, wie bereits erwähnt, die abgekoppelte Strahlung vom Spektralbereich um 500 nm bis zu den 1,9 mm der heutigen *kosmischen Hintergrundstrahlung*.

Ausgehend von räumlichen Dichteschwankungen, in der vorinflationären Zeit durch Quantenfluktuationen entstanden und durch die Inflation erheblich verstärkt, bildeten sich nach der

a   b

❑ Abb. 1.33 Theoretische Simulation der Strukturbildung im Universum. Ausschnitt eines Gebietes von ca. 300 Mpc Durchmesser. **a** Zustand etwa 220 Mio. Jahre nach dem Urknall, **b** Zustand heute (Springel et al. 2005; Virgo-Consortium, MPA)

Rekombinationszeit großräumige Strukturen im Kosmos. Zuerst entstanden *Halos* aus *Dunkler Materie*, die als Gravitationssenken wirkten, in denen sich später die *Baryonische Materie* sammelte. Mithilfe theoretischer ΛCDM-Modelle, die von kalter Dunkler Materie und Dunkler Energie in Form der Kosmologischen Konstante Λ ausgingen, wurde unter massivem Computereinsatz eine „Millenium-Simulation" erstellt. Sie zeigt die Entwicklung der großräumigen Strukturbildung der Materie von 220 Mio. Jahren nach dem Urknall bis heute (Abb. 1.33). Die Simulation wurde in einem Würfel von 700 Mpc ($2,2 \times 10^9$ Lj) Kantenlänge durchgeführt, in dem mehr als 10 Mrd. Masseteilchen angenommen wurden. Mit dem SPH (Smooth Particle Hydrodynamics)-Verfahren denkt man sich die Masseteilchen als Pakete aus Dunkler Materie mit Massen von $1,2 \times 10^9$ M_0, deren Bewegung im Raum berechnet wird (Springel 2005).

Die von der Schwerkraft hervorgerufenen Zusammenballungen der Materie wurden bis zur Bildung von groß- und kleinräumigen Strukturen verfolgt. Die Masseteilchen konnten sich dabei von einem ursprünglichen mittleren Abstand von ca. 300 kpc bis auf 7 kpc d. h. auf ein Viertel des Milchstraßendurchmessers annähern. Abbildung 1.33 zeigt, dass sich enge filamentartige Netzwerke und Konzentrationszentren von Materie bilden, mit charakteristischen Größen von ca. 150 Mpc. In einigen besonders massereichen Gebieten (etwa das im Zentrum von Abb. 1.33 rechts befindliche helle Objekt) bilden sich riesige Galaxienhaufen und Galaxien mit supermassereichen Schwarzen Löchern (SMBH) d. h. die frühen Quasare. Zwischen den Filamenten findet man große Leerräume. Diese schwammartigen Strukturen mit Leerräumen stimmen vorzüglich mit der beobachteten Verteilung von Galaxien (Abb. 1.30) überein (Springel et al. 2006).

1.15   Die frühen massereichen Objekte des Weltalls

Die Entwicklung der kleinräumigen Gebilde wie Sterne, Schwarze Löcher, Galaxien und Quasare aus der filamentartigen Verteilung der Dunklen und Baryonischen Materie wird derzeit mit ähnlichen Methoden studiert. Dabei wird jedoch bei kleineren kosmischen Volumen durch die Verwendung kleinerer Massenpakete und gegebenenfalls deren mehrmaligen Aufspaltungen in Unterpakete eine erheblich höhere Auflösung erzielt. Die Entwicklung der Massenpakete

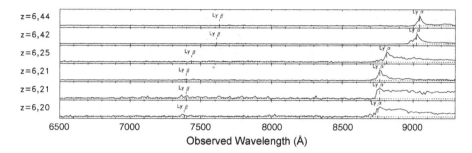

Abb. 1.34 Spektren von Quasaren (modifiziert nach Willott 2010)

aus Dunkler Materie und Baryonischer Materie (Gas) wird dabei separat verfolgt. Bei den Galaxienrechnungen benutzt man für die Dunkle Materie Massenpakete von etwa 100 M_0 und für Gas von 10 M_0. Dazu berücksichtigt man physikalische Prozesse und chemische Reaktionen, Ionisations- und Dissoziationsvorgänge, Turbulenz sowie die Rotation der beteiligten Gase und den Transport von ultravioletter und infraroter Strahlung.

1.15.1 Beobachtung von frühen Galaxien und Quasaren

Erfreulicherweise werden diese theoretischen Modellierungen durch Beobachtungen gestützt. Durch sehr lange Belichtungszeiten gelang es mit dem Hubble Space Teleskop sehr frühe Galaxien zu beobachten (Abb. 1.2). Ein Rekord liegt derzeit bei einer Galaxie mit einer Rotverschiebung von $z = 10$ (Bouwens et al. 2011). Da man Rotverschiebungen direkt messen kann, während das Alter nur über ein Modell zu bestimmen ist, wird in der astronomischen Literatur anstatt des Alters meist z angegeben. Wenn man das Weltmodell 1 von Abb. 1.14 zugrunde legt, gibt es einen eindeutigen Zusammenhang zwischen dem Alter t und der Rotverschiebung z.

Die frühesten ca. 40 Quasare beobachtet man in einem z-Bereich von 5,74–7,09 (Mortlock 2011). Wie man diese Rotverschiebungen ermittelt, ist in Abb. 1.34 illustriert. Bei dem obersten Quasar der Abbildung sieht man, dass die Lyman α-Linie des atomaren Wasserstoffs, deren Wellenlänge im irdischen Labor bei $\lambda_0 = 1216$ Å (121,6 nm) gemessen wird, bis zur Wellenlänge $\lambda = 9047$ Å ins nahe Infrarot verschoben ist. Damit kann man die Rotverschiebung $z = (\lambda - \lambda_0) / \lambda_0 = (9047 - 1216) / 1216 = 6,44$ berechnen und ein Alter von 870 Mio. Jahren nach dem Urknall ermitteln. Es wird vermutet, dass insgesamt etwa 100 Quasare im für uns beobachtbaren Universum zu dieser Zeit entstanden sind.

1.15.2 Die ersten Population-III-Sterne

Die ersten nur aus Wasserstoff (H) und Helium (He) bestehenden Sterne, die Population-III-Sterne, dürften etwa 100–200 Mio. Jahre nach dem Urknall aus Mini-Halos von Dunkler und Baryonischer Materie mit Massen von 10^5–10^6 M_0 durch einen von der Schwerkraft verursachten Kollaps entstanden sein (Yoshida et al. 2008; Bromm et al. 2009; Clark et al. 2011). Da sich solche Mini-Halos während der Strukturentwicklung aus einem früheren, wesentlich

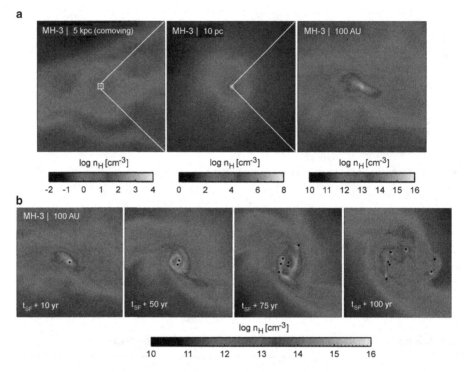

□ **Abb. 1.35** Bildung der ersten Sterne. **a** Kollaps im Kern eines Mini-Halos aus Dunkler Materie, gezeigt auf drei Skalen: das jeweils rechte Bild aus einer kleinen Region des linken Bildes vergrößert (*weiße Striche*). **b** Die Bildung eines Sternhaufens von Population-III-Sternen in den ersten 100 Jahren nach der Entstehung des ersten Sterns. Graucodierung: Anzahldichten von Wasserstoffteilchen pro cm³ (Greif et al. 2011)

dünneren, Medium bildeten, entstanden nach ihrer gravitativ bedingten Verdichtung Temperaturen von etwa 1000 K. Abbildung 1.35 zeigt eine Simulation der Bildung der ersten Sterne (Greif et al. 2011). Zunächst wurden durch freie Elektronen geringe Mengen von molekularem Wasserstoff (H_2) gebildet, der durch Rotationsschwingungsübergänge im infraroten Spektralbereich das Medium effizient kühlte. Als im Mini-Halo die Dichten auf 10^8 cm^{-3} anstiegen, wurde das Medium durch Dreierstöße vollständig in H_2 umgewandelt, wodurch im Inneren des Halos die Temperaturen auf 200 K absanken.

Bei solch tiefen Temperaturen wird ein Kernbereich von 10^3 M_0 instabil und beginnt zusammenzufallen. Die effiziente H_2-Kühlung verhindert dabei die normalerweise mit der Freisetzung von Gravitationsenergie einhergehende Temperaturerhöhung. Auch wird als Folge der Drehimpulserhaltung beim Kollaps die Rotation verstärkt und es bildet sich eine Akkretionsscheibe mit einer spiralförmigen Dichtewelle (Abb. 1.35), bei der die Kühlung in der dazu senkrechten Richtung besonders effektiv wirkt. Bei Dichten von 10^{18} cm^{-3} sammelt sich um den Kern dann so viel Materie an, dass die Infrarotstrahlung blockiert wird. Die Temperatur steigt an und das H_2 wird aufgespalten.

Wenn die Temperaturen schließlich auf mehrere 1000 K und die Dichten auf ca. 10^{20} cm^{-3} angestiegen sind, wird der Kollaps im Kern gestoppt und die entstehende Stoßwelle bildet die Oberfläche eines Protosterns. Da von außen immer noch erhebliche Mengen von kalter Materie nachströmen, die einfallenden Strömungen mit Überschallgeschwindigkeit erfolgen und die Bewegungen turbulent sind, entstehen in der Akkretionsscheibe in kurzer Zeit neue kollabierende Zentren und weitere Protosterne (Abb. 1.35). In relativ kurzer Zeit bildet sich ein kleiner Sternhaufen von Population-III-Sternen mit unterschiedlichen Massen. Bei der Entwicklung über den Zustand von Abb. 1.35 hinaus dürfte dieser Haufen noch wesentlich reicher an Sternen werden.

Durch weitere Kontraktion (diese Phasen werden in Kap. 2 eingehender beschrieben) entwickeln sich die Protosterne während der sogenannten Vor-Hauptreihen-Entwicklung zu stabilen Population-III-Sternen, in deren Kernen das Wasserstoffbrennen zündet, wenn Temperaturen von ca. 10^7 K erreicht werden. Diese Entwicklung dauert allerdings Hunderttausende von Jahren. Da in den Hüllen dieser Sterne keine Absorption der Strahlung durch schwerere Elemente stattfand, hatten sie sehr hohe Oberflächentemperaturen von 10^5 K und emittierten große Mengen von energiereichem ultraviolettem Licht. Dies ionisierte die Sternumgebung, bildete sogenannte H-II-Regionen und spaltete bis in große Entfernungen die H_2-Moleküle der Wolke auf. In den Kernen dieser ersten Sterne fanden Fusionsprozesse statt, die zur Bildung von schwereren chemischen Elementen wie C, N und O führten. Die Population-III-Sterne existierten nur wenige Millionen Jahre. Zum Ende ihrer kurzen Lebenszeit wurde das fusionierte Material bei anschließenden Supernovaexplosionen in den interstellaren Raum hinausgeworfen. Die abgeworfenen Hüllen erzeugten gewaltige Gasströmungen und reicherten das interstellare Medium mit schweren chemischen Elementen an. Die Anwesenheit von schweren Elementen wie Kohlenstoff führte zu Staub, der auch in kleinen Mengen die Entstehung und Entwicklung der nächsten Sterngeneration (Population-II-Sterne) beeinflusste.

Bei einem Teil der Supernovaexplosionen der ersten Population-III-Sterne entstanden Schwarze Löcher mit Massen von 10–200 M_0, in die später neue, aus der weiteren Umgebung zuströmende Halo-Materie einfiel, wodurch einige bis zu Massen von ca. 10^4 M_0 anwachsen konnten. Dieser Masseneinfall geschah über extrem heiße Akkretionsscheiben, in deren innerem Bereich Temperaturen bis 10^7 K auftraten. Die von solchen Gebilden emittierte ionisierende Strahlung erreichte große Entfernungen, was bei einer Vielzahl solcher Ereignisse schließlich zur sogenannten Reionisation des Universums führte, die erst nach vielen Millionen Jahren abgeschlossen war.

1.15.3 Die Entstehung von Galaxien

Galaxien sind gravitativ gebundene Systeme, die aus Dunkler Materie, Gaswolken Baryonischer Materie, Sternen und Schwarzen Löchern bestehen. Um diese Objekte trotz der besprochenen Wirkungen der ersten Sterne auf ihre Umgebung (dissoziierende und ionisierende Strahlung, Sternwinde, Supernovaexplosionen, schwere Elemente und Staubbildung) gebunden zu halten, mussten die ersten Galaxien wesentlich mehr Masse besitzen als die in Abschn. 1.15.2 besprochenen Mini-Halos. Dafür waren Gebilde von etwa 10^7–10^8 M_0 notwendig, deren Wachstum durch Aufsammeln Dutzender Mini-Halos und einer großen Zahl noch kleinerer Halos erfolgte (Wiese 2008; Bromm und Yoshida 2011; Johnson 2011).

Abbildung 1.36 zeigt die inneren 150 kpc (fünffacher Milchstraßendurchmesser) einer typischen Galaxiensimulationsrechnung, ausgehend von einer Ansammlung von Halos mit einer Gesamtmasse von 5×10^7 M_0 (Greif et al. 2008). Die Verschmelzung von etwa 300 Mini-Halos zu größeren Gebilden sowie die Bildung von Population-III-Sternen ist individuell verfolgt worden. Während die meisten Halos nur zur Anreicherung von Materie führten, bildeten sich

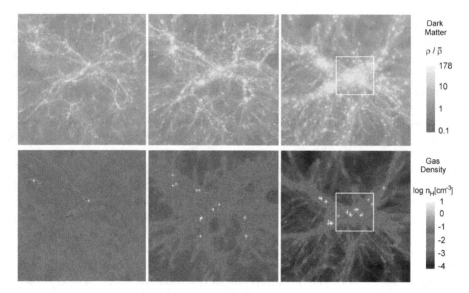

Abb. 1.36 Dunkle Materiedichte und Gasdichte im zentralen 150 kpc großen Bereich einer typischen Simulation der Entstehung einer frühen Galaxie für den Zeitraum von 145, 215 bis 429 Mio. Jahren (von *links* nach *rechts*). *Kreuze* markieren entstandene Population-III-Sterne (Greif et al. 2008)

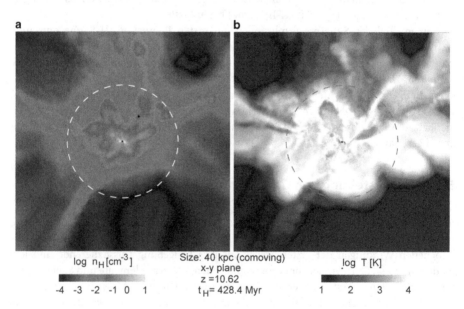

Abb. 1.37 Der 40 kpc große Kernbereich der Entwicklungssimulation einer frühen Galaxie nach 429 Mio. Jahren mit dem Anwachsen des zentralen massereichen Schwarzen Lochs. **a** die Gasdichten, **b** die Temperaturen, die den turbulenten Einfall kalter Gasmassen in den Kernbereich zeigen (Greif et al. 2008)

aus zehn Mini-Halos Population-III-Sterne, die sich schließlich zu Schwarzen Löchern entwickelten. Im Zentrum formte sich ein besonders massereiches Schwarzes Loch von 10^4 M_0.
Dieses entstand durch turbulenten Einfall von kaltem Gas (Abb. 1.37), aber auch durch Ver-
schmelzungen von Schwarzen Löchern. Die Simulation erstreckte sich über einen Zeitraum
von 79–466 Mio. Jahren nach dem Urknall.

1.15.4 Bildung von supermassereichen Schwarzen Löchern und Quasaren

Ein mit der Galaxienentwicklung eng verbundenes Phänomen ist die Entstehung von supermassereichen Schwarzen Löchern (SMBH) von mehr als 10^9 M_0. Die massereichsten von ihnen
sind mit dem Auftreten von extrem leuchtkräftigen Quasaren verbunden. Wie konnten solche
Gebilde in der kurzen Zeit überhaupt gebildet werden? Die Entstehung von SMBHs bei einer
Rotverschiebung bis zu $z = 7$, also ca. 800 Mio. Jahre nach dem Urknall, muss sehr rasch erfolgt
sein. Da ein enger Zusammenhang zwischen der Entwicklung einer Galaxie und ihrem zentralen Schwarzen Loch besteht, konnten sich SMBHs vermutlich nur in Gebieten von besonders
hohen Massekonzentrationen entwickeln. In neueren Strukturbildungsrechnungen (Di Matteo
et al. 2011) wurde in einem Würfel von 750 Mpc Kantenlänge ein einzelnes Gebiet mit besonders großer Masse gefunden, in der eine Galaxie mit einem Schwarzen Loch von 3×10^9 M_0
und zehn weitere mit maximal 1×10^9 M_0 entstanden sind.

   Die Simulation erlaubt zwar die Verschmelzung Schwarzer Löcher zu berechnen, das
Hauptwachstum des SMBH geschieht aber durch die Akkretion von „kalten" Gasen (weniger
als 10^6 K). Hierbei wird eine sogenannte Eddington-Akkretionsrate angenommen, bei der die
beobachtete intensive Strahlung der Quasare entsteht. Wenn ein Stern Eddington-Leuchtkraft
entwickelt, wird der Strahlungsdruck so hoch, dass er die gravitative Anziehungskraft über-
windet und die Hülle abstößt. Bei der Eddington-Akkretionsrate strahlt das Schwarze Loch
zwar mit der Eddington-Leuchtkraft, jedoch nur senkrecht zur Akkretionsscheibe, wo kein
Masseneinfall geschieht.

1.15.5 Kugelhaufen und Offene Sternhaufen

Offene Sternhaufen mit Hunderten bis zu Zigtausenden Mitgliedern entstehen heute noch aus
großen interstellaren Molekülwolken (Abb. 1.38). Wie in Kap. 2 ausgeführt, geht der heutige Weg der Sternentstehung generell über Offene Sternhaufen (Abb. 1.35), während sich die
wesentlich älteren *Kugelhaufen* mit ihren bis zu mehreren Millionen Mitgliedern (Abb. 1.29)
vermutlich aus besonders massereichen Molekülwolken bei der frühen Galaxienentwicklung
gebildet haben (Gnedin 2011). Die sphärische räumliche Verteilung und die sich weit entfer-
nenden elliptischen Bahnen der Kugelhaufen werden dadurch erklärt, dass sie durch unsere
Galaxis bei Begegnungen mit anderen Galaxien aufgesammelt wurden.

1.15.6 Galaxienentwicklung bis zur Gegenwart

Außer bei wenigen besonders massereichen Galaxien lagen die Massen der meisten frühen Galaxien gewöhnlich im Bereich von 10^7–10^8 M_0. Dies ist der Massenbereich der Zwerggalaxien,

Abb. 1.38 Der Offene Sternhaufen NGC 3603 im Sternbild Carina. Auffallend sind die vielen hell leuchtenden O-Sterne (ST Scl)

Abb. 1.39 Massen leuchtkräftiger Galaxien bei verschiedenen Rotverschiebungen (nach Finkelstein et al. 2010)

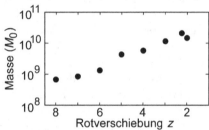

von denen heute wohl noch manche aus dem frühen Universum stammen. Galaxien wie unsere Milchstraße mit $6{,}4 \times 10^{10}$ M_0 (Méra et al. 1998) wuchsen mit der Zeit, indem sie Zwerggalaxien aufsammelten. Als Beispiel zeigt Abb. 1.39 das Anwachsen der Masse von leuchtkräftigen Galaxien, die man durch Aufnahmen mit mehreren Filtern identifizieren kann. Zu sehen ist, dass zwischen $z = 8$ und 2, also von 0,7–3,3 Mrd. Jahren nach dem Urknall die Massen dieser Galaxien im Mittel von 7×10^8 M_0 bis auf 2×10^{10} M_0 angewachsen sind. Wie es zu der großen Vielfalt der elliptischen Galaxien und Spiralgalaxien mit ihren unterschiedlichen Komponenten im Detail kam, ist noch Gegenstand intensiver Forschung (Ostriker und Naab 2012).

1.16   Die zukünftige Entwicklung des Universums, das Ende der Welt

Die Analyse der kosmischen Hintergrundstrahlung und die unabhängigen Bestimmungen der Hubblekonstante ermöglichten die Auswahl des korrekten Weltmodells. Es legt fest, welche Anteile Baryonische Materie (Atome, Neutrinos, Photonen), Dunkle Materie und Dunkle Energie am Kosmos haben. Die Zusammensetzung ändert sich mit der Zeit (Abb. 1.40). Während heute die Dunkle Energie den größten Anteil liefert, betrug er zur Rekombinationszeit praktisch 0 %. Dieses Wachstum hat große Auswirkungen auf die zukünftige Entwicklung der Welt. Noch vor wenigen Jahren hielt man es für möglich, dass der Raum positiv gekrümmt ist und eine höhere Dichte als die kritische Gesamtdichte $\Omega_{\text{tot}} = 1{,}0$ besteht. In einem solchen Fall (Weltmodell 4 von Abb. 1.14) würde das Universum in absehbarer Zeit seine Expansion beenden, danach wieder kontrahieren und schließlich in einer *Big Crunch* genannten Singularität enden (Muir

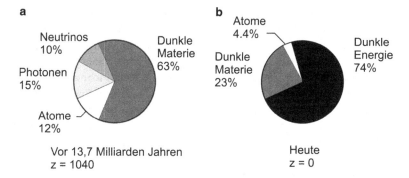

a

Neutrinos 10%

Photonen 15%

Atome 12%

Dunkle Materie 63%

Vor 13,7 Milliarden Jahren
z = 1040

b

Atome 4.4%

Dunkle Materie 23%

Dunkle Energie 74%

Heute
z = 0

◻ **Abb. 1.40** Bestandteile des Universums zur Rekombinationszeit 380.000 Jahre nach dem Urknall (**a**) und heute (**b**) (WMAP, NASA Science Team)

2002). Diese Modelle sind seit den Beobachtungen des WMAP-Satelliten nicht mehr realistisch und alles deutet darauf hin, dass sich das Universum ständig und beschleunigt ausdehnt (Weltmodell 1 von Abb. 1.14). Abbildung 1.14 zeigt, dass auf eine anfängliche Phase rapider Inflation und eine anschließende, relativ gemächliche räumliche Ausdehnung, vor etwa 5 Mrd. Jahren wieder eine Phase der beschleunigten Expansion folgte. Diese wird auf das Wirken der Dunklen Energie zurückgeführt.

Die Gravitationskräfte, die die Massen des Weltalls aufeinander ausüben und der Expansion des Raumes entgegenwirken, würden eine zunehmende Verlangsamung der Expansion erwarten lassen. Erstaunlicherweise beobachtet man aber das Gegenteil. Obwohl die physikalische Natur der Dunklen Energie noch unbekannt ist, lässt sie sich als eine Art ideales Gas vorstellen, das eine Zustandsgleichung $p = w\rho c^2$ mit dem sogenannten w-Parameter besitzt. Hier bezeichnet p den Druck, ρc^2 die Energiedichte der Dunklen Energie, ρ die Dichte und c die Lichtgeschwindigkeit. Bei idealen Gasen besteht eine Zustandsgleichung $p \sim \rho c_S^2$, wobei c_S die Schallgeschwindigkeit bedeutet. Mit Werten von wenigen km/s ist diese sehr klein gegenüber der Lichtgeschwindigkeit c mit 300.000 km/s. Deshalb gilt für bekannte Gase, dass $w \sim c_S^2/c^2$ in der Nähe von 10^{-12} liegt, während für Photonen $w = 1/3$ gilt.

Um eine beschleunigte Expansion des Weltalls zu erzwingen, müsste der w-Parameter kleiner als $-1/3$ sein. Außerdem stellt sich die Frage, ob sich bei einem solchen hypothetischen Gas der w-Parameter zeitlich verändert. Es wurden verschiedene Annahmen über die Dunkle Energie gemacht. Die ursprünglich von Einstein vorgeschlagene *Kosmologische Konstante* Λ führt zu einem Wert von $w = -1$. Eine *Quintessenz* genannte Vorstellung postuliert einen Wert $w = -1/3$. Bei einem dritten, *Phantomenergie* genannten Modell, wird w kleiner als -1 angenommen, was Universen mit so rapide zunehmender Expansion ergibt, dass sie in endlicher Zeit eine unendliche Ausdehnung erreichen.

1.16.1 Big Rip

In dem von Caldwell et al. (2003) vorgelegten Modell wird eine aus Phantomenergie bestehende Dunkle Energie mit $w = -1,5$, einer Hubblekonstante $H_0 = 70$ km/s/Mpc und einem Dichteparameter $\Omega_m = 0,3$ angenommen. Die stetig wachsende Phantomenergie wirkt den potenziellen

Energien im Weltall entgegen. In dem *Big Rip* genannten Modell wird ein Ende des Universums nach etwa 22 Mrd. Jahren erreicht. Kurz vor dem Ende dieser Zeitspanne wird die Expansion so stark, dass die Galaxien aus ihrer gravitativen Bindung gerissen werden und die Galaxienhaufen sich auflösen. Etwa 60 Mio. Jahre vor dem Ende wäre die Schwerkraft gegenüber der Expansion so schwach, dass die Milchstraße und andere Galaxien nicht mehr zusammengehalten würden und sich in Einzelsterne auflösten. Etwa drei Monate vor dem Ende würde sich das Sonnensystem gravitativ entkoppeln, in den letzten Minuten Sterne und Planeten zerfallen und Sekunden vor dem Ende sich sogar die Atome auflösen. Je größer w angenommen wird, desto ferner in der Zukunft würde der Big Rip stattfinden und bei $w = -1,0$ sogar gänzlich verschwinden.

Glücklicherweise kann man jedoch den w-Parameter von der Beobachtung her einschränken. Die WMAP-Resultate ergaben einen w-Parameter von $-1,10 \pm 0,14$, wenn w als konstant angenommen wird (Komatsu et al. 2011). Durch die erwähnte Arbeit von Riess et al. (2009) konnte aus Messungen mit dem Hubble Space Teleskop an Supernovae der von WMAP-Beobachtungen unabhängige Wert $w = -1,12 \pm 0,12$ gewonnen werden, wobei w als konstant angenommen wurde. Die WMAP- und Riess-Beobachtungen der w-Werte sind konsistent mit einem Modell, das die Dunkle Energie mit einer Kosmologischen Konstante Λ, also mit $w = -1,0$, beschreibt. Damit erscheinen Quintessenz- sowie Phantomenergiemodelle wenig wahrscheinlich. Lässt man die Annahme eines konstanten w-Parameters fallen, ergibt sich aus den Beobachtungen immer noch, dass w sich offenbar zeitlich wenig ändert. Dies deutet erneut darauf hin, dass die Dunkle Energie am besten mit dem Modell der Kosmologischen Konstanten beschrieben wird.

1.16.2 Der Kältetod (Big Freeze)

Auch ohne den Big Rip führt das Weltmodell 1 mit der Dunklen Energie in Form der Kosmologischen Konstante zu einem katastrophalen Ende (Abb. 1.14): Das Universum dehnt sich ständig beschleunigt aus. Im Gegensatz zum Big Rip werden die kosmischen Objekte zwar nicht auseinandergerissen, zerfallen aber nach langer Zeit in ihre elementaren Bestandteile. In einem solchen, von Adams und Laughlin (1997) beschriebenen Modell wird weit in der Zukunft ein Zustand erreicht, in dem auch die langlebigsten Sterne zu leuchten aufgehört haben, weil ihre Energien aufgebraucht sind. Nach 10^{14} Jahren geht die Galaxienentwicklung und Sternentstehung zu Ende Es ist keine interstellare Materie mehr vorhanden, aus der sich Sterne bilden könnten. In 10^{40} Jahren zerfallen die Protonen und Neutronen der Baryonischen Materie. Dieser bisher noch nicht nachgewiesene Protonenzerfall nach ca. 10^{36} Jahren mit der Annihilation der entstehenden Positronen durch Elektronen wird von GUT-Theorien vorhergesagt. In 10^{100} Jahren haben sich auch die Schwarzen Löcher aufgelöst, sodass schließlich nur noch Neutrinos und extrem langwellige Photonen übrig bleiben. Es kommt zum *Kältetod* (*Big Freeze*) (http://map.gsfc.nasa.gov/universe/uni_fate.html), da keine Energie mehr vorhanden ist, um irgendwelche Prozesse anzutreiben. Der Zustand *maximaler Entropie* wird erreicht und die Temperatur im ganzen Universum auf den absoluten Nullpunkt (auf 0 K oder $-273,15\,°C$) absinken. Da wir nicht wissen, ob unsere derzeitigen Überlegungen die Entwicklungen in den gigantischen zukünftigen Zeiträumen korrekt vorhersagen können, muss die Idee des Kältetods mit Vorsicht betrachtet werden.

1.17 Multiversen, Weltgeschichte und das kosmische Archiv

1.17.1 Beobachtungen und Theorie

Bevor wir unser Universum als individuelles Ganzes betrachten, sollte rekapituliert werden, wie wir zu den obigen Erkenntnissen gekommen sind. Die Entwicklung des Weltalls, der Ablauf des frühen Universums nach dem Urknall, die Bildung von Galaxien, die Evolution der Sterne und Planeten, konnten mithilfe von Computersimulationen aus den beobachteten Fakten erschlossen werden. Hierbei kommt uns die eigenartige Tatsache entgegen, dass das aus den verschiedenen Regionen des Universums bei uns ankommende Photonenspektrum von weit entfernten Objekten stammt. Diese liegen umso weiter in der Vergangenheit, je weiter sie entfernt sind. Wir beobachten nicht den heutigen Andromedanebel, sondern den, der vor 2,5 Mio. Jahren existierte und damals die heute hier ankommenden Photonen ausgesandt hat.

Dasselbe gilt für die frühesten Galaxien, die nur wenige Hundert Millionen Jahre nach dem Urknall entstanden. Wir sehen in der kosmischen Hintergrundstrahlung die Photonen, die vor 13,7 Mrd. Jahren ausgesandt wurden, 380.000 Jahre nach dem Urknall. Trotzdem wissen wir ziemlich sicher, wie sich das Universum in diesen langen Zeiträumen entwickelt hat: Die Simulationen stimmen mit den riesigen Mengen an Beobachtungsdaten vorzüglich überein. Die kosmologischen Simulationen sagen die exotischen Materiephasen des frühen Universums voraus, die primordialen Elementhäufigkeiten und die räumliche Verteilung der Galaxien.

Es bleibt jedoch noch eine große Zahl an Fragen: Ist der Urknall mit seinen extremen physikalischen Zuständen der Anfang der Welt oder nur der exotische Flaschenhals einer viel längeren Entwicklung? Was sind Dunkle Materie und Dunkle Energie? Ist ein Ende unserer Welt im Kältetod mit unendlicher Expansion und Verdünnung nach unfassbar langer Zeit realistisch, oder nur das einfache Modell einer viel komplizierteren, bisher noch nicht verstandenen Entwicklung? Diese Fragen werden mit neuen terrestrischen (wie der Large Hadron Collider in Genf) und kosmischen Experimenten (wie der 2009 gestartete ESA Planck Satellit) angegangen. Letzterer ist Nachfolger des WMAP-Satelliten und soll alle relevanten kosmologischen Parameter mit einer Genauigkeit von besser als 1 % bestimmen.

1.17.2 Weltgeschichte, das kosmische Archiv

Die Kenntnis der Geschichte des Weltalls verdanken wir fast ausschließlich der Beobachtung der eintreffenden Photonen. Dabei stellen diese nur einen winzigen Bruchteil aller emittierten Photonen der fernen Welten dar. Die überwiegende Mehrheit wird nie einem materiellen Objekt begegnen. Dies ergibt sich aus dem sogenannten *Olbers-Paradoxon* (Abb. 1.41): Wenn das Weltall unendlich ausgedehnt, statisch und gleichmäßig mit Sternen angefüllt wäre, müsste der Nachthimmel so hell sein wie die Sonnenscheibe, denn jeder Lichtstrahl würde letztlich von einer Sternoberfläche kommen. Der Nachthimmel ist aber dunkel, denn das sichtbare Weltall ist endlich und mit einer begrenzten Anzahl von Sternen und Galaxien angefüllt, die sich in der Zeit nach dem Urknall gebildet haben (Abb. 1.2).

Abbildung 1.42 verdeutlicht, wie Licht von der Erde ausgesandt wird. Sie zeigt Sokrates auf dem Marktplatz von Athen im Jahr 400 v. Chr. Die Marktbesucher nehmen ihn wegen der ca. 10^{20} Photonen des reflektierten Sonnenlichts wahr, die von ihm pro m^2 und s in alle Richtungen ausgehen. Während die meisten dieser Photonen auf der Erde verbleiben und dort

Abb. 1.41 Olbers-Paradoxon:
Lichtstrahlen von fernen Sternen
treffen auf die Erde

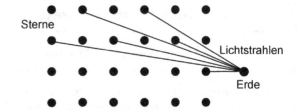

Abb. 1.42 Sokrates auf dem
Marktplatz von Athen ca. 400 v. Chr.
mit von ihm aus in den Weltraum
emittierten reflektierten Photonen
des Sonnenlichts (Strahl)

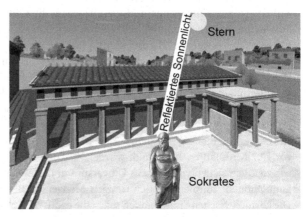

absorbiert werden, entweichen andere ins Weltall (Strahl in Abb. 1.42). Gemäß dem Olbers-Paradoxon landen einige wenige dieser Photonen auf anderen Sternen, während die meisten ewig weiter fliegen.

Was ist das Schicksal dieser von der Erde, den fernen Galaxien und anderen kosmischen Objekten ständig und über Jahrmilliarden ausgesandten Photonen, die nie einen anderen Himmelskörper treffen? Sie stellen ein *kosmisches Archiv* dar, in dem die Geschichte unseres Universums aufgezeichnet ist, eine Vorstellung, die schon im 19. Jahrhundert von Felix Eberty (1812–1884) vertreten wurde (Eberty 1923). Eine wichtige Eigenschaft dieser Photonen besteht darin, dass sie trotz der Expansion des Weltalls und der damit einhergehenden Wellenlängenvergrößerung ihre Farb- und Richtungsinformationen beibehalten. Auf diese Weise könnte Sokrates auch in fernen Zeiten und aus großer Entfernung beobachtet werden. Dasselbe gilt auch für die frühen Galaxien von Abb. 1.2, die sich auch nach Milliarden Jahren an anderen Stellen des Universums immer noch im Detail bildlich darstellen lassen.

Der Kältetod beschreibt einen Endzustand, bei dem als Folge des Zerfalls der Materie die Anzahl der Photonen im Universum ein Maximum erreicht. Wegen der geringen Wahrscheinlichkeit, dass sich Photonen im expandierten Weltall begegnen und untereinander in Wechselwirkung treten, gibt es künftig keine weiteren Veränderungen mehr. Da sich vergangene Ereignisse nicht modifizieren lassen, wird also ein *Archiv der Weltgeschichte* geschaffen, das die historische Entwicklung praktisch aller sichtbaren Objekte im Weltall zeigt. Es bleibt von da an unveränderlich und für alle Zeiten festgefroren, wobei die Information in den unterschiedlichen Wellenlängen und Flugrichtungen der Photonen steckt. Dieses Archiv ist dann allerdings von keinem Instrument oder intelligentem Lebewesen mehr lesbar, weil alle materiellen Körper außer Neutrinos zerfallen sind

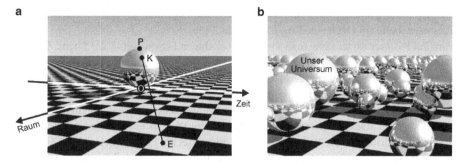

○ **Abb. 1.43** **a** Die zweidimensionale Raumzeit als unendlich ausgedehnte Ebene kann auf eine Kugel projiziert werden, **b** unser Universum als eines von vielen Multiversen

1.17.3 Andere Welten, Multiversen

Ist unser Universum das einzige oder gibt es vielleicht noch andere? Diese kosmologische Frage wurde in den 1970er Jahren im Zusammenhang mit der Erkenntnis diskutiert, dass Leben in unserem Universum nur aufgrund der speziellen Auswahl der fundamentalen Naturkonstanten möglich ist. Diese Einsicht wurde als *anthropisches Prinzip* für die Auswahl von Universen formuliert (Carter 1974). Das *schwache anthropische Prinzip* fordert: „im Universum muss es einen Ort und eine Zeit geben, wo intelligentes Leben auftreten kann", das *starke anthropische Prinzip* dagegen: „die fundamentalen Parameter eines Universums müssen so gestaltet sein, dass sie die Entstehung von intelligentem Leben ermöglichen". Letzteres geht also von der Vorstellung aus, dass es viele Universen gibt und unseres durch die besondere Wahl der Naturkonstanten (Gravitationskonstante, Lichtgeschwindigkeit, Elementarladung, kosmologische Konstante) ausgezeichnet ist.

Dass es eine riesige Zahl von Multiversen geben könnte, wird auch von der „Viele-Welten-Interpretation" der Quantenmechanik postuliert, bei der unser Universum sich jedes Mal in Paralleluniversen spaltet, wenn eine Beobachtung gemacht wird. In der Quantenkosmologie entwickelte man die *Branenkosmologie*, in der vierdimensionale Hyperebenen (Branen), wie unser Universum, sich in einem höher dimensionalen Raum (Bulk) bewegen. Dort könnten sie zusammenstoßen und so für einen Urknall, die Erzeugung neuer Branen sowie für die Vernichtung von Branen verantwortlich sein (Carr 2007).

Das vierdimensionale Universum, das aus drei räumlichen Dimensionen und der Zeit besteht, lässt sich nur schwer vorstellen. Deshalb ist es hilfreich, sich ein einfacheres zweidimensionales Modell vor Augen zu führen, das nur eine Raumrichtung und die Zeit besitzt. Diese Raumzeit kann man sich als unendlich ausgedehnte Ebene denken (Abb. 1.43a). Hier verläuft die Zeit entlang des Pfeils nach rechts und der Raum entlang des Pfeils nach vorn. Der Urknall würde dann am Punkt 0 passieren und der Kältetod unendlich weit rechts und nach vorne geschehen. Auch das Modell des Flaschenhalses lässt sich hier gut vorstellen. Das schon immer existierende Universum würde sich von einer links unendlich weit zurückliegenden Zeit über den Punkt 0 nach rechts unendlich weiter zum Kältetod hin entwickeln, während der Raum sich von einer unendlichen Ausdehnung hinten über den Punkt 0 zu einer unendlichen Ausdehnung nach vorne entwickeln würde.

Eine noch kompaktere Vorstellung vom Universum kann man gewinnen, indem man auf die Raumzeitebene am Ort 0 eine Kugel legt (Abb. 1.43a).

Vom Pol P dieser Kugel ziehe man Linien zu beliebigen Ereignissen E der Ebene. Diese Linie würde die Kugel beim Punkt K durchstoßen und jedem Ereignis E auf der Ebene würde ein Ereignis K auf der Kugel zugeordnet. Der im Unendlichen liegende Kältetod würde dann dem Pol P der Kugel entsprechen. Unsere ganze Welt ließe sich dann bequem auf der Kugel betrachten. Prinzipiell stellt das Kugelmodell gegen die Raumzeitebene keinen neuen Tatbestand dar. Es ist aber ein anschaulicheres Modell, um sich die Welt als ein einzigartiges kompaktes Individuum vorzustellen. Die Welt beginnt bei 0 und endet bei P oder beginnt beim Flaschenhals bei P, entwickelt sich bis 0 und endet wieder bei P. Das Kugelmodell erlaubt zudem, unser Universum als ein spezielles, unter vielen Multiversen darzustellen (Abb. 1.43b).

Literatur

Adams FC, Laughlin G (1997) A dying universe: the long-term fate and evolution of astrophysical objects. Rev Mod Phys 69:337, Appendix B

Alabidi L, Lyth DH (2006) Inflation models after WMAP year three. J Cosmol Astropart Phys 08:013

Benedict GF et al (2007) Hubble space telescope fine guidance sensor parallaxes of galactic cepheid variable stars: period-luminosity relations. Astron J 133:1810

Bennett CL (2006) Cosmology from start to finish. Nature 440:1126

Börner G (2004) The early universe. Facts and fiction, 4. Aufl. Springer, Berlin

Bojowald M (2007) What happened before the Big Bang? Nat Phys 3:523

Bojowald M (2009) Zurück vor den Urknall: Die ganze Geschichte des Universums. Fischer, Frankfurt

Bouwens RJ et al (2011) A candidate redshift $z \sim 10$ galaxy and rapid changes in that population at an age of 500 Myr. Nature 469:504

Bromm V et al (2009) The formation of the first stars and galaxies. Nature 459:49

Bromm V, Yoshida N (2011) The first galaxies. Annu Rev Astron Astrophys 49:373

Burstein D, Rubin VC (1985) The distribution of mass in spiral galaxies. Astrophys J 297:423

Caldwell RR et al (2003) Phantom energy: dark energy with w< −1 causes a cosmic doomsday. Phys Rev Lett 91:071301-1

Carr B (Hrsg) (2007) Universe or multiverse? Cambridge University Press. http://www.mathropolis.comeze.com/library/universeormultiverse.pdf

Carter B (1974) Large number coincidences and the anthropic principle in cosmology, IAU Symposium 63:291

Clark PC et al (2011) The formation and fragmentation of disks around primordial protostars. Science 331:1040

Coc A (2009) Big-bang nucleosynthesis: A probe of the early universe. Nucl. Inst. Meth. Phys. Res. A 611:224

Collins CA et al (2009) Early assembly of the most massive galaxies. Nature 458:603

Connes A (2008) On the fine structure of spacetime. In: Majid S (Hrsg) On space and time. Cambridge University Press, S 196

Di Matteo T et al (2011) Cold flows and the first quasars. http://arxiv.org/abs/1107.1253

Dunkley J et al (2009) Five-year wilkinson microwave anisotropy probe (WMAP) Observations: Bayesian estimation of cosmic microwave background polarization maps. Astrophys J 701:1804

Eberty F (1923) Die Gestirne und die Weltgeschichte; Gedanken über Raum, Zeit und Ewigkeit. Neu hrsg. v. Gregorius Itelson. Mit einem Geleitwort von Albert Einstein. Rogoff, Berlin. Den Hinweis auf diesen Autor verdanke ich Reinhard Breuer

Finkelstein SL et al (2010) On the stellar populations and evolution of star-forming galaxies at 6.3 < z < 8.6. Astrophys J 719:1250

Fixsen DJ et al (1996) The cosmic microwave background spectrum from the full COBE FIRAS data set. Astrophys J 473:576

Fixsen DJ, Mather JC (2002) The spectral results of the far-infrared absolute spectrophotometer instrument on COBE. Astrophys J 581:817

Freedman WL et al (2001) Final results from the hubble space telescope key project to measure the hubble constant. Astrophys J 553:47

Gnedin OY (2011) Modeling formation of globular clusters: Beacons of Galactic Star Formation. Proc IAU Symp 270:381. http://arxiv.org/abs/1010.3707v1

Greif TH et al (2008) The first galaxies: assembly, cooling and the onset of turbulence. Mon Not R Astron Soc 387:1021

Greif TH et al (2011) Simulations on a moving mesh. The clustered formation of population III Protostars. Astrophys J 737:75

Heath T (1981) Aristarchus of Samos. The ancient Copernicus. Dover, New York

Heller M (2008) When physics meets metaphysics. In: Majid, S (Hrsg) On space and time. Cambridge University Press, S 238

Herrnstein JR et al (1999) A geometric distance to the galaxy NGC4258 from orbital motions in a nuclear gas disk. Nature 400:539

Hinshaw G et al (2009) Five-year Wikinson microwave anisotropy probe observations: Data processing, sky maps, and basic results. Astrophys J Supp 180:225. http://map.gsfc.nasa.gov, http://map.gsfc.nasa.gov/m_mm.html

Hu W, Dodelson S (2002) Cosmic microwave background anisotropies. Annu Rev Astron Astrophys 40:171

Jarosik N et al (2011) Seven-year wilkinson microwave anisotropy probe (wmap) observations: sky maps, systematic errors, and basic results. Astrophys J Suppl 192:14

Johnson JL (2011) Formation of the first galaxies: theory and simulations. http://arxiv.org/abs/1105.5701

Kervella P et al (2008) The long-period galactic cepheid rs puppis l. a geometric distance from its light echoes. Astron Astrophys 480:167

Klypin A et al (2002) ΛCDM-based models for the milky way and M 31, I: dynamical models. Astrophys J 573:597

Kolanoski H (2011) http://www-zeuthen.desy.de/%7Ekolanosk/astro0910/skripte/astro.pdf

Komatsu E et al (2011) Seven-year wilkinson microwave anisotropy probe (wmap) observations: cosmological interpretation. Astrophys J Suppl 192:18

Liddle AR (1999) An introduction to cosmological inflation. http://arxiv.org/PS_cache/astro-ph/pdf/9901/9901124v1.pdf

Lineweaver CH, Davis TM (2005) Der Urknall. Mythos und Wahrheit. Spektrum der Wissenschaft 5:38

Longair MS (1998) Galaxy formation. Springer, Berlin

Majid S (2008) Quantum spacetime and physical reality. In: Majid S (Hrsg) On space and time. Cambridge University Press, S 56

Manitius K (1963) Ptolemäus, Handbuch der Astronomie Band I. Teubner, Leipzig

Méra D et al (1998) Towards a consistent model of the galaxy. II. Derivation of the model. Astron Astrophys 330:953

Milgrom M (1983) A modification of the newtonian dynamics as a possible alternative to the hidden mass hypothesis. Astrophys J 270:365

Mortlock DJ (2011) A luminous quasar at a redshift of $z = 7085$. Nature 474:616

Muir H (2002) Universe might yet collapse in 'big crunch'. New Scientist, 6. Sept.

Ostriker JP, Naab T (2012) Theoretical challenges in understanding galaxy evolution. Phys Today, Aug:43

Riess AG et al (2009) A redetermination of the Hubble Constant with the Hubble Space Telescope from a differential distance ladder. Astrophys J 699:539

Rubin VC, Ford WKJ (1970) Rotation of the Andromeda Nebula from a Spectroscopic Survey of Emission Regions. Astrophys J 159:379

Spergel DN et al (2003) First-year wilkinson microwave anisotropy probe (wmap) observations: determination of cosmological parameters. Astrophys J Suppl 148:175

Springel V (2005) The cosmological simulation code GADGET-2. Mon Not R Astron Soc 364:1105

Springel V et al (2005) Simulations of the formation, evolution and clustering of galaxies and quasars. Nature 435:629. http://www.mpa-garching.mpg.de/galform/millennium

Springel V et al (2006) The large-scale structure of the Universe. Nature 440:1137

Wiese JH (2008) Resolving the formation of protogalaxies. PhD Thesis. http://arxiv.org/abs/0804.4156v1

Willott CJ et al (2010) The Canada-France high-z quasar survey: nine new quasars and the luminosity function at redshift 6. Astron J 139:906

Yoshida N et al (2008) Protostar formation in the early universe. Science 321:669

Sterne und Planeten

P. Ulmschneider, Vom Urknall zum modernen Menschen, DOI 10.1007/978-3-642-29926-1_2,
© Springer-Verlag Berlin Heidelberg 2014

Leben ist nur auf Planeten und deren Monden denkbar. Die Bildung solcher Himmelskörper hängt eng mit der Entstehung von Sternen zusammen, wobei anders als bei der Bildung von Population-III-Sternen in der Frühphase des Universums, Staub vorhanden sein muss, d. h. chemische Elemente, die schwerer sind als Wasserstoff und Helium.

2.1 Sternentstehung

Sternentstehung findet statt, wenn eine Verdichtung in einer interstellaren Gas- und Staubwolke unter ihrer eigenen Schwerkraft zusammenfällt. Während der Kollaps im frühen Universum, bei den ersten, nur aus H und He gebildeten Population-III-Sternen (Abschn. 1.15.2) ziemlich lange dauerte, nimmt er in späteren Zeiten nur wenige 100.000 Jahre in Anspruch. Dies geschieht, weil die beim Kollaps freigesetzte Gravitationsenergie – in Wärme umgewandelt – durch den aus schweren Elementen bestehenden Staub effizient abgestrahlt werden kann.

2.1.1 Molekülwolken und Staub

Galaxien besitzen sogenannte *Riesenmolekülwolken* mit Massen bis zu $10^6\ M_0$. Diese bestehen hauptsächlich aus molekularem Wasserstoff (H_2) und He, zusammen mit einer beträchtlichen Zahl weiterer Moleküle, wie z. B. OH, H_2O, CO, CS und NH_3, sowie etwa 1 % Staub (Abb. 2.1a, b). Der Staub macht sich durch dunkle Absorptionsgebiete vor dem Hintergrund hell leuchtender Sterne und Emissionsnebel bemerkbar. Er bewirkt, dass das Innere der Wolken von einer Aufheizung durch die Strahlung der Umgebung abgeschirmt wird. Deshalb entwickeln sich dort kalte, dichte Gebiete mit Temperaturen von 5–10 K und Dichten von 10^3–10^5 Teilchen pro cm^3. Solche Wolkenkerne werden schließlich so massereich, dass sie unter ihrer eigenen Schwerkraft zusammenfallen (Abb. 2.1c).

Da sich beim Kollaps der Durchmesser des Wolkenkerns von Lichtjahren zu dem eines präsolaren Nebels von einigen Hundert Astronomischen Einheiten (1 AE = $1,495 \times 10^8$ km) unter Erhaltung des Drehimpulses um einen Faktor von etwa 1000 verkleinert, wird die geringe anfängliche Rotation, die alle ausgedehnten Gaswolken besitzen, erheblich verstärkt (Abb. 2.1c). Der inhomogene Wolkenkern zerbricht und die Rotation wird hauptsächlich in Bahnbewegungen von individuellen Bruchstücke umgewandelt (Abb. 2.1d). Aus solchen Wolkenfragmenten bilden sich *Protosterne*, die von *Akkretionsscheiben* umgeben sind (Abb. 2.1e). Beim Kollaps entsteht deshalb nicht nur ein einzelner Stern, sondern gleichzeitig ein ganzer Sternhaufen (Abb. 2.1d, 1.38). Die tellerförmige Gestalt einer Akkretionsscheibe rührt daher, dass der Kollaps parallel zur Rotationsachse praktisch ungestört verläuft, während er senkrecht dazu durch die Zentrifugalkräfte behindert wird. Die Rotationsrate bestimmt, ob das System als Vielfach-Sternsystem (70 % der Fälle) oder als Einzelsystem (30 %) endet.

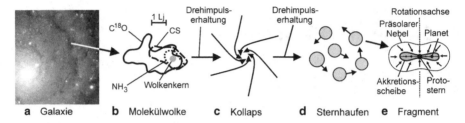

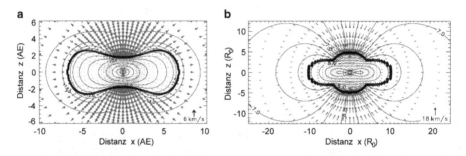

☐ **Abb. 2.1** Der Kollaps einer interstellaren Riesenmolekülwolke führt zu einem Sternhaufen mit Protosternen, die von Akkretionsscheiben umgeben sind

☐ **Abb. 2.2** Kollaps eines Wolkenfragments von 1 M_0. **a** erster Kern, nach 2300 Jahren, **b** Zentralgebiet mit zweitem Kern, nach 3700 Jahren (Tscharnuter et al. 2009)

2.1.2 Kollapssimulationen

Abbildung 2.2 zeigt eine Simulation der Endphasen einer Protosternbildung mit Akkretionsscheibe, die beim Kollaps eines rotierenden Wolkenfragments entstehen. In Abb. 2.2a ist ein Ausschnitt eines wesentlich größeren Rechengebiets dargestellt, 2300 Jahre nach dem Beginn der Protosternbildung. Konturlinien markieren Dichten, die zum Zentrum hin zunehmen, Pfeile geben Geschwindigkeiten und Richtungen der strömenden Materie an. Es hat sich eine Stoßwelle gebildet, auch erster Kern genannt (dicke Linie), bei der das einströmende Gas jäh abgebremst wird. Im Zentrum entsteht ein zweiter Kern. Das vergrößerte Zentralgebiet (Abb. 2.2b, in Einheiten des Sonnenradius $R_0 = 696.000$ km) zeigt den zweiten Kern in höherer Auflösung. Hier wird das Material so verdichtet, dass sich hohe Temperaturen und Gasdrücke aufbauen weil die kühlende Strahlung blockiert wird. Nach 3700 Jahren entsteht aus dem zweiten Kern der Protostern, umgeben von seiner Akkretionsscheibe. Es treten nun (in der Rechnung noch nicht berücksichtigt) starke Magnetfelder auf, die den Stern mit der Scheibe verbinden. Kanalisiert durch diese Felder strömen von dort große Gasmengen auf den Stern zu und entlang der Rotationsachse in sogenannten *Jets* von ihm weg (Abb. 2.4).

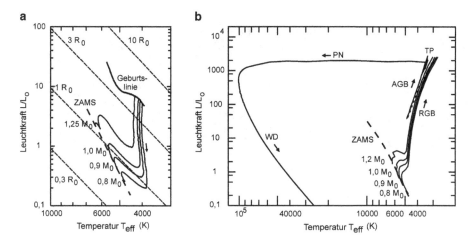

Abb. 2.3 Sternentwicklung (*Pfeile*) im Hertzsprung-Russell-Diagramm. **a** *Vor-Hauptreihenentwicklung* von 0,8–1,25 M_0-Sternen, **b** *Nach-Hauptreihenentwicklung* von 0,8–1,2 M_0-Sternen bis zum Roten-Riesenast (RGB). Für einen 1 M_0-Stern weiter zum Asymptotischen-Riesenast (AGB), den Thermischen-Puls- (TP) bzw. Planetarischen Nebel-(PN) Phasen bis zum Weißen-Zwerg (WD). ZAMS markiert die Hauptreihe. (Modifiziert nach Bernasconi 1996; Bloecker 1995; Bressan et al. 1993)

2.2 Vor-Hauptreihenentwicklung der Sterne

Das Innere des Protosterns besteht aus Kern und Hülle, deren Entwicklung weitgehend unabhängig vom Verhalten der Oberflächen- und Außenschichten verläuft. Es wird zunächst die innere Entwicklung des Protosterns beschrieben.

2.2.1 Innere Entwicklung

Üblicherweise wird die Entwicklung der Sterne mithilfe des sogenannten Hertzsprung-Russell-Diagramms (HR-Diagramm) dargestellt (Abb. 2.3a). Man trägt die Leuchtkraft L, d. h. die Energie, die der Stern pro Sekunde ausstrahlt (in Einheiten der Sonnenleuchtkraft $L_0 = 3,86 \cdot 10^{26}$ W), gegen die Effektivtemperatur T_{eff} auf, die grob der „Oberflächentemperatur" des Sterns entspricht. In dem nach außen abfallenden Temperaturverlauf der Sternoberfläche repräsentiert die Effektivtemperatur ungefähr die Schicht, von der die aus dem Inneren kommende Strahlung ins Weltall entweicht. Zudem sind auch die Sternradien R (gestrichelt, in Einheiten des Sonnenradius R_0) angegeben. Leuchtkraft, Effektivtemperatur und Radius der Sterne hängen davon ab, wie viel Energie im Stern produziert und wie diese in der Sternhülle zur Oberfläche transportiert wird.

Nach dem Kollaps der präsolaren Wolke werden Protosterne auf der sogenannten *Geburtslinie* optisch sichtbar, nachdem sie vorher in Staubwolken verborgen waren (Abb. 2.3a). Die beim Kollaps freigesetzte Gravitationsenergie führt vor allem im Kern des Protosterns zu einem schnellen Temperaturanstieg. Wenn ungefähr 1 Mio. K erreicht wird, setzen Kernreaktionen ein und Deuterium ^{2}H beginnt mit Wasserstoff ^{1}H, zu ^{3}He zu fusionieren. Bei der Geburtslinie,

a   b   c

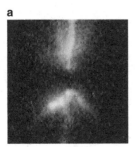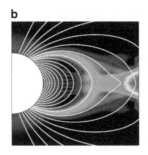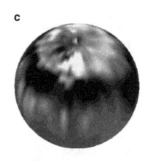

◘ **Abb. 2.4**   T-Tauri-Sterne. **a** der Stern DG-Tau B mit horizontal liegender Akkretionsscheibe und vertikal flie-ßenden Jets (STScI), **b** vom Stern (*links*) ausgehende magnetische Feldlinien erstrecken sich bis zum innersten Rand der Akkretionsscheibe (*rechts*), **c** Oberfläche von MN Lupi beobachtet mit der Doppler-Imaging Methode (Strassmeier et al. 2005)

die in etwa mit dem Ort des *Deuteriumbrennens* übereinstimmt, besitzen sonnenähnliche Sterne mit Massen von 0,8–1,25 M_0 etwa die sechsfache Sonnenleuchtkraft und einen fünffachen Sonnenradius.

Da Deuterium eine Häufigkeit von nur 10^{-5} gegenüber Wasserstoff besitzt (Abschn. 1.10.4), ist das Deuteriumbrennen mit seiner geringen Energieausbeute nicht ergiebig genug, um die hohe Leuchtkraft des Protosterns auszugleichen. Der Stern kollabiert weiter, der Radius schrumpft bei gleichbleibender Effektivtemperatur T_{eff}, was sich in Abb. 2.3a in einem nahezu vertikalen Entwicklungsweg (Pfeil) zeigt, der sogenannten *Hayashi-Linie*. In dieser Entwicklungsphase findet der Transport der Energie in der Hülle des Sterns hauptsächlich durch Konvektion statt, ein Vorgang, bei dem heiße Gasblasen aufsteigen und kalte absinken. An der Sternoberfläche angekommene Blasen strahlen dann ihre Energie in den Weltraum ab und das kalte Material fließt ins Sterninnere zurück. Wenn zu einem späteren Zeitpunkt ein mehr horizontaler Entwicklungsweg, der *radiative Weg*, durchlaufen wird (Abb. 2.3a), findet der Energietransport in der Hülle hauptsächlich durch Strahlung statt und die Zone, in der Konvektion stattfindet, zieht sich in eine Schicht nahe der Sternoberfläche zurück.

Die Entwicklung des Protosterns ist also dadurch charakterisiert, dass sie zuerst entlang der vertikalen Hayashi-Linie verläuft, um dann entlang des radiativen Weges zur sogenannten *Nullalterphase* (Zero-Age-Main-Sequence, ZAMS, Abb. 2.3a) zu gelangen. Während der Kontraktion steigt dabei die Kerntemperatur bis zu einem kritischen Wert von etwa 10 Mio. K, bei dem das *Wasserstoffbrennen* einsetzt. Da Wasserstoff das häufigste Element im Kosmos ist, und die Verschmelzung von vier ^{1}H-Kernen zu einem ^{4}He-Kern den größten Beitrag an Energie aller Fusionsprozesse liefert, steht dem Stern jetzt ein riesiges Reservoir an Brennmaterial zur Verfügung. Dadurch ist er in der Lage, den durch die Leuchtkraft verursachten Energieverlust auszugleichen.

Bei einem sonnenähnlichen 1 M_0-Stern dauert es etwa 38 Mio. Jahre, um von der Geburtslinie zur ZAMS zu gelangen (Bernasconi 1996). Für massereichere Sterne ist dieser Zeitraum erheblich kürzer, für Sterne mit geringerer Masse beträchtlich länger. In der nun folgenden *Hauptreihenphase* verbringen Sterne den größten Teil ihrer Lebenszeit. Ein O-Stern mit 40 M_0 etwa 1 Mio. Jahre, ein sonnenähnlicher G-Stern von 1 M_0 ungefähr 11 Mrd. und M-Sterne mit 0,5 M_0 etwa 56 Mrd. Jahre. Während der Hauptreihenzeit wächst die Leuchtkraft der Sterne langsam an, um dann in der Nach-Hauptreihenentwicklung rapide anzusteigen (Abb. 2.3b und 3.23).

2.2.2 T-Tauri-Stadium

Welche Wechselwirkungen bestehen zwischen dem Protostern und seiner Umgebung? Der Stern durchläuft zunächst den sogenannten *T-Tauri-Zustand*. Abbildung 2.4a zeigt den T-Tauri-Stern DG-Tau B mit seiner (waagrecht liegenden) staubgefüllten Akkretionsscheibe, die man fast genau von der Seite sieht. Senkrecht zu dieser vom Stern nach rechts und links hin immer dicker werdenden Scheibe (s. Abb. 2.23), erkennt man die beiden nach oben und unten ausbrechenden Jets, durch die beträchtliche, zuvor aus dem umgebenden Nebel aufgesammelte Gasmassen abfließen.

Solche sich über 10^3–10^4 AE erstreckenden *stellaren Jets* sind von trichterförmigen Magnetfeldern umschlossen, die den Materiefluss kanalisieren. Stellare Jets erreichen Geschwindigkeiten von 150–400 km/s sowie Massenabflussraten von 10^{-9}–10^{-7} M_0 pro Jahr. Sie bilden sich in einigen Sternradien Entfernung vom Protostern im Zentralbereich der Akkretionsscheibe und weisen einen Öffnungswinkel von ca. 3°–5° auf. In den Kernen aktiver Galaxien beobachtet man gewaltige *galaktische Jets*, die fast mit Lichtgeschwindigkeit strömen und sich bis zu 10^5 Lj weit erstrecken. Man nimmt an, dass durch Jets ein beträchtlicher Teil der aus den kollabierenden Wolken einfallenden Materie unter effizienter Mitnahme des Drehimpulses wieder an diese zurückgegeben wird. Dies erleichtert die Akkretion erheblich (Königl und Salmeron 2011).

Die Magnetfelder der T-Tauri-Sterne sind nicht fossiler Natur, sondern werden vom Stern durch den sogenannten *Dynamomechanismus* erzeugt. Dieser tritt auf, wenn ein Stern relativ schnell rotiert und gleichzeitig Konvektion herrscht. Da der Kollaps aus der interstellaren Molekülwolke zu schneller Rotation führt und gleichzeitig auf der Hayashi-Linie tiefe Konvektionszonen auftreten, sind bei Protosternen beide Bedingungen bestens erfüllt. Deshalb besitzen T-Tauri-Sterne starke Magnetfelder. Wie bei der Sonne und der Erde haben diese Magnetfelder grob die Form eines Dipolfeldes, das mehr oder weniger entlang der Rotationsachse des Protosterns ausgerichtet ist und bis zum inneren Rand der Akkretionsscheibe reicht (Abb. 2.4b). Materie kann nur entlang der Feldlinien fließen und es stellt einen Glücksfall dar, dass man beim T-Tauri-Stern MN Lupi diesen Massenzufluss auf den Protostern direkt beobachten kann (Abb. 2.4c).

Die zur Akkretionsscheibe reichenden Feldlinien bilden Trichter, durch die die Materie aus der Scheibe beschleunigt auf den Stern hinabstürzt und mit Geschwindigkeiten von 300–1000 km/s auf die Sternoberfläche auftrifft. Hierdurch werden heiße Flecken mit Temperaturen von mehr als 20.000 K erzeugt (Günther 2011). Die Flecken weisen auf lokale Stoßwellen an den Fußpunkten der Magnettrichter mit Temperaturen von Millionen K hin, die Röntgen- und UV-Strahlung aussenden. Bei MN Lupi konnten diese Fleckenregionen mit einer *Doppler-Imaging* genannten Methode direkt beobachtet werden (Abb. 2.4c). Man macht sich hier zunutze, dass die Lichtemission der Flecken auf der Sternoberfläche durch die Sternrotation Doppler-Verschiebungen in den Spektrallinien erleidet, durch die sich die Flecken auf der Sternoberfläche lokalisieren lassen.

Die Verankerung der Magnetfelder der Protosterne in den Akkretionsscheiben hat eine weitere Konsequenz. Normalerweise würde man erwarten, dass durch die einstürzende Materie und die Verkleinerung des Radius des Protosterns in seiner Vor-Hauptreihenentwicklung

(Abb. 2.3a), die Rotation des Sterns schnell ansteigt (Spinup). Beobachtungen von jungen offenen Sternhaufen zeigen aber, dass die Rotationsgeschwindigkeiten dieser Sterne in den ersten 3–5 Mio. Jahre nicht zunehmen. Erklärt wird dies damit, dass die magnetische Kopplung mit der Akkretionsscheibe ein Spinup verhindert und diese Sterne gezwungen sind, gemeinsam mit der inneren Akkretionsscheibe zu rotieren (disk-locking). Zudem findet die Akkretion nicht immer gleichförmig statt. Bei den sogenannten FU-Orionis Sternen beobachtet man gelegentlich enorme, tausendmal stärkere Masseneinfälle, die über Jahrzehnte andauern.

Die weitere Entwicklung vollzieht sich von den klassischen T-Tauri-Sternen (CTTS) mit einer Akkretionsscheibe hin zu den Weak Line T-Tauri-Sternen (WTTS) die keine Akkretionsscheibe mehr zeigen. Diese Phase, in der bei den Protosternen das disk-locking aufhört, führt über etwa 20 Mio. Jahre zu einer Erhöhung der Rotation (Spin-up) (Haisch et al. 2001). In den 30–100 Mio. Jahren (für G- und K-Sterne), die die Sterne benötigen, das Hauptreihenstadium zu erreichen (Abb. 2.3a), wird diese schnellere Rotation aber durch Sternwinde wieder abgebremst. Sie enden schließlich als langsam rotierende Hauptreihensterne (Irwin et al. 2006). Zu einer effizienten Verlangsamung der Sternrotation tragen die ausgedehnten Magnetfelder bei. Sie zwingen das abströmende Gas bis in große Entfernung zur Mitrotation mit dem Stern, bevor sie es in den Weltraum entlassen, was zu einem hohen Drehimpulsverlust führt.

Obwohl Sternwinde bei fast allen Sternen auftreten, spielen sie gerade in der Vor-Hauptreihenentwicklung und bei den T-Tauri-Sternen eine besondere Rolle. Die dort vorhandenen, ausgedehnten Magnetfelder erstrecken sich meist bogenförmig von einem Punkt der Sternoberfläche zu einem anderen (geschlossene Felder, Abb. 2.4b). Es treten jedoch auch komplexere Verhältnisse mit lokalen Magnetfeldkonzentrationen wie bei Sonnenflecken auf. Bei solchen verwickelten Feldverläufen entstehen, überall auf der Sternoberfläche verteilt, sogenannte *Koronale Löcher*, bei denen die Magnetfelder nicht geschlossen, sondern offen sind, d. h. sich vom Stern in den zirkumstellaren Raum erstrecken. Solche Löcher treten vor allem an den Polen des Dipolfeldes auf (Abb. 2.4b), sind aber zeitlich veränderlich überall auf der Sternoberfläche vorhanden.

Die bei der Konvektion auftretenden Gasströmungen verschieben, verdrillen und quetschen die Magnetfeldbündel und erzeugen dadurch eine Vielzahl von energiereichen sogenannten *magnetohydrodynamischen Wellen*. Diese breiten sich entlang der Magnetfelder aus und laden in entfernteren Regionen ihre Energie ab. In geschlossenen Feldern sind die Wellen gefangen und ihre Energie heizt die Magnetfeldbögen zu hohen koronalen Temperaturen von vielen Millionen K auf, die für die energiereiche Röntgenstrahlung der T-Tauri-Sterne verantwortlich ist. In den offenen Gebieten, den Koronalen Löchern, treiben die Wellen dagegen das stellare Gas entlang der Magnetfeldbündel gegen die Schwerkraft vom Stern weg und erzeugen Sternwinde mit Geschwindigkeiten von mehreren 100 km/s.

Abbildung 2.5 zeigt die Entwicklung der T-Tauri-Stadien. Zunächst verlassen die Sternwinde den Stern in enger Nachbarschaft der Jets (Abb. 2.5a). In späteren Phasen verlangsamt sich die Akkretion, die Jets bilden sich zurück und der Wind wird immer ausgeprägter (Kitamura 1997). In diesem Stadium wird der Abströmwinkel verbreitert (Abb. 2.5b). Schließlich fegen die intensiven Röntgen- und UV-Strahlungen des Sterns und der energetische T-Tauri-Wind das Gas und den nicht aufgesammelten Staub aus dem System und hinterlassen eine protoplanetare Scheibe, die mit Planetesimalen, Planetenembryos, Gasplaneten und Kuipergürtel-Objekten angefüllt ist (Abb. 2.5c). Es wird vermutet, dass man in diesem Stadium der protoplanetaren Scheibe etwa 10^{12} Planetesimale von 1 km Durchmesser oder größer vorfindet. Die Zeitskala bis zum endgültigen Verschwinden der Akkretionsscheibe wird auf etwa 3–4 Mio. Jahre ge-

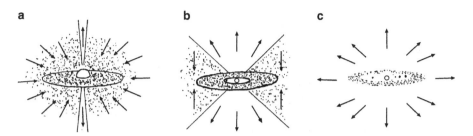

a   **b**   **c**

◘ **Abb. 2.5**   T-Tauri-Stadien. **a** Kokon wird von Jets entlang der Rotationsachse durchbrochen, **b** T-Tauri-Wind erzeugt eine bipolare Ausströmung, **c** Gas und Staub werden entfernt, Planetesimale bleiben zurück (Kitamura 1997)

schätzt (Haisch et al. 2001), beginnend mit dem Entfernen von Gas und Staub in den inneren Bereichen, dann schrittweise bis zu den äußeren Regionen des Systems.

2.3   Nach-Hauptreihenentwicklung der Sterne

In der Nach-Hauptreihenentwicklung hängt das Schicksal der Sterne von ihrer Masse ab. Man unterteilt die Sterne in geringmassige ($0{,}075$–$0{,}5$ M_0), mittelmassige ($0{,}5$–8 M_0), und massereiche (größer als 8 M_0) Typen. Detailliert erklärte und illustrierte Rechnungen der Nach-Hauptreihenentwicklung von Sternen mit 1 und 5 M_0 findet man bei Lattanzio (2001). Da der Wasserstoff im Kern des Sterns zum Ende der Hauptreihenphase aufgebraucht ist, entwickelt sich ein inerter He-Kern, umgeben von einer Brennzone, der *Wasserstoff-Schalenquelle*. Zur Deckung des Energieverlusts des fast isothermen Kerns bei ausbleibender Kernfusion zieht dieser sich zusammen, um gravitative Energie freizusetzen. Die Zentraltemperatur und die Leuchtkraft des Sterns erhöhen sich. Dies bläht die äußere Sternhülle auf und die Vor-Hauptreihenentwicklung scheint „zurückgerollt" zu werden. Wie Abb. 2.3b zeigt, wandern die Sterne zuerst entlang des radiativen Weges im HR-Diagramm zurück und klettern dann die Hayashi-Linie hinauf. Bei dieser Wanderung zu niedrigen Effektivtemperaturen erstreckt sich die Konvektionszone immer tiefer in den Stern hinab. Da die Sterne während dieser Entwicklung einen viel größeren Radius erlangen als auf der Hauptreihe, nennt man sie *Rote Riesen* und bezeichnet den Ort im HR-Diagramm, bei dem sie sich befinden, *roter Riesenast* (Red-Giant-Branch, RGB, Abb. 2.3b).

Bei dieser Entwicklung, treten im inaktiven Heliumkern der Sterne mit weniger als $2{,}2$ M_0 so hohe Dichten auf, dass Quanteneffekte ins Spiel kommen: das *Pauli-Prinzip*, nach dem zwei Elektronen (Fermionen) nicht den gleichen Quantenzustand einnehmen können. Dies führt zu einem *Elektronen-Entartungsdruck*, der einer weiteren Verdichtung des Kerns entgegenwirkt. Steigt bei der Kontraktion die Zentraltemperatur bis auf etwa 100 Mio. K an, zündet das *Heliumbrennen*: drei He-Kerne (Alphateilchen) fusionieren zu einem C-Kern und einige C-Kerne mit He zu O-Kernen. Bei solchen Sternen beginnt das Heliumbrennen explosionsartig (He-flash). Bei den massereicheren, bei denen keine Entartung auftritt, erfolgt es hingegen gemächlicher. Für einen $1{,}0$ M_0-Stern wird dieser Zündpunkt ca. 12 Mrd. Jahre nach dem Anfang der ZAMS-Phase erreicht (Abb. 2.3b). Bei geringmassigen Sternen mit Massen unterhalb von $0{,}5$ M_0 treten jedoch nie ausreichend hohe Zentraltemperaturen auf. In diesen Fällen stirbt auch die Kernfusion der H-Schalenquelle und die Sterne entwickeln sich zu voll entarteten *Weißen Zwergen* (White Dwarf, WD).

Für massereichere Sterne zeigt Abb. 2.3b am Beispiel eines 1 M_0-Sterns die Entwicklung nach dem Beginn des Heliumbrennens. Zuerst expandiert der Kern und der Radius schrumpft, wobei sich die Sterne für eine kurze Zeit auf den *Horizontalast* begeben. In dieser Phase wird aber die Energieproduktion schnell knapp, und es entsteht eine *He-Schalenquelle* um einen inerten C/O-Kern. Diese He-Schalenquelle existiert zusätzlich zu der weiter außen liegenden *H-Schalenquelle*, die seit dem Beginn der roten Riesenphase aktiv war. Da im C/O Kern keine Fusionsprozesse ablaufen, kontrahiert er, die Hülle expandiert, die H-Schalenquelle wird weniger aktiv, und der Stern wandert den *asymptotischen Riesenast* (Asymptotic Giant Branch, AGB, Abb. 2.3b) hinauf zu kleineren Effektivtemperaturen und größeren Leuchtkräften. Dadurch tritt beim Stern erneut eine tiefe Konvektionszone auf und wegen der Radiusvergrößerung entstehen starke Sternwinde, die zu erheblichen Massenverlusten der Sterne führen. Von der Spitze des roten Riesenastes vergehen etwa 110 Mio. Jahre bevor ein 1 M_0-Stern diese AGB-Phase erreicht.

Für massereiche Sterne wird der C/O Kern durch die Kontraktion immer heißer und es setzen C-Bennen zu Ne und Mg, O-Brennen zu S bzw. Si, und Si-Brennen zu Eisen (Fe) ein. Da bei den Elementen schwerer als Eisen keine Energie durch Kernfusionsprozesse mehr gewonnen werden kann, kontrahiert der Kern immer mehr, bis der wachsende entartete Bereich in die Nähe der *Chandrasekhar-Grenze* kommt (Abschn. 1.3.4). Ab da kann der Elektronen-Entartungsdruck des Kerns das Gewicht der Sternhülle nicht mehr halten. Der Kern mit einem Radius von ungefähr 3000 km bricht zusammen und die freigesetzte Gravitationsenergie, umgewandelt in Gammastrahlung, zerbricht die Eisenatome in ihre Bestandteile Protonen und Neutronen, wobei durch den sogenannten inversen Betazerfall Elektronen und Protonen zu Neutronen fusionieren, unter Aussendung einer großen Zahl von Neutrinos.

Ein winziger, sehr dichter innerer Kern entsteht (Radius ~ 10 km), der aus Neutronengas besteht. Liegt die ursprüngliche Sternmasse zwischen 8 und 25–40 M_0, prallen der zusammenbrechende äußere Kern und das Hüllenmaterial des Sterns an dem jetzt vom Neutronen-Entartungsdruck stabilisierten inneren Kern ab. Eine Stoßwelle entsteht, die noch zusätzlich vom Strahlungsdruck des Neutrinoausbruchs getrieben, die äußeren Schichten in den Weltraum schleudert und das mächtige Typ-II-Supernova-Ereignis auslöst. Aus dem inneren Kern bildet sich ein Neutronenstern.

Solche Typ-II-Supernovae setzen große Mengen an Energie frei, deren Lichtemission die Strahlung einer ganzen Galaxis tagelang übertreffen kann. Die abgeworfene Sternhülle, die in den verschiedenen Fusionsprozessen erzeugte schwerere Elemente bis Fe enthält, bereichert dann das Elementgemisch des interstellaren Mediums. Zudem fangen Atomkerne hinter der heißen Stoßwelle Neutronen ein und es entstehen Elemente, die schwerer als Fe sind. Eine solche Typ-II-Supernova trat in unserer Milchstraße im Jahr 1054 auf und war am helllichten Tage wochenlang sichtbar. Ihr Überbleibsel mit einem Neutronenstern im Zentrum kann heute noch im Krebs-Nebel beobachtet werden. Eine andere Typ-II-Supernova ereignete sich 1987 in der Großen Magellanschen Wolke, einer Satellitengalaxie unserer Milchstraße.

Bei Sternen mit Massen von 25 M_0 bis zu extrem massereichen kosmologischen Objekten wird die Gravitation so groß, dass dem Zusammenbruch kein Widerstand mehr entgegengesetzt werden kann: es bildet sich ein *Schwarzes Loch*, in dem alle durch Fusion erzeugten Elemente verschluckt werden (Bromm et al. 2009). Eine Ausnahme bilden Sterne im Massenbereich von 140–260 M_0, die zu sogenannten *Paarinstabilitäts-Supernovae* führen. Hier entstehen im Kern so hohe Temperaturen, dass Elektron-Positronpaare gebildet werden (Abschn. 1.10).

Der plötzliche Energieverlust durch die Paarerzeugung im Kern lässt den Gasdruck jäh absinken, weshalb die nicht mehr unterstützte Hülle einstürzt. Durch explosionsartige Zündung von Kernprozessen im unverbrauchten Hüllenmaterial wird der Stern dann vollständig zerrissen und das gesamte angesammelte fusionierte Material an das interstellare Medium abgegeben.

Für Sterne mittlerer Masse, wie unsere Sonne, werden die Temperaturen für weitere Fusionsprozesse nach He nicht mehr erreicht. Da die H- und He-Schalenbrennzonen der Sternoberfläche immer näherkommen, entsteht an der Spitze des asymptotischen Riesenastes eine Instabilität, genannt *Thermische Pulsation* (TP, Abb. 2.3b), die sich durch Leuchtkraftschwankungen bemerkbar macht. Hier wechselt sich eine kurze Phase intensiver Kernfusion in der He-Schalenquelle mit einer nachfolgenden langen Expansionsphase der Außenschichten des Sterns ab, in der die Kernenergieproduktion abgeschaltet ist. Die sich bei der Expansion bildende tiefe Konvektionszone reicht dann über den Ort der abgeschalteten H-Schalenquelle hinab. Sie bringt fusioniertes Material wie etwa ^{12}C, aber auch durch Neutroneneinfang entstandene Elemente – schwerer als Fe – an die Oberfläche und ins interstellare Medium. Für sonnenähnliche Sterne gibt es ungefähr vier Pulsationen bis zu einer Endphase, bei der die gesamte Außenhülle des Sterns abgeworfen wird.

Der verbleibende Kern wird dann sichtbar, mit Oberflächentemperaturen von ca. 100.000 K, und die abgeworfene Masse kann als planetarischer Nebel (PN) beobachtet werden. Dieser heiße Kern kühlt sich bis zu einem immer schwächer leuchtenden entarteten Weißen Zwergstern ab (WD, Abb. 2.3b). Die Entwicklung von der Spitze des AGB bis zu dem am weitesten links liegenden Zustand dauert ungefähr 170.000 Jahre. Sie nimmt zum untersten Punkt des Entwicklungsweges ungefähr 22 Mio. Jahre in Anspruch. Häufige Objekte mit Massen unter 0,075 M_0 (75 Jupiter Massen), die *Braunen Zwerge*, die nicht zu den Sternen gezählt werden, erreichen nie die reguläre Wasserstofffusion und enden ebenfalls als entartete Weiße Zwerge.

Die an mehreren Stellen erwähnte Anreicherung des interstellaren Mediums an schweren Elementen wird also durch die Endstadien der Sternentwicklung bewirkt. Das heißt durch massereiche Sternwinde in den AGB-Phasen, Typ-II-Supernovae bei der Bildung von Neutronensternen, Paar-Instabilitäts-Supernovae sowie Typ-I-Supernovae, wenn die Weißen Zwerge zerrissen werden (Abschn. 1.3.4). Solche Anreicherungen gehen ausschließlich auf Sterne mit mehr als 0,8 M_0 zurück, denn nur diese verfügen über Lebensdauern, die kürzer sind, als das derzeitige Weltalter. Ausgehend von *Population-III-Sternen*, die sich aus dem primordialen Halo-Gas bildeten (Abschn. 1.15.2), entstand die nachfolgende Generation von zunächst sehr metallarmen *Population-II-Sternen*, die – verglichen mit den solaren Häufigkeiten – ca. 1/10 bis 10^{-4} des Anteils an Elementen schwerer als Helium besitzen. Eine weitere Anreicherung führte dann zu sonnenähnlichen metallreichen *Population-I-Sternen*.

2.4 Die Mitglieder des Sonnensystems

2.4.1 Planeten

Tabelle 2.1 zeigt die wichtigsten Daten der Planeten des Sonnensystems und ihre Einteilung in terrestrische Planeten und Gasplaneten. Pluto zählt nach neuester Klassifikation nicht mehr zu den Planeten, sondern zu den Zwergplaneten und Kuipergürtel-Objekten (KBOs).

Von den terrestrischen Planeten weist Merkur ein mondähnliches Aussehen auf. Er ist mit Kratern übersät und in einem 2 : 3 Resonanzverhältnis seiner Rotations- (59 Tage) zur Umlaufperiode (88 Tage) gefangen. Er besitzt eine sehr dünne Atmosphäre, weil er nur 1/20 Erd-

◘ Tab. 2.1 Planeten des Sonnensystems – die großen Halbachsen sind in astronomischen Einheiten (AE), die Perioden in Jahren (J) und die Masse in Erdmassen (M_E) angegeben (Cox 2004)

	Terrestrische Planeten				Gasplaneten			
	Merkur	**Venus**	**Erde**	**Mars**	**Jupiter**	**Saturn**	**Uranus**	**Neptun**
Gr. Halbachse (AE)	0,387	0,723	1	1,52	5,20	9,54	19,2	30,1
Umlauf-Periode (J)	0,241	0,615	1	1,88	11,86	29,45	84,02	164,8
Mittl. Radius (km)	2440	6050	6380	3400	71500	60300	25600	24800
Masse (in 10^{24} kg)	0,330	4,87	5,97	0,642	1900	569	86,8	102
Masse (in M_E)	0,055	0,815	1	0,107	318	95,2	14,5	17,1

a

b

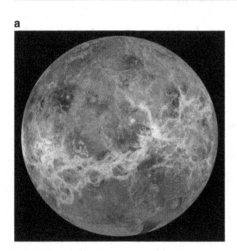
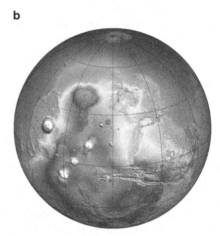

◘ Abb. 2.6   a Planet Venus, Radarkarte von der NASA Sonde Magellan 1990–94, **b** Höhenkarte mit dem MOLA Instrument der Raumsonde Mars Observer 1993 (NASA)

massen besitzt. Seine Oberflächenbedingungen gehören zu den härtesten im Sonnensystem. Während am Tag die Temperaturen auf etwa 425 °C steigen, sinken sie nachts auf −180 °C ab. Die Kenntnis seiner Oberfläche soll mithilfe des ESA Orbiters Bepi Colombo erheblich verbessert werden. Der Start ist 2014 vorgesehen, 2020 soll der Merkur erreicht werden.

Venus besitzt eine Oberfläche, die der irdischen Beobachtung durch eine dichte Kohlendioxidatmosphäre verborgen ist. Durch russische (Venera 4, 1967) und amerikanische Sonden konnten extreme Temperaturen von 460 °C und Drücke von 92 bar an der Planetenoberfläche gemessen werden – auf der Erde sind es 15 °C und 1 bar. Die 1989 gestartete NASA-Sonde Magellan kartierte 99 % der Venusoberfläche mit einer Auflösung von 100 m (Abb. 2.6a) und entdeckte eine Vielzahl von Einschlagkratern. Sie lieferte auch Hinweise auf Vulkanismus, den man bei einem Planeten mit ähnlicher Masse und derselben Innentemperatur wie die Erde erwarten kann (Tab. 2.1).

Der große Unterschied zur Erde besteht darin, dass es auf der Venus keine Plattentektonik gibt und Wasser fehlt, das wahrscheinlich durch einen irreversiblen Treibhauseffekt (Abschn. 3.12.2) verloren ging. Auf der Erde helfen Plattentektonik und Regen das von Vulkanen in die Atmosphäre gebrachte Kohlendioxid wieder in den Erdmantel zu verfrachten,

Abb. 2.7 Planet Jupiter mit dem
Mond Ganymed (NASA)

was den Treibhauseffekt mildert. Die Plattentektonik ihrerseits wird durch Wasser gangbar gemacht (Regenauer-Lieb et al. 2001), das die Schmelztemperaturen der beteiligten Gesteine senkt und die Verformbarkeit erhöht. Aus Statistiken von Kraterzahlen lässt sich ableiten, dass die Venusoberfläche nur 300 Mio. bis 1 Mrd. Jahre alt ist. Ihre Jugend verdankt sie wohl einer katastrophalen globalen Umwälzung. Hierbei traten riesige Mengen von Flutbasalten mit einer sogenannte Plume-Konvektion (Abschn. 3.6.2) an die Oberfläche, da die normale, mit der Plattentektonik verbundene Mantelkonvektion unterdrückt war (Van Thienen et al. 2005).

Von allen Planeten ist der Mars mit nur 1/10 M_E bisher am besten untersucht. Die ersten Nahaufnahmen gelangen 1965 der NASA-Mission Mariner 4; erste Bodenproben wurden von den 1976 gelandeten Viking-Missionen der NASA analysiert. Immer leistungsfähigere Raumfahrzeuge (1996 Mars Global Surveyor, 2001 Mars Odyssey, 2003 Mars Express, 2006 Mars Reconnaissance Orbiter) wurden zum Mars geschickt, um hochaufgelöste Bilder seiner Oberfläche zu gewinnen. Abbildung 2.6b zeigt eine Höhenkarte, mit dem größten (erloschenen) Vulkan des Sonnensystems Olympus Mons (ganz links) von der ansonsten fehlgeschlagenen Mission Mars Observer 1992. Robotische Bodenfahrzeuge (2004 Spirit, Opportunity und 2012 Curiosity) landeten auf dem Mars, wobei Opportunity zur Untersuchung von Bodenformationen fast 40 km weit die Landschaft erkundete.

Die Untersuchungen ergaben, dass nicht nur an den Polkappen (Abb. 2.6b) große Mengen Eis lagern, sondern sich überall unter der von eisenhaltigem Staub geschützten Oberfläche Eis befindet. Offenbar besaß in der Frühzeit des Sonnensystems neben der Venus auch der Mars ausgedehnte Ozeane, die fast seine Nordhalbkugel eingenommen haben. Wegen seiner geringen Masse dürften das Innere des Mars schneller abgekühlt und seine gewaltigen, wahrscheinlich durch Plume-Konvektion entstandenen Vulkane wie Olympus Mons, bald erloschen sein.

Die äußeren Gasplaneten Jupiter (Abb. 2.7), Saturn, Uranus und Neptun sind weitgehend aus Wasserstoff und Helium aufgebaut und von dichten Atmosphären umhüllt. Mit zunehmender Tiefe geht der Wasserstoff in einen flüssigen und bei 30 % des Radius in einen metallischen

Ganymed	Titan	Merkur	Kallisto
5262 km	5150 km	4879 km	4821 km

Io	Mond	Europa	Triton	Pluto	Titania
3643 km	3476 km	3122 km	2707 km	2390 km	1578 km

⬧ Abb. 2.8 Vergleich der größten Monde des Sonnensystems zusammen mit dem Planeten Merkur und dem Pluto (C.J. Hamilton, NASA/JPL)

Zustand über. Diese Schichten lagern über einem Gesteins- und Eiskern der etwa 10 % des Radius ausmacht. Alle Gasplaneten besitzen Ringe, die jedoch weitaus weniger spektakulär sind als der des Saturn.

2.4.2 Monde

Neben den terrestrischen Planeten ist auch auf großen Monden Leben denkbar. Während die terrestrischen Planeten keine bzw. wenige Monde besitzen – die Erde hat nur den einen großen Mond, der Mars die kleinen Monde Phobos (ca. 25 km Durchmesser) und Deimos (ca. 12 km), verfügen die Gasplaneten über viele Monde. Jupiter besitzt zusammen mit den vier großen Galilei-Monden Io, Europa, Ganymed und Kallisto 64, Saturn mit dem Mond Titan 62, Uranus mit Titania 23 und Neptun mit Triton 13 Monde. Einen Vergleich dieser größten Monde mit dem Erdmond, dem Planeten Merkur und Pluto zeigt Abb. 2.8. Bei den innersten drei Galilei-Monden des Jupiters besteht übrigens eine 1:2:4 Resonanz ihrer Umlaufsperioden, wobei der innerste Mond Io in 1,77 Tagen, Europa in 3,55, Ganymed in 7,16 und Kallisto in 16,7 Tagen umläuft.

Zurückzuführen ist diese Resonanz auf die enorme Gezeitenwirkung des Jupiters auf die Monde, die sich durch eine innere Erwärmung mittels Gezeitenreibung besonders bei Io bemerkbar macht. Bei diesem geologisch aktivsten Körper des Sonnensystems beobachtet man über 400 Vulkane, seine Oberfläche zeigt hohe Gebirge und Seen von flüssigem Schwefel. Messungen mit Magnetometern durch die NASA-Raumsonde Galileo erlaubten den inneren Aufbau der Monde zu ermitteln. Die drei Inneren verfügen über einen Eisenkern, der von einem

a   b

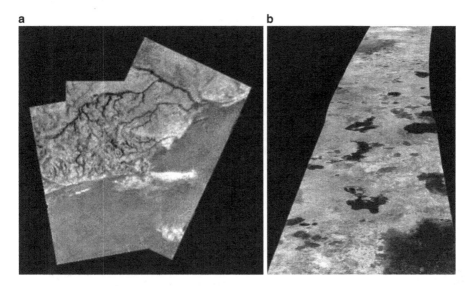

☑ **Abb. 2.9** Der Saturnmond Titan, beobachtet von der 1997 gestarteten Mission Cassini-Huygens. **a** Flusssysteme beobachtet von der 2005 auf dem Titan gelandeten Huygens-Sonde, **b** Radarbilder von Seen von Methan und Ethan (NASA/ESA/ASI)

Silicatmantel umschlossen ist, der bei Io bis zur Oberfläche reicht. Das Innere von Kallisto scheint aus einem Konglomerat von Gestein und Eis zu bestehen.

Europa und Ganymed besitzen über dem Silicatmantel viele hundert km tiefe Schichten von warmem Eis oder flüssigem Wasser, die an der Oberfläche von einer kilometertiefen kalten und starren Eiskruste überzogen sind. Durch seine weißliche Eisfarbe, die wenigen Krater und den fehlenden Staub zeigt Europa eine junge Oberfläche, bei der sich bizarr geformte Eisschollen in ehemals geschmolzenem Eis bewegt haben. Bei Ganymed sind große Teile der Oberfläche durch Staub bedeckt und die Einschlagkrater erscheinen durch freigelegtes Eis weiß. Dasselbe gilt für Kallisto, der überall von dunklem Staub und unzähligen weißen Einschlagkratern bedeckt ist. Die großen Jupitermonde besitzen sehr dünne Atmosphären und an der Oberfläche herrschen Temperaturen um $-150\,^{\circ}$C.

Ähnliche spektakuläre Ergebnisse brachte die noch bis 2017 andauernde NASA/ESA/ASI-Mission Cassini-Huygens. Sie nahm 2004 ihre Arbeit auf und hat zur Aufgabe, die Monde des Saturns zu erkunden. Besonders eindrucksvoll war die weiche Landung der Sonde Huygens auf dem Mond Titan (Abb. 2.9a). Auf diesem Mond, der eine ausgedehnte Atmosphäre besitzt, in der an der Oberfläche Temperaturen von $-167\,^{\circ}$C und Drücke von 1,5 bar herrschen, wurden erdähnliche Gebirge aus Eis mit verästelten Flusstälern entdeckt. In sie hat sich offensichtlich flüssiges Methan zu den Küsten derzeit ausgetrockneter Ozeane ergossen (Abb. 2.9a). In den Polarregionen (Abb. 2.9b) beobachtete man Seen von flüssigem Methan und Ethan, die in ihrer Ausdehnung den Großen Seen Nordamerikas gleichen. Der innere Aufbau dürfte dem von Kallisto ähnlich sein (Sohl 2010).

◘ Abb. 2.10   Meteoriten. **a** Eisenmeteorit, **b** Stein-Eisen-Meteorit, **c** Steinmeteorit, **d** Allende-Meteorit, ein Steinmeteorit der Unterabteilung kohliger Chondrit (NASA/JPL)

2.4.3 Meteorite

Als Meteorite werden stein- oder metallartige Objekte bezeichnet, die vom Weltraum aus auf die Erde stürzen und von Asteroiden oder Kometen herrühren. Bisher wurden ca. 30.000 größere Meteorite gefunden und klassifiziert: *Eisenmeteorite, Stein-Eisen-Meteorite* und *Steinmeteorite* (Abb. 2.10). Manche Meteorite sind nur schwer von lokalen Gesteinen zu unterscheiden. Deshalb wird zwischen gefundenen (Funde) und gefallenen Meteoriten (Fälle) differenziert. Günstige Fundorte, wie etwa die Schneeflächen der Antarktis, oder das Glück, den Fall eines Meteoriten zu beobachten und zum Fundort zu verfolgen, erleichtern die Zuordnung.

Bei Eisenmeteoriten mit ihrem dunklen, zerklüfteten, metallartigen Aussehen (Abb. 2.10a) stellt sich das Identifizierungsproblem selten. Hier zählt man etwa 5 % Fälle und 40 % Funde, die bis zu 99 % aus einer Fe-Ni-Co-Legierung bestehen. Stein-Eisenmeteorite (Abb. 2.10b) stellen 1 % der Fälle und 4 % der Funde dar und bestehen zu 50 % aus Metall (Fe, Ni, Co). Bei Steinmeteoriten (Abb. 2.10c) existieren zwei Typen: Die körnigen *Chondrite*, aus denen 86 % der Fälle und 52 % der Funde bestehen und *Achondrite*, die 8 % der Fälle und 4 % der Funde stellen, glasartig aussehen und keine körnige Struktur besitzen. Die Chondrite werden grob in 3 Arten eingeteilt: *Gewöhnliche Chondrite* (93 %), *Enstatit-Chondrite* (2 %) und *kohlige Chon-*

a b

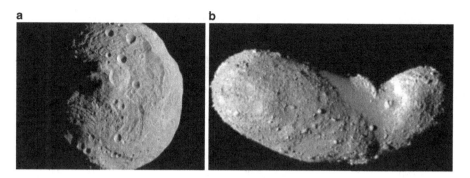

☐ **Abb. 2.11** **a** Kleinplanet Vesta, aufgenommen 2011 von der amerikanischen Raumsonde Dawn, **b** Asteroid Itokawa, aufgenommen 2005 von der Japanischen Raumsonde Hayabusa (NASA/JPL, JAXA)

drite (5 %). Nach ihrem Eisengehalt werden die gewöhnlichen Chondrite in die Untertypen H (high), L (low) und LL (low, low metal) klassifiziert. Enstatit-Chondrite erscheinen in den Untertypen EH und EL, während die kohligen Chondrite CI, CM, CO, CK, CV und CR nach prominenten Mitgliedern ihrer Gruppe benannt sind.

Als Beispiel eines kohligen CV-Chondriten zeigt Abb. 2.10d den Allende-Meteorit, der aus etwa 1 mm großen Silicatkörnern (*Chondren*) besteht, die mit einem feineren, aus ca. 1 μm großen Körnchen bestehenden Bindematerial (Matrix) verbacken sind und weiße sogenannte *calcium-aluminiumreiche Einschlüsse* (CAIs) besitzen. Kohlige Chondrite sind besonders interessant, weil ihre Matrix große Mengen flüchtiger Stoffe wie Wasser sowie bis zu 3 % Kohlenstoff in Form von Graphit, Kohlenwasserstoffen, Aminosäuren und Teer enthält. Letzterem und dem Mineral Hämatit (Fe_3O_4) verdanken die Meteorite ihr dunkles Aussehen.

2.4.4 Asteroiden

Schon früh wurde erkannt, dass die Planeten im Sonnensystem nicht in einem zufälligen Abstand um die Sonne kreisen, sondern dass die in astronomischen Einheiten (AE) gemessenen Entfernungen (große Halbachsen a) eine regelmäßige *Titius-Bode-Gesetz* genannte Progression zeigen. Dieses empirisch gefundene Gesetz lautet $a = 0,4 + (0,3 \, k)$, wobei $k = 2^n$ und für Merkur, $k = 0$ sowie für Venus, Erde, Mars, Jupiter, Saturn und Uranus die Werte n = 0,1,2,4,5 und 6 zu nehmen sind. Es weist bei $n = 3$ bzw. $k = 8$ eine Lücke auf, in der im Jahr 1801 der erste Asteroid Ceres entdeckt wurde, gefolgt von Juno, Pallas und Vesta. Erste Bilder des Kleinplaneten Vesta konnten von der amerikanischen Raumsonde Dawn gewonnen werden, die bis Sept. 2012 auf einer engen Umlaufbahn um den Asteroiden kreiste und sich jetzt auf dem Flug zum Asteroiden Ceres befindet (Abb. 2.11a). Aufgrund ihrer Größe und Schwerkraft besitzt die 525 km große Vesta eine deutlich rundliche Gestalt gegenüber dem kleinen 630 m × 250 m großen Asteroid Itokawa (Abb. 2.11b). Von ihm konnten Bodenproben zur Erde gebracht werden.

Abbildung 2.12 zeigt die momentanen Positionen von 230.000 Asteroiden (hellgrau) mit gut bekannten Bahnen in einer Entfernung von weniger als 5,4 AE von der Sonne. Diese stellen nur einen Bruchteil aller Asteroiden dar. Zu sehen ist, dass sich die überwiegende Mehrheit in 1,5– 3 AE Entfernung von der Sonne befindet. Vermutlich existieren viele Millionen Asteroiden mit

◘ **Tab. 2.2** Katalognummer, Name, mittlerer Durchmesser und Typ der 36 größten Asteroiden (Minor Planet Center, http://www.cfa.harvard.edu/iau/mpc.html)

Nr.	Name	D (km)	Typ	Nr.	Name	D (km)	Typ	Nr.	Name	D (km)	Typ
1	Ceres	952	G	624	Hektor	241	D	19	Fortuna	208	G
2	Pallas	544	B	88	Thisbe	232	B	13	Egeria	206	G
4	Vesta	525	V	324	Bamberga	229	C	24	Themis	198	C
10	Hygiea	431	C	451	Patientia	225		94	Aurora	197	C
704	Interamnia	326	F	532	Herculina	222	S	702	Alauda	195	
52	Europa	301	C	48	Doris	222	C	121	Hermione	190	C
511	Davida	289	C	375	Ursula	216		372	Palma	189	
87	Sylvia	286	X	107	Camilla	215	C	128	Nemesis	188	C
65	Cybele	273	C	45	Eugenia	213	F	6	Hebe	186	S
15	Eunomia	268	S	7	Iris	213	S	16	Psyche	186	M
3	Juno	258	S	29	Amphitrite	212	S	120	Lachesis	174	C
31	Euphrosyne	256	C	423	Diotima	209	C	41	Daphne	174	C

◘ **Abb. 2.12** Positionen von etwa 230.000 Asteroiden (*Punkte*) am 13. Jan. 2010. Kometen sind als Kästchen gezeichnet. Die Planeten Merkur (M), Venus (V), Erde (E), Mars (M) und Jupiter (J) sind *weiß* markiert (http://www.cfa.harvard.edu/iau/lists/InnerPlot.html)

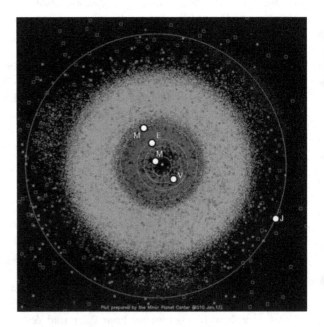

Durchmessern größer als 100 m. Von den größten Asteroiden sind in Tab. 2.2 die Durchmesser und die auf Farbunterschieden beruhenden Klassifikationen aufgeführt. Unter den Asteroiden in Abb. 2.12 befinden sich etwa 6700 sogenannte *Near-Earth-Asteroiden* (NEAs, grau), erdnahe Objekte, die einen Perihelabstand (sonnennächster Punkt) von weniger als 1,3 AE besitzen und teilweise sogar die Erdbahn kreuzen. Alle NEAs mit Größen von mehr als 1 km sind inzwischen identifiziert, man erwartet jedoch ca. 500.000 NEAs mit Durchmessern größer als 100 m.

Für die Einteilung der Asteroiden in verschiedene Klassen bzw. Typen wird das Spektrum ihres reflektierten Sonnenlichts mit dem von Meteoriten im irdischen Labor verglichen

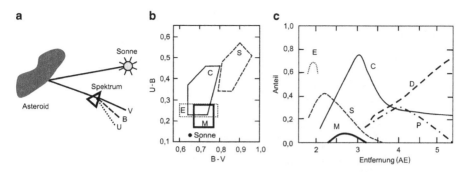

Abb. 2.13 **a** Spektralfarben U, B, V von Asteroiden, **b** aufgrund verschiedener Farbdifferenzen U–B, B–V, **c** Typen von Asteroiden bei verschiedenen Entfernungen im Asteroidengürtel (Kowal 1988)

(Abb. 2.13a). Hierbei werden mit Filtern drei Spektralbereiche gemessen: der ultraviolette U bei 350 nm, der blaue B bei 480 nm und der visuelle V-Spektralbereich bei 530 nm. Das Oberflächenmaterial des Asteroiden verändert diese Bereiche in charakteristischer Weise, was sich in Farbunterschieden U–B und B–V zeigt. Bereiche in einem Zweifarbendiagramm erlauben, Asteroiden nach ihrem Oberflächenmaterial in Typen einzuteilen (Abb. 2.13b) und die Verteilung dieser Typen im Asteroidengürtel (Abb. 2.13c) zu untersuchen.

Asteroiden lassen sich in die drei Hauptgruppen, C, S und X einteilen, wobei 75 % dem C-Typ angehören, der dem kohligen chondritischen Steinmeteoriten nahesteht. 17 % sind vom S-Typ (Silicate), der reich an Metallen wie Fe, Ni und Mg ist und den Eisen-Steinmeteoriten ähnelt. Von den verbleibenden 8 % des Typ X gehören die meisten zur M-Klasse, die den Eisenmeteoriten entspricht. Die S- und M-Asteroiden bevölkern hauptsächlich den inneren Asteroidengürtel, während nach außen hin die C-Asteroiden und die D- und P-Klassen vorkommen. Diese sind dunkel bis sehr dunkel, was auf organische Verbindungen zurückgeführt wird. Zudem kommen bei diesen überall erhebliche Mengen von Eis vor.

Da die Temperatur in der Akkretionsscheibe zu größeren Radien immer mehr abfiel und zunehmend Eiskristalle aufgesammelt werden konnten, würde man erwarten, dass nach außen hin zunehmend größere terrestrische Planeten entstehen. Diese Vorstellung stimmt mit den beobachteten Verhältnissen nicht überein, denn Mars besitzt nur ein Zehntel und der gesamte Asteroidengürtel sogar nur 0,006 % der Erdmasse. Die Ursache ist Jupiter, dessen Bildung so schnell geschah, dass seine Gezeitenwirkung nicht nur die Entstehung eines Planeten bei der Distanz $k = 8$ verhinderte, sondern auch zu der geringen Masse des Mars führte.

Hinweise auf die starke Gezeitenwirkung des Jupiters stellen auch die nach dem amerikanischen Astronomen Daniel Kirkwood benannten Kirkwood-Lücken in der Verteilung der Asteroiden über ihre großen Halbachsen dar. In Abb. 2.14 sind die Zahlen der Asteroiden in 0,005 AE breiten Streifen gegen ihre großen Halbachsen aufgetragen. Es gibt z. B. eine erhebliche Lücke bei Asteroiden mit einer großen Halbachse von 2,5 AE. Nach dem dritten Kepler-Gesetz, $P^2 = a^3$ (hier sind a in AE und P in Jahren zu nehmen), das den Zusammenhang der großen Halbachse a mit der Umlaufperiode P eines Planeten beschreibt, haben solche Asteroiden eine Umlaufperiode von 3,95 Jahren, was genau 1/3 der Umlaufperiode des Jupiters von 11,86 Jahren entspricht. Solche Lücken, die auch bei anderen festen Verhältnissen der Umlaufzeiten bestehen (Abb. 2.14), werden von Jupiters Schwerkraft hervorgerufen, die auf die

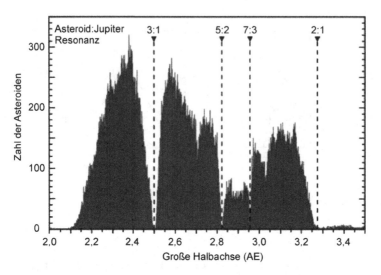

◘ Abb. 2.14 Kirkwood-Lücken bei Asteroiden. Die Anzahl der Asteroiden in 0,0005 AE breiten Streifen ist gegen die großen Halbachsen aufgetragen. *Gestrichelte Markierungen* bezeichnen ganzzahlige Verhältnisse der Umlaufzeiten relativ zu der Jupiterperiode (MPC)

Asteroiden einwirkt. Zum Beispiel steht nach 3 Umläufen der Asteroid dem Gasplaneten wieder besonders nahe, wodurch es Jupiter durch periodisch wiederkehrende Zugkräfte gelingt, ihn wie bei einer Schiffsschaukel aus seiner Bahn zu werfen.

2.4.5 Kometen

Im Gegensatz zu den Asteroiden sind Kometen seit der Antike bekannt. Die frühesten schriftlichen Aufzeichnungen in China und Mesopotamien stammen von 1000 v. Chr. In Griechenland wurden Kometen bei den Pythagoreern um 550 v. Chr. als eine Art wandelnde Planeten betrachtet. Bisher sind mehr als 1000 Kometen von der Erde aus entdeckt worden. Der 1995 gestartete ESA/NASA-Sonnensatellit SOHO fand bis Anfang 2012 ca. 2200 Kometen und entdeckt etwa 100 neue pro Jahr. Von den meist langperiodischen Kometen sind die kurzperiodischen zu unterscheiden, von denen bisher ca. 250 bekannt sind. Abbildung 2.15 zeigt Kometen beider Typen, in Abb. 2.15a den 1996 mit bloßem Auge sichtbaren langperiodischen Kometen Hyakutake und in Abb. 2.15b den 1986 von der ESA-Raumsonde Giotto aus 596 km Entfernung aufgenommenen kurzperiodischen Halley-Kometen. Letzterer gehört zu den dunkelsten Objekten des Sonnensystems und hat Dimensionen von 15 km × 8 km.

Die langperiodischen Kometen entstammen der sogenannten Oort'schen Wolke, die das Sonnensystem in einer Entfernung von $4 \times 10^3 – 10^5$ AE kugelförmig umhüllt (Abb. 2.16). Man vermutet, dass die Oort'sche Wolke aus Planetesimalen besteht, die in den frühen Phasen der Planetenentstehung nach außen geworfen wurden. Durch gelegentliche lokale Störungen oder Begegnungen stürzen diese Himmelskörper aus der Wolke ins Innere des Sonnensystems und werden zu Kometen. Kurzperiodische Kometen mit Umlaufzeiten von weniger als 200 Jahren stammen vermutlich aus dem Kuipergürtel.

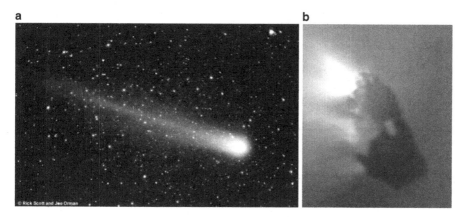

◻ Abb. 2.15 Kometen. **a** Komet Hyakutake, 1996 von der Erde aus, **b** Komet Halley, 1986 von der Raumsonde Giotto aufgenommen (Scott/Orman, ESA)

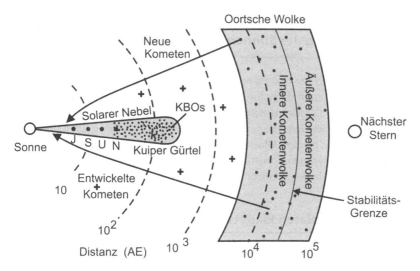

◻ Abb. 2.16 Ursprung der Kometen. Kometen entstammen der Oort'schen Wolke. Zudem sind die Positionen von Jupiter (J), Saturn (S), Uranus (U), Neptun (N) und den Kuipergürtel-Objekten (KBOs) angegeben

Zur Untersuchung der Zusammensetzung von Kometen hat die NASA-Raumsonde Deep Impact 2005 den Kometen Tempel 1 angeflogen und auf ihm ein 372 kg schweres Projektil abgeworfen. Der Aufschlag erzeugte einen Krater von ca. 100 m Durchmesser und 30 m Tiefe. Bei der Analyse des ausgeworfenen Materials wurde das schmutzige Schneeballmodell der Kometen bestätigt. Es besagt, dass diese Körper aus einem Konglomerat von durch Wassereis zusammengehaltenen Gesteinsbrocken und Staubkörnern, durchmischt mit gefrorenen Gasen wie CO, CO_2, CH_4 und NH_3 bestehen und von einer losen Staubschicht umgeben sind. Durch die Ausgasung bei der Erwärmung in Sonnennähe entsteht der Kometenschweif. Aus der ge-

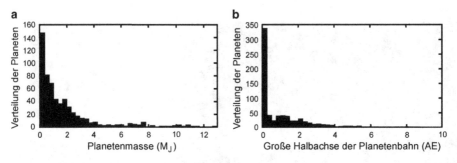

◘ Abb. 2.17 Extrasolare Planeten entdeckt bis Februar 2013. **a** Massenverteilung in Jupitermassen M_J, **b** Verteilung der großen Halbachsen in AE (http://exoplanets.org/plots)

ringen Dichte der Kometen schließt man, dass in ihrem Inneren große Hohlräume vorhanden sind.

2.5   Planeten außerhalb des Sonnensystems

Der Unterschied zwischen Sternen und Planeten ist eine Frage der Definition. Üblicherweise versteht man unter Sternen durch die Schwerkraft zusammengehaltene Gaskugeln, in denen Kernfusion von Wasserstoff zu Helium stattfinden kann und die anfänglich eine Masse von mehr als 0,075 $M_0 = 75$ M_J besitzen. Hier ist $M_J = 1/1000$ $M_0 = 1,9 \times 10^{27}$ g die Jupitermasse, die auch 318 Erdmassen, M_E, beträgt. Objekte mit Massen im Bereich 13–75 M_J sind Braune Zwerge (Abschn. 2.3). Planeten nennt man Körper mit Massen kleiner als 13 M_J, bei denen keine Kernfusionsprozesse ablaufen können.

2.5.1   Anzahl der extrasolaren Planeten

Obwohl man ausgehend vom Sternentstehungsprozess seit Langem vermutete, dass Planeten bei praktisch allen Sternen auftreten, gelang es erst 1995 den ersten extrasolaren Planeten nachzuweisen. Bis zum Februar 2013 ist diese Zahl auf über 860 bestätigte Objekte angewachsen. Eine Liste dieser sogenannten Exoplaneten wird u. a. von Jean Schneider (Schneider 2011) geführt und fortlaufend aktualisiert. Abbildung 2.17 zeigt die Verteilung der Massen und großen Halbachsen von einigen nachgewiesenen Planeten. Man stellt fest, dass davon fast 50 % Massen von mehr als 1,3 M_J besitzen, mehr als 90 % massereicher als Neptun ($M_J/20$) sind und der Planet Kepler-42d mit ca. 0,9 M_E zu den kleinsten gehört. Bei den Entfernungen zum Zentralstern findet man, dass ca. 50 % der Planeten näher als Merkur (0,39 AE) umlaufen.

Dass bisher praktisch nur große Planeten entdeckt wurden, die eng um ihren Zentralstern kreisen, ist auf die Besonderheiten der eingesetzten Nachweismethoden zurückzuführen. Die wahre Verteilung der Planeten dürfte davon sehr abweichen. Bisher wurde auch noch kein Zwilling des Sonnensystems gefunden. Erstaunen erregt, dass viele jupiterähnliche Gasplaneten so nahe um ihre Zentralsterne kreisen, weit innerhalb des vermutlichen Ortes ihrer Entstehung jenseits der Eisbildungsgrenze von ca. 3–5 AE (Abschn. 2.8). Dies dürfte auf einen erheblichen

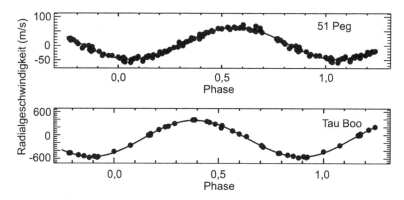

☐ Abb. 2.18 Beobachtete Radialgeschwindigkeitsvariationen zweier Sterne, hervorgerufen durch Planeten (Marcy und Butler 1998)

Einfluss der Migration (Abschn. 2.9) bei den frühen Phasen der Entstehung von Planetensystemen zurückzuführen sein.

2.5.2 Radialgeschwindigkeitsmethode

Mithilfe dieser Methode entdeckte 1995 eine Schweizer Gruppe um Michel Mayor den ersten Exoplaneten 51 Peg (Abb. 2.18). Ein Planet und sein Stern kreisen um den gemeinsamen Schwerpunkt (Abb. 2.19a). Wenn M_S die Sternmasse, M_P die Planetenmasse, sowie a_S die Entfernung des Sterns und a_P die des Planeten zum Schwerpunkt sind, gilt die Beziehung $M_S a_S = M_P a_P$. Setzt man die Werte $M_S = 1\ M_0$ für die Sonne sowie $M_P = 1/1000\ M_0$ und $a_P = 5{,}2$ AE für Jupiter ein, erhält man die Entfernung der Sonne vom gemeinsamen Schwerpunkt $a_S = 0{,}0052$ AE $= 780.000$ km, d. h. die Schwerpunktdistanz ist 10 % größer als der Sonnenradius. Könnte man die Sonne aus großer Entfernung während des ca. 12-jährigen Jupiterumlaufs beobachten, würde man also eine Rotation sehen, in der sie in dieser Zeit um einen Punkt an ihrer Oberfläche kreist. Obwohl diese Schwerpunktbewegung als äußerst klein erscheint, konnte man sie aus Radialgeschwindigkeitsmessungen (Abb. 2.19b) bestimmen.

Die Radialgeschwindigkeitsvariationen, die man als Wellenlängenverschiebungen von Absorptionslinien misst, betragen bei 51 Peg ca. 100 m/s und bei τ Boo sogar 1000 m/s (Abb. 2.18). Dies ist auf große, in engen Bahnen umlaufende Gasplaneten zurückzuführen. Die im Sonne-Jupiter-System auftretende Radialgeschwindigkeit von 14 m/s ist viel kleiner und würde in der Unsicherheit der Datenpunkte von Abb. 2.18 verschwinden. Messungen von höchster Präzision erlauben derzeit Geschwindigkeitsänderungen von 3 m/s nachzuweisen. Wie Abb. 2.19c zeigt, hängt die Größe der gemessenen Radialgeschwindigkeit $v_R = v \sin i$ zusätzlich noch vom Neigungswinkel i der Bahnebene gegen das Himmelsgewölbe ab. Mit $i = 90°$ (wenn man genau auf die Kante der Bahn blickt) tritt die maximale Radialgeschwindigkeit $v_R = v$ auf. Im Fall $i = 0$ blickt man senkrecht auf die Bahnebene und erhält $v_R = 0$. Bisher wurden ca. 503 Planeten mit der Radialgeschwindigkeitsmethode entdeckt.

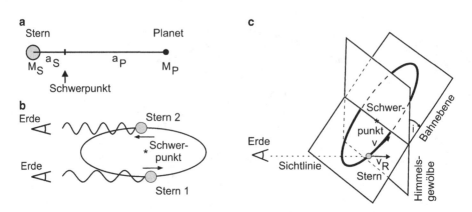

◘ Abb. 2.19 Radialgeschwindigkeitsmethode. **a** Bewegungen von Stern und Planet um den gemeinsamen Schwerpunkt, **b** Radialgeschwindigkeitsverschiebung durch den Doppler-Effekt beim Stern in Phase 1 und 2, **c** projizierter Radialgeschwindigkeitsanteil v_R der Bahngeschwindigkeit v durch den Neigungswinkel i der Bahnebene

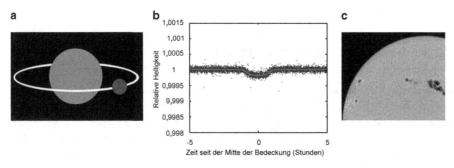

◘ Abb. 2.20 Transit-Methode. **a** Bedeckung des Sterns durch einen Planeten, **b** Lichtkurve des Planeten Kepler-10b, **c** Sonnenflecken und Fackeln (NASA-Ames, SOHO)

2.5.3 Transit-Methode

Einen speziellen Fall stellen Bahnen mit Neigungswinkeln i um 90° dar, wenn die Planeten bei ihrem Umlauf ihren Zentralstern bedecken. Da Planeten keine selbstleuchtenden Körper sind, kann man einen kleinen Helligkeitsabfall messen (Abb. 2.20a, b). Diese sogenannte Transit-Methode erlaubt, nicht nur Gasplaneten, sondern auch viel kleinere terrestrische Planeten zu beobachten. Allerdings muss man die Planetenbedeckung von anderen Helligkeitsänderungen etwa durch Sonnenflecken, Fackeln (Abb. 2.20c), akustische Schwingungen (Asteroseismologie) und unaufgelöste Doppelsterne unterscheiden. Dies gelingt z. B. mithilfe der strengen Periodizität der Planetenumläufe gegenüber den zeitlich variablen magnetischen Erscheinungen. Abbildung 2.20b zeigt eine typische Lichtkurve einer Bedeckung mit einem Helligkeitsabfall von 0,02 % bei dem Planeten Kepler-10b. Breite und Tiefe des Abfalls im Verhältnis zur Bahnperiode hängen vom Sterntyp, der Größe des Planeten und der Bahnneigung ab. Die ca. 3500 Einträge umfassende Liste möglicher Kandidaten für Transitplaneten (http://kepler.nasa.

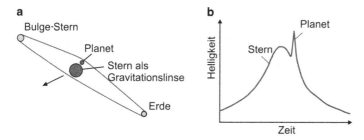

a

Bulge-Stern

Planet

Stern als Gravitationslinse

Erde

b

Helligkeit

Stern

Planet

Zeit

❏ **Abb. 2.21 a** Mikrolensing-Methode, **b** Lichtkurve von Stern und Planet

gov/Mission/discoveries/) des Kepler-Satelliten dokumentieren die Schwierigkeiten, die man mit einer eindeutigen Identifizierung hat. Dieser 2009 gestartete NASA-Satellit beobachtet für mehrere Jahre ständig 145.000 Sterne in festen Feldern im Sternbild Cygnus. Bis jetzt sind ca. 292 Planeten mit der Transit-Methode entdeckt worden. Bei den für 2017 und 2022 geplanten Weltraummissionen (http://echo-spacemission.eu, http://finesse.jpl.nasa.gov/mission) Finesse und Echo der NASA und ESA sollen die Atmosphären solcher Transit-Planeten im Infraroten bei 3–15 μm Wellenlänge auf Wasser und Lebensspuren hin untersucht werden.

2.5.4 Microlensing-Methode

Diese photometrische Suchmethode überwacht die Intensität von Sternen im dicht besiedelten galaktischen Bulge in der Hoffnung, Planeten mithilfe ihrer Eigenschaft als Mikrogravitationslinsen nachzuweisen. Abbildung 2.21a zeigt die Geometrie eines solchen Ereignisses und Abb. 2.21b die erwartete Lichtkurve. Um möglichst viele Sterne gleichzeitig zu überwachen, richtet man das Teleskop auf den Bulge der Milchstraße (Abschn. 1.12.1). Dabei werden nicht die Bulge-Sterne auf Planeten hin untersucht, sondern solche Sterne, die sich ungefähr auf halbem Weg zum Bulge befinden und zufällig genau in die Sichtlinie zu einem Bulge-Stern geraten. Dabei wird dessen Leuchtkraft durch die Linsenwirkung des Gravitationsfeldes verstärkt. Kommt dabei ein Planet ebenfalls in die Sichtlinie, erzeugt er eine Spitze, die die Helligkeitskurve des Sterns überlagert (Abb. 2.21b). Es wurde abgeschätzt, dass man bei einem Stern mit $1\,M_0$ Planeten bis zu einer Entfernung von 5 AE nachweisen und Hunderte Gasplaneten und Dutzende terrestrische Planeten entdecken könnte. Mit dieser nur für ein einmaliges Ereignis anwendbaren Methode wurden bisher 18 Planeten gefunden.

2.5.5 Direkte Methoden

Exoplaneten direkt neben ihren Zentralsternen nachzuweisen, stellt die eleganteste Methode dar. Dabei treten jedoch zwei Probleme auf. Die relativ geringen Distanzen der Planeten zu ihren Sternen erfordern eine hohe Winkelauflösung. Von einem 3000 Lj entfernten Punkt in der Galaxis aus gesehen, wäre der Winkelabstand zwischen Erde und Sonne etwa 1 Millibogensekunde. Um diese Distanz aufzulösen, würde ein Teleskop mit einem 120 m großen Hauptspiegel benötigt. Dem entspricht das derzeit geplante European Extremely Large Teles-

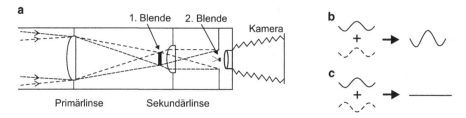

■ **Abb. 2.22** **a** Lichtwege in einem Koronographen, **b** Lichtwellen mit gleicher Phase von zwei Teleskopen (*durchgezogen, gestrichelt*) verstärken sich, **c** Lichtwellen mit entgegengesetzter Phase löschen sich aus

cope mit seinem 39 m Spiegeldurchmesser nur sehr unzureichend. Aus mehreren Teleskopen zusammengesetzte Instrumente, wie etwa das VLT (Abschn. 1.2), könnten solche Bedingungen erfüllen. Planeten neben ihren Sonnen zu sehen bleibt aber schwierig.

Das andere Problem ist die überragende Lichtfülle des Sterns gegenüber der seines Planeten. Im sichtbaren Spektrum sendet die Sonne zwei Milliarden Mal mehr Licht aus als die Erde. Im infraroten Spektralbereich wäre dieses Verhältnis günstiger, würde bei einer Wellenlänge von 10 μm aber immer noch 10 Mio. betragen. Zwei Methoden werden benutzt, um den hohen Kontrast von zwei nahe beieinander liegenden Lichtquellen zu vermindern: der Koronograph, mit dem man den Zentralstern durch kleine Blenden abdeckt, (Abb. 2.22a) und das Nulling-Verfahren. Hierbei wird beim Zusammenwirken von zwei Teleskopen der Lichtweg durch das eine Teleskop so verlängert, dass bei der Überlagerung beider Lichtwellen das Licht des Sterns ausgelöscht und das des Planeten verstärkt ist (Abb. 2.22b, c). Bisher wurden 32 Planeten durch eine solche direkte Beobachtung entdeckt. Zusätzlich sind noch 17 Planeten, die um Neutronensterne (Pulsare) kreisen, bekannt. Sie wurden anhand der Variationen bei den Pulsarperioden gefunden.

2.6   Protoplanetare Scheiben

Planeten entstehen aus der Akkretionsscheibe, die sich während des Kollapses eines Wolkenfragments bildet (Abb. 2.1, 2.2 und 2.4a). Solche protoplanetaren Scheiben beobachtet man bei Sternen in jungen Sternhaufen, deren Spektren im infraroten bis Submillimeterbereich gegen das reine Sternspektrum eine erhöhte Emission aufweisen (Williams und Cieza 2011). Abbildung 2.23 zeigt das visuelle und infrarote Spektrum eines Protosterns mit einer protoplanetaren Scheibe. Die Pfeile deuten an, dass die bestimmten Wellenlängenbereiche den Emissionen der verschiedenen Regionen des Sterns und der Scheibe zugeordnet werden können. Aus solchen Beobachtungen gelingt es die Masse der Scheiben zu ermitteln, die typischerweise ein Hundertstel der Sternmasse beträgt, aber zwischen einem Zehntel und einem Tausendstel schwanken kann.

Protoplanetare Scheiben besitzen eine fächerförmige Gestalt, die sich vom Protostern aus bis zu mehreren 100 AE erstreckt. Die kollabierenden Wolkenbruchstücke schütten Materie auf die Scheiben, die ihrerseits die Protosterne füttern. Sie rotieren um ihre Protosterne mit Geschwindigkeiten, die innen höher sind als außen, was auf die höhere Schwerkraft näher am Stern zurückzuführen ist. Diese wird durch einen schnelleren Umlauf und damit größere Zentrifugalbeschleunigung ausgeglichen. Um Materie zum Protostern zu transportieren, muss die

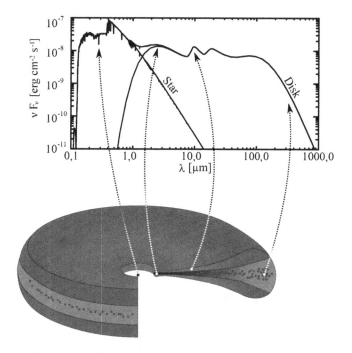

□ Abb. 2.23 Visuelles und infrarotes Spektrum eines Protosterns mit protoplanetarer Scheibe mit Wellenlängenbereichen, bei denen die verschiedenen Regionen des Objekts beobachtet werden können (Dullemond et al. 2007)

Umlaufbewegung verlangsamt werden. Dies wird durch Reibung erreicht. Sie tendiert dazu, unterschiedlich schnelle Bewegungen von Gasmassen in benachbarten Bahnen auszugleichen, indem das innere Material gebremst und das äußere beschleunigt wird. Durch langsames Wandern durch die Scheibe zu ihrer inneren Grenze wird der größte Teil des Scheibenmaterials dann auf den Protostern akkretiert, während ein verbleibender Teil Planeten bildet (Lissauer 1993).

Protoplanetare Scheiben durchlaufen eine aus vier Stadien bestehende Entwicklung (Coradini 2011). Im ersten existiert die junge *Gas- und Staubscheibe*, die im Falle des Sonnensystems *Solarer Nebel* genannt wird, aus der sich Planetesimale und Planetenembryos bilden (Abschn. 2.7 und 2.8). Gleichzeitig entstehen die riesigen Gasplaneten, die ausgehend von großen Gestein- und Eis-Planetesimalen das Gas des Nebels aufsammeln und am Ende des Stadiums ihre maximale Größe erreichen. Diese Phase endet nach ca. 3–4 Mio. Jahren (Haisch et al. 2001), wenn die verbleibende Gas- und Staubmasse aus dem System vertrieben wird.

Das *zweite Stadium* stellt die Entwicklung der *Planetesimalscheibe* (planetesimal disk) (Abb. 2.5c) dar. In den inneren Regionen findet unter Aufsammlung von Planetesimalen (Abschn. 2.8), in ungefähr 10 Mio. Jahren, die Akkretion der Hauptmasse der terrestrischen Protoplaneten statt (Halliday und Wood 2009, Rudge et al. 2010). Durch gravitative Wechselwirkungen und Migrationen der großen Gasplaneten (Abschn. 2.9) durchläuft die Scheibe eine chaotische Phase von Bahnumlagerungen (Raymond et al. 2011a). Diese fanden beim Sonnensystem in den äußeren Regionen in einem Zeitraum zwischen 20 und 700 Mio. Jahren nach der Scheibenbildung statt. Hierbei sind z. B. Jupiter von 5,4 bis 5,2 AE und Saturn von 5,7 bis 9,3 AE gewandert (Morbidelli 2011).

Nach der schnellen und heftigen Entwicklung in den ersten beiden Phasen erfolgt im *dritten Stadium* die normale säkulare Entwicklung der entwickelten Planetensysteme. Bei 15–20 % der alten Sterne beobachtet man im infraroten Spektrum um 70 μm schließlich noch ein *viertes Stadium*, die *Trümmerscheiben* (debris disks) (Raymond et al. 2011b), die auch um junge Sterne entstehen können, wenn Kuipergürtel-Objekte (Abb. 2.16) zusammenstoßen und große Mengen von neuem Staub erzeugen. Dieser Staub zeigt, dass bei alten Sternsystemen noch eine große Zahl von Planetesimalen im Kuipergürtel existiert.

2.7   Planetesimale

2.7.1   Bildung der Planetesimale

In einem typischen zu 99 % aus Gas und 1 % aus gleichverteiltem feinen μm-großen Staubkörnern bestehenden protoplanetaren Nebel koaguliert der Staub und sedimentiert in Zeitskalen von etwa 100.000 Jahren zu einer Staubscheibe in der Äquatorebene des Nebels (Weidenschilling 1980). Die in der Akkretionsscheibe vom Protostern nach außen abfallende Temperatur (Abschn. 2.6) bestimmt, welches Material bei der jeweiligen Entfernung zur Bildung der Planetesimale und schließlich der Planeten aufgesammelt wird. In der Nähe des Sterns sind die Scheibengebiete so heiß, dass kein Staub überlebt. In den entfernteren Schichten backen durch elektrostatische Kräfte die Staubteilchen in loser Weise zusammen und bilden ausgedehnte flockige Konglomerate. Durch diesen Prozess nimmt der Durchmesser der Staubkörner schnell von Mikrometer- bis auf Millimetergröße zu. Von da an wachsen die Körner noch schneller. Es wird geschätzt, dass in einer bisher noch nicht völlig geklärten Weise 10 m große Körper in 1000 Jahren gebildet werden und 10 km große kometenartige *Planetesimale* in 10.000 Jahren heranwachsen (Blum und Wurm 2008; Dullemond und Dominik 2005).

Während Kollisionen dieser Körper meist zu weiterem Wachstum führen, vergrößert sich aber auch die Chance der Zersplitterung. Abbildung 2.23 zeigt die infraroten Spektralbereiche, in denen man diese Entwicklung in den verschiedenen Regionen der protoplanetaren Scheibe verfolgen kann (Dullemond und Monnier 2010). Allerdings bestehen derzeit noch erhebliche Schwierigkeiten, das Wachstum der Staubkörner über die Größe von Felsbrocken, genannt *Meterbarriere*, hinaus zu erklären.

Je mehr ein Gesteinsbrocken wächst, desto weniger spürt er das ihn umgebende Gas und nimmt eine Keplerumlaufgeschwindigkeit ein, bei der die Anziehung des Sterns durch die Zentrifugalkraft ausgeglichen wird. Kleine Staubkörner spüren die Anziehungskraft weniger, weil sie von der Strömung des Gases mitgerissen werden. Das Gas kreist langsamer als mit Keplergeschwindigkeit um den Stern, weil ein Teil seines Gewichts durch eine radiale, nach außen abfallende Druckkraft in der Scheibe kompensiert wird. Durch Reibung mit dem langsameren Gas werden kleine Gesteinsbrocken deshalb abgebremst. Die Zentrifugalkraft kann das Gewicht des Brockens nicht mehr halten und etwa metergroße Körper stürzen in nur 100 Jahren in den Stern (Blum und Wurm 2008). Es ist also nötig, dass die Objekte die Meterbarriere schnell überwinden und zu kilometergroßen Planetesimalen heranwachsen, die von der Gasreibung nicht mehr beeinflusst werden. Eine Erklärung, wie dies geschieht, könnte in der elektrischen Natur der wachsenden Körper liegen. Man vermutet, dass auch lokale Wirbelströmungen eine Rolle spielen, die man bisher noch nicht simulieren konnte. Wie sich bei der Untersuchung von

Kometen (Abschn. 2.4.5) ergeben hat, muss man sich zudem die gebildeten Planetesimale als Körper mit ausgedehnten inneren Hohlräumen vorstellen.

2.7.2 Altersbestimmung der Planetesimale und ihrer Bestandteile

Die detaillierte Untersuchung und Datierung der aus Zusammenstößen von Asteroiden entstandenen freigelegten Meteorite erlaubt ein Bild der Geschichte des frühen Sonnensystems. Außer Meteoriten untersucht man auch Oberflächenproben von Asteroiden, Kometen und Monden. Die Analysen erzählen relativ präzise, wie sich Planetesimale, Asteroiden und Planeten gebildet haben, wobei Teile des Vorgangs derzeit noch nicht vollständig geklärt sind.

Große Fortschritte bei der Aufklärung der Frühgeschichte des Sonnensystems ermöglichen radiometrische Datierungsmethoden, die auf Zählungen der Zerfallsprodukte von radioaktiven Isotopen, d. h. Atomen mit gleicher Protonen- und unterschiedlicher Neutronenzahl, beruhen. Bei Blei (Pb) existieren die zwei stabilen Tochterisotope ^{206}Pb und ^{207}Pb, die aus dem Zerfall der radioaktiven Mutterisotope ^{235}U und ^{238}U des Urans entstehen. Die Ziffern geben die Gesamtzahl der Protonen und Neutronen im Atomkern an. ^{235}U zerfällt in ^{207}Pb mit einer Halbwertszeit von 704 Mio. Jahren, ^{238}U in ^{206}Pb mit 4,5 Mrd. Jahren. Als Halbwertszeit wird die Zeit bezeichnet, in der die Hälfte einer ursprünglichen Anzahl von Kernen eines radioaktiven Isotops zerfällt. Indem sie das stabile ^{204}Pb als Referenzisotop hinzunahmen, entwickelten Amelin et al. (2002) eine besonders präzise Altersbestimmungsmethode. Mit einem Massenspektrometer, das mit elektrischen und magnetischen Feldern die einzelnen (ionisierten) Atome einer verdampften Gesteinsprobe der Masse und Ladung nach trennen und individuell zählen kann, lassen sich die Mengenverhältnisse ^{207}Pb/^{206}Pb und ^{204}Pb/^{206}Pb mit hoher Genauigkeit bestimmen und das Alter der Gesteinsprobe ermitteln.

Abbildung 2.24 zeigt, dass wegen der bekannten Zerfallgesetze, das Alter an der Steigung der Linien der Pb-Verhältnisse abzulesen ist. Das Alter des Acfer 059 Meteoriten aus der Sahara im Südwesten Algeriens wurde aus Messungen von mehreren Chondren bestimmt, beim Efremovka-Meteoriten, der 1962 in Kasachstan fiel, aus Messungen in verschiedenen Regionen zweier CAIs. Beide sind kohlige Chondriten vom CV- und CR-Typ, die jeweils calciumaluminumreiche Einschlüsse (CAIs) und Chondren enthalten (Abschn. 2.4.3). Damit wurde das Alter des Sonnensystems auf 4,5672 ± 0,0006 Mrd. Jahre datiert. Ein anderer alter Meteorit aus der Frühzeit des solaren Nebels ist der Allende Meteorit (Abb. 2.10d), ein CV-Chondrit, der in Mexiko im Jahr 1969 fiel, und ein Alter von 4,566 Mrd. Jahre besitzt (Allègre et al. 1995).

2.7.3 Die ältesten Objekte des Sonnensystems

Anhand solcher Datierungen wurde festgestellt, dass es sich bei den *CAIs* (Abb. 2.10d) um die ältesten Objekte im Sonnensystem handelt. Während ihrer Bildung müssen Temperaturen von ca. 2000 K aufgetreten sein (Trieloff und Palme 2006). Nahezu gleichaltrig, aber etwas jünger, sind die *Chondren* (Abb. 2.10d). Ihr Ursprung, sowie der der CAIs, wird noch diskutiert. Dabei stellt es sich zunehmend heraus, dass beide durch Schmelzvorgänge in Hochtemperaturzonen produziert wurden. Diese könnten hinter starken Stoßwellen entstehen, die durch den solaren Nebel fliegende Planetesimale hervorrufen (Miura et al. 2010).

Abb. 2.24 Die Messung der Zerfallsprodukte von radioaktiven Isotopen aus den zwei Meteoriten Efremovka und Acfer 059 erlauben eine präzise Altersbestimmung dieser Körper (in Millionen Jahren) (Amelin et al. 2002)

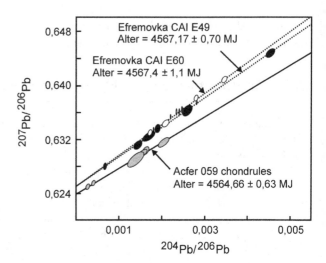

Stoßwellen treten aber auch bei den Flares auf, gewaltigen Explosionen, die von der Sonne her bekannt sind. Eine von Nakamoto et al. (2005) vorgeschlagene alternative Erklärung weist darauf hin, dass bei der Röntgenstrahlung von T-Tauri-Sternen Flares beobachtet werden (Abschn. 2.2.2), die nicht nur 100-mal stärker als solare Flares sind, sondern auch 1000-mal häufiger vorkommen (Feigelson et al. 2002). Durch die Konvektion im Sterninneren wird eine große Menge Energie in die Verbiegung und Verdrillung von Magnetfeldern gesteckt (Abb. 2.4). Bei stetiger Zunahme der Felddeformation wird schließlich so viel Energie gespeichert, dass eine Entladung unumgänglich ist. Im Flareereignis wird die gespeicherte Energie dann in Sekunden abgegeben und das Magnetfeld in einen ungespannten Zustand zurückgeführt, wobei Feldlinien aufgebrochen und neu zusammengefügt werden (Rekonnektion). Die bei den Flares freigesetzte Energie beschleunigt Teilchen fast auf Lichtgeschwindigkeit, was zu gewaltigen Leuchterscheinungen, Stoßwellen und Massenauswürfen (coronal mass ejections) führt. Solche Stoßwellen mit Temperatursprüngen von 2 Mio. K durchlaufen den interplanetaren Raum, in dem sie auf Staubteilchen treffen. Die Staubteilchen erleiden dabei unterschiedliche Schicksale (Nakamoto et al. 2005): Partikel kleiner als 1 μm werden verdampft, während Körner bis zu 1 mm Durchmesser schmelzen, jedoch erhalten bleiben und zu Chondren werden. Solche und andere Simulationen (Yasuda et al. 2009) verdeutlichen, dass die Chondrenbildung offensichtlich mit dem Heizmechanismus der Stoßwellen zusammenhängt.

2.7.4 Schmelzvorgänge in Planetesimalen

Wichtig für die unterschiedliche Geschichte der Planetesimale ist die Beimischung des kurzlebigen radioaktiven Isotops ^{26}Al und des weniger wichtigen ^{60}Fe beim Gas- und Staubmaterial. Der Ursprung von ^{26}Al, mit seiner Halbwertszeit von etwa 720.000 Jahren wird noch diskutiert. Mögliche Quellen sind entweder eine nahe Supernova, ein in der Nähe befindlicher massereicher Stern in der AGB-Phase (Abschn. 2.3) oder Oberflächenkernreaktionen in den Flares von T-Tauri-Sternen. Nahe Supernovae und AGB-Sterne sind im Geburtssternhaufen der Sonne wahrscheinlich, weil es dort massereiche Sterne mit schneller Sternentwicklung gibt.

Der radioaktive Zerfall von ^{26}Al in den Planetesimalen erzeugt Wärme. Während Staub und kleine Planetesimale diese leicht in den Raum abstrahlen können, bleibt sie in größeren Planetesimalen gefangen. In Körpern mit etwa 100 km Durchmesser bringt die produzierte Wärme das Innere zum Schmelzen, wobei das metallische Eisen durch die Schwerkraft ins Zentrum des Körpers wandert. In einem solchen Planetesimal entsteht eine Schalenstruktur mit einem metallischen Kern und einem Mantel aus Silicatgestein. Derart geschichtete Planetesimale gehören zu den ältesten Objekten des Sonnensystems, was durch Pb-Pb-Datierungen wie in Abb. 2.24 bestätigt wurde (Baker et al. 2005). Diese Planetesimale können durch Zusammenstöße auseinanderbrechen und verschieden zusammengesetzte Meteorite hinterlassen. Bei kleinen Planetesimalen traten solche Veränderungen nicht auf. Zusammen mit den Chondren sind die chondritischen Planetesimale die wichtigsten Ursprungskörper der chondritischen Meteoriten und wurden 2–4 Mio. Jahre nach den CAIs gebildet (Trieloff und Palme 2006).

2.7.5 Zusammensetzung der Planetesimale und der Erde

Kollisionen in der Wolke aus Planetesimalen erzeugten eine umfangreiche Anzahl großer und kleinerer Körper bis hinab zur Größe von Körnern. Eisenmeteorite stammen aus einem metallischen Kern; Stein-Eisen-Meteorite aus den Kernmantelzonen großer Körper oder aus der Mitte von kleineren Planetesimalen, wo die Differenzierung unvollständig war. Unter den Steinmeteoriten stammen die Achondrite vermutlich aus den inneren Mantelregionen, während die Chondrite von kleineren Planetesimalen herrühren dürften.

Da die Planeten durch Aufsammlung überwiegend lokaler Planetesimale entstehen, stellt sich folgende Frage: Welche Meteoriten können am besten über die ursprüngliche Zusammensetzung des solaren Nebels im Gebiet der terrestrischen Planeten Auskunft geben? Nur Chondrite mit relativ unveränderter Matrixzusammensetzung sind gute Informationsquellen. Da an der Sonnenoberfläche die ursprünglichen Elementhäufigkeiten des solaren Nebels beibehalten wurden, kommen diejenigen Chondrite mit der besten Übereinstimmung mit den solaren Häufigkeiten in Frage. Man nimmt deshalb an, dass die CI-kohligen Chondrite unsere besten Indikatoren für die Zusammensetzung der Körper sind, die ursprünglich in den inneren Regionen des solaren Nebels auftraten und die Zusammensetzung der Erde festlegten. Wie sich diese chemische Elementzusammensetzung auf den Kern, den Mantel und die kontinentale Kruste der Erde verteilte, wird in Abschn. 3.4 näher erläutert.

2.8 Planetenentstehung

Planeten entstehen durch Aufsammlung einer Vielzahl verschieden großer Planetesimale, wobei größere Körper, weil sie mehr Planetesimale aufsammeln, schneller wachsen als kleine (Kleine et al. 2009; Raymond et al. 2009; Morbidelli 2011). Überschreitet die Masse der Protoplaneten einen kritischen Wert, verlangsamt sich das unkontrollierte Wachstum. Es entwickelt sich ein *oligarchisches Wachstum*, bei dem größere Körper langsamer als kleinere wachsen, während das Massenverhältniss zwischen Protoplaneten und Planetesimalen stetig zunimmt (Abb. 2.25). In diesem Stadium beginnen Protoplaneten sich gegenseitig zu beeinflussen und ihre Abstände durch orbitale Abstoßung auf einer Distanz von mehr als ca. 5 Hill-Radien zu halten. Der Hill-Radius markiert die Ausdehnung einer (Hill-) Sphäre um einen Planeten, in der seine Gravitationskraft stärker ist, als die des Sterns, den er umkreist. Abbildung 2.25

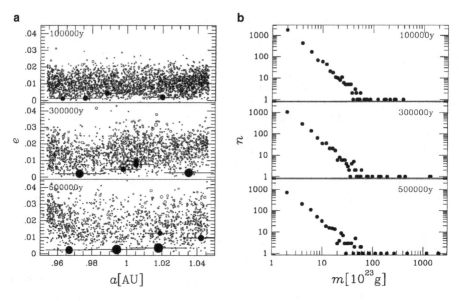

◻ Abb. 2.25 Simulation der Entstehung terrestrischer Planeten aus 4000 Planetesimalen in 500.000 Jahren. **a** Exzentrizitäten und große Halbachsen der Bahnen der verschiedenen Planetesimale. Horizontale Striche markieren die Bereiche von 5 Hill-Radien, **b** Anzahl der Planetesimale mit verschiedenen Massen (Kokubo und Ida 2000)

zeigt eine Simulation der Entstehung terrestrischer Planeten aus 4000 Planetesimalen mit einer Gesamtmasse von $1{,}3 \times 10^{27}$ g über eine Zeitspanne von 500.000 Jahren. Danach sind noch 1257 Planetesimale übrig. Dicke Punkte stellen Körper mit Massen von mehr als 2×10^{25} g dar. Striche zeigen die Distanzen von 5 Hill-Radien. Die größten Planetenembryos haben bereits Massen von etwa Marsgröße (3×10^{26} g). Gravitative Wechselwirkungen zwischen solchen Embryos und Gasplaneten führten dann zu gewaltigen Kollisionen und zum Ende der Entwicklung terrestrischer Planeten bei der nach ca. 30–100 Mio. Jahren auch der Erdmond entstand (Abschn. 3.1.1).

In einer Entfernung von ungefähr 3–5 AE vom Zentralstern gibt es die bereits erwähnte *Eisbildungs-* oder *Schneegrenze*, bei der die Temperatur in der Scheibe so niedrig wird (ca. 160 K), dass sich Eiskörner bilden und sich Eis auf Staubkörnern niederschlägt. Dies führt zu größeren Planetesimalen, die sich in einem Bereich bis zu einigen Dutzend AE zu massereichen Planetenembryos entwickeln, die durch anschließende Akkretion von Gasen zu riesigen *Gasplaneten* heranwachsen. Ein weiterer Planetentyp, die Uranus- oder *Eisplaneten* (Kokubo und Ida 2002), sind Protoplaneten, bei denen die Wachstumszeitskala länger als die Lebensdauer der Gasscheibe ist. Sie können als missglückte Jupiterplaneten angesehen werden, denen es in der zur Verfügung stehenden Zeit nicht gelang, eine massereiche Gashülle einzufangen.

Man nimmt z. B. an, dass Jupiter einen Silicat- und Eisenkern von ungefähr 15 Erdmassen besitzt. Bei solchen massereichen Protoplaneten wächst die Schwerkraft so stark an, dass Gase, insbesondere Wasserstoff (H_2) und He, aus dem solaren Nebel aufgesammelt werden können. Wegen der großen Häufigkeit dieser Gase vergrößert sich die Masse der Protoplaneten schnell, wodurch sich die Schwerkraft weiter erhöht usw. Dies führte zu einem rapiden Wachstum, sodass nach ungefähr 1–3 Mio. Jahren Jupiter, Saturn und die anderen Riesenplaneten ent-

◘ Abb. 2.26 Modell der Jupiterentstehung. Die zeitliche Entwicklung (in Millionen Jahren) der Masse (in Erdmassen) des Eisen- und Silicatkerns (M_Z, *durchgezogene Linie*), des Gasmantels aus H, He (M_{XY}, *gestrichelte Linie*) und der Gesamtmasse des Planeten (M_P, *strichpunktierte Linie*) (Lissauer et al. 2009)

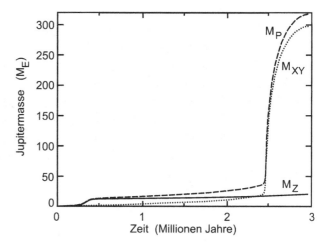

standen sind (D'Angelo et al. 2010). Dabei war die erreichte Größe nur durch die Menge des vorhandenen Gases beschränkt. Abbildung 2.26 zeigt eine Simulation der Jupiterbildung, bei der ein 12 M_E großer Eisen- und Silicatkern beginnt Gas aufzusammeln. Die Erhitzung der Planetenatmosphäre bei der Akkretion verhindert lange Zeit ein schnelles Wachstum, bis die Atmosphäre schließlich instabil wird und unter ihrem Eigengewicht zusammenbricht. Mit einer außer Kontrolle geratenen Aufsammlung tritt dann ein rapides Wachstum auf, das erst mit dem Verschwinden des protoplanetaren Nebels nach 3–4 Mio. Jahren aufhört. Diese Gasriesen sind bei den späteren Entwicklungsphasen der terrestrischen Planeten bereits vorhanden.

In der letzten Phase der Planetenbildung treten – wie erwähnt – gewaltige Zusammenstöße unter den Planetenembryos auf. Solche und spätere Einschläge auf den terrestrischen Planeten von sich auf exzentrischen Bahnen bewegenden Planetesimalen, die jenseits der Eisbildungsgrenze entstanden waren, brachten die leichtflüchtigen Materialien wie Wasser und Kohlenstoff zu diesen Planeten (Albarede et al. 2013). Die beobachteten extrasolaren Riesenplaneten haben oft sehr exzentrische Bahnen, die man mit dem Auftreten dynamischer Instabilitäten in 70–100 % aller beobachteten Systeme erklären kann. Diese Instabilitäten können durch das Verschwinden des Gases aus dem Nebel, durch Migration, Resonanz und chaotische Dynamik entstehen, die zu einer Planeten-Planeten-Streuung und Beseitigung von einem oder mehreren Planeten aus dem System durch Kollision oder enge Vorübergänge führt. In den äußeren Regionen der Planetensysteme übersteigt schließlich die Planetenwachstumsrate die Lebensdauer des protoplanetaren Nebels. Der Endpunkt der Akkretion ist hier ein Gürtel von plutogroßen Kuipergürtel-Objekten (KBOs, Abb. 2.16) sowie kleinen Körpern in der bereits erwähnten Trümmerscheibe (debris disk).

2.9 Migrationen, Instabilitäten

Die große Zahl der beobachteten heißen Jupiterplaneten in geringer Distanz zu ihrem Zentralstern (Abschn. 2.5) ist wahrscheinlich auf ihre Migration vom Entstehungsort jenseits der Eisbildungsgrenze zurückzuführen. Dieser Vorgang hatte vermutlich bereits bei der Entstehung der Planeten in der protoplanetaren Gas- und Staubscheibe begonnen. Abbildung 2.27 zeigt eine Simulation des Wachstums eines Gasplaneten, der mit einem Planetesimale und Gas

a   b

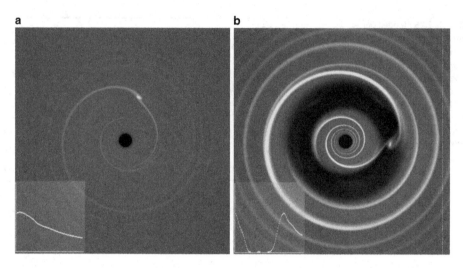

□ **Abb. 2.27** Wechselwirkung eines im Uhrzeigersinn kreisenden Planeten mit einer protoplanetaren Scheibe. Die Dichteverteilung in der Scheibe ist am unteren Bildrand angegeben. **a** Typ-I-Migration, **b** Typ-II-Migration (Armitage und Rice 2005)

aufsammelnden 3 M_E großen terrestrischen Protoplanet beginnt und mit einem 10 M_J großen Körper endet. Wenn seine Masse noch gering ist, erzeugt der Protoplanet in der ihn umgebenden Scheibe spiralförmige Dichtewellen (Abb. 2.27a). Dabei tritt ein Ungleichgewicht bei der Stärke der Wechselwirkungen des Planeten mit den Spiralarmen innerhalb und außerhalb der Planetenbahn auf. Der äußere Arm übt ein höheres Drehmoment aus als der innere Arm. Dadurch verliert der Planet Drehimpuls und wandert in Zeitskalen, die kurz gegen die Lebensdauer der Scheibe sind, nach innen. Dieser Prozess wird *Typ-I-Migration* genannt (Abb. 2.27a). Wenn die Masse des Planeten jedoch so groß wird, dass unkontrollierte Akkretion von Gas einsetzt, erzeugt der wachsende Planet eine Lücke in der protoplanetaren Scheibe. In diesem Fall ist er gezwungen, zusammen mit den umliegenden Scheibenregionen nur noch langsam zum Stern hin zu wandern. Diesen Prozess nennt man *Typ-II-Migration* (Abb. 2.27b). Beide Arten von Migration enden, wenn die protoplanetare Scheibe verschwindet, in der die Hauptmasse an Gas konzentriert ist.

Dies erklärt weitgehend die Existenz von heißen Jupiterplaneten. Einige zeigen jedoch stark geneigte, manchmal sogar retrograde Bahnen um ihre Zentralsterne, die mit dem Migrationsmodell nicht erklärt werden können. Eine vielversprechende weitere Erklärungsmöglichkeit bietet die Planet-Planeten-Streuung, die mit ihren komplizierten Gezeitenwechselwirkungen untereinander noch wenig verstanden ist (Guillochon 2011). Hierbei können große Gasplaneten sogar aus dem System geschleudert werden. Solche bahnmechanischen Instabilitäten zwischen großen Gasplaneten, die auch lange Zeit nach dem Verschwinden der protostellaren Scheibe auftreten und zu Planetenmigrationen führen können, wurden bereits im Abschn. 2.6 besprochen.

Im Hinblick auf die Entstehung von Leben verbleibt die Frage: Wie viele terrestrische Planeten können durch die Migrationen von Gasplaneten ungestört bleiben? Eine Simulation von Jupiterplaneten mit Massen zwischen 1 M_J und 5 M_J (Trilling et al. 1998) zeigt, dass Migrationen häufig sind: Es werden 50 % der Riesenplaneten aufgrund der Migration zerstört, 33 % wandern zu Entfernungen von weniger als 1 AE, während etwa 17 % bei Abständen größer als 1 AE bleiben, von denen ein Drittel, d. h. 6 % aller Fälle, nicht wandern. Dies stimmt grob mit einer Simulation von Alibert et al. (2005) überein, die feststellten, dass von 1000 Planeten alle migrierten, während für 13 Planeten die Migration bei Entfernungen von mehr als 4,4 AE stoppte.

Literatur

Albarede F et al (2013) Asteroidal impacts and the origin of terrestrial and lunar volatiles. Icarus 222:44

Alibert Y et al (2005) Models of giant planet formation with migration and disc evolution. Astron Astrophys 434:343

Allègre CJ et al (1995) The age of the earth. Geochim Cosmochim Acta 59:1445

Amelin Y et al (2002) Lead isotopic ages of chondrules and calcium-aluminum-rich inclusions. Science 297:1678

Armitage PJ, Rice, WKM (2005) Planetary migration. In: A decade of extrasolar planets around normal stars. STScI Symposium. http://arxiv.org/abs/astro-ph/0507492

Baker J et al (2005) Early planetesimal melting from an age of 4.5662 Gyr for differentiated meteorites. Nature 436:1127

Bernasconi PA (1996) Grids of pre-main sequence stellar models. The accretion scenario at $Z = 0.001$ and $Z = 0.020$. Astron Astrophys Suppl 120:57

Bloecker T (1995) Stellar evolution of low- and intermediate-mass stars. II. Post-AGB evolution. Astron Astrophys 299:755

Blum J, Wurm G (2008) The growth mechanisms of macroscopic bodies in protoplanetary disks. Ann Rev Astron Astrophys 46:21

Bressan A et al (1993) Evolutionary sequences of stellar models with new radiative opacities. II. $Z = 0.02$. Astron Astrophys Suppl 100:647

Bromm V et al (2009) The formation of the first stars and galaxies. Nature 459:49

Coradini A et al (2011) Vesta and Ceres: crossing the history of the solar system. Space Sci Rev. http://arxiv.org/abs/1106.0152v1

Cox AN (Hrsg) (2004) Allen's astrophysical quantities, 4. Aufl. Springer, Heidelberg

D'Angelo G et al (2010) Giant planet formation. In: Seager S (Hrsg) Exoplanets. Univ Arizona Press. http://arxiv.org/abs/1006.5486v1

Dullemond CP et al (2007) Models of the structure and evolution of protoplanetary disks. In: Reipurth B et al Protostars and planets V. Univ. of Arizona Press, S 555. http://arxiv.org/abs/astro-ph/0602619

Dullemond CP, Dominik C (2005) Dust coagulation in protoplanetary disks: a rapid depletion of small grains. Astron Astrophys 434:971

Dullemond CP, Monnier JD (2010) The inner regions of protoplanetary disks. Ann Rev Astr Astrophys 48:205

Feigelson ED et al (2002) Magnetic flaring in the pre-main-sequence sun and implications for the early solar system. Astrophys J 572:335

Günther HM (2011) Accretion, jets and winds: high energy emission from young stellar objects. In: von Berlepsch (Hrsg) Rev Mod Astron 23, S 37

Guillochon J et al (2011) Consequences of the ejection and disruption of giant planets. Astrophys J 732:74

Haisch KE et al (2001) Disk frequencies and lifetimes of young clusters. Astrophys J 553: L153

Halliday AN, Wood BJ (2009) How did earth accrete? Science 325:44

Irwin J et al (2006) The monitor project: rotation of low-mass stars in the open cluster M34. Mon Not R Astr Soc 370:954

Kitamura Y (1997) NMA imaging of envelopes and disks around low mass protostars and T-Tauri stars. IAU Symp 182:381

Kleine T et al (2009) Hf-W chronology of the accretion and early evolution of asteroids and terrestrial planets. Geochim. Cosmochim. Acta 73:5150

Königl A, Salmeron, R (2011) The effects of large-scale magnetic fields on disk formation an evolution. In: Garcia, PJV (Hrsg) Physical processes in circumstellar disks around young stars. Univ Chicago Press

Kokubo E, Ida S (2000) Formation of protoplanets from planetesimals in the solar nebula. Icarus 143:15

Kokubo E, Ida S (2002) Formation of protoplanetary systems and diversity of planetary systems. Astrophys J 581:666

Kowal CT (1988) Asteroids, their nature and utilization. Ellis, Chichester

Lattanzio J (2001) http://users.monash.edu.au/~johnl/StellarEvolnV1/index.html

Lissauer JJ (1993) Planet formation. Ann Rev Astron Astrophys 31:129

Lissauer JJ et al (2009) Models of Jupiter's growth incorporating thermal and hydrodynamic constraints. Icarus 199:338

Marcy GW, Butler RP (1998) Detection of extrasolar giant planets. Ann Rev Astron Astrophys 36:57

Miura H et al (2010) Formation of cosmic crystals in highly supersaturated silicate vapor produced by planetesimal bow shocks. Astrophys J 719:642

Morbidelli A (2011) Dynamical evolution of planetary systems. In: Kalas P, French L (Hrsg) Planets, stars and stellar systems. http://arxiv.org/abs/1106.4114

Nakamoto T et al (2005) Generation of chondrule forming shock waves in solar nebula by x-ray flares, 36th Annual Lunar and Planetary Science Conference, S 1256

Raymond SN et al (2009) Building the terrestrial planets: Constrained accretion in the inner solar system. Icarus 203:644

Raymond, SN et al (2011a) Debris disks as signposts of terrestrial planet formation, Astron Astrophys 530:62

Raymond SN et al (2011b) The debris disk – terrestrial planet connection. In: Sozzetti A et al (Hrsg) The Astrophysics of planetary systems. Proceedings IAU Symp 276

Regenauer-Lieb K et al (2001) The initiation of subduction: criticality by addition of water? Science 294:578

Rudge JF et al (2010) Broad bounds on earth's accretion and core formation constrained by geochemical models. Nature Geosci 3:439

Schneider J et al (2011) Defining and cataloging exoplanets: The exoplanet.eu database. Astron Astrophys 532:A79. http://arxiv.org/abs/1106.0586; http://exoplanet.eu

Sohl F (2010) Revealing Titan's interior. Science 327:1338

Strassmeier KG et al (2005) Spatially resolving the accretion shocks on the rapidly-rotating M0 T-Tauri star MN Lupi. Astron Astrophys 440:1105

Trieloff M, Palme H (2006) The origin of solids in the early solar system. In: Klahr H, Brandner W (Hrsg) Planet Formation. Cambridge University Press, S 64

Trilling DE et al (1998) Orbital evolution and migration of giant planets: modeling extrasolar planets. Astrophys J 500:428

Tscharnuter WM et al (2009) Protostellar collapse: rotation and disk formation, Astron Astrophys 504:109

Van Thienen P et al (2005) Assessment of the cooling capacity of plate tectonics and flood volcanism in the evolution of Earth, Mars and Venus. Phys Earth Planet Int 150:287

Weidenschilling SJ (1980) Dust to planetesimals – settling and coagulation in the solar nebula. Icarus 44:172

Williams JP, Ciez L.A (2011) Protoplanetary Disks and Their Evolution. Ann Rev Astron Astrophys 49:67

Yasuda Y et al (2009) Compound chondrule formation in the shock-wave heating model: three-dimensional hydrodynamics simulation of the disruption of a partially-molten dust particle. Icarus 204:303

Die Erde und Erd-ähnliche Planeten

P. Ulmschneider, Vom Urknall zum modernen Menschen, DOI 10.1007/978-3-642-29926-1_3,
© Springer-Verlag Berlin Heidelberg 2014

Das bloße Vorhandensein eines Planeten reicht nicht aus, damit auf ihm Leben entstehen kann. Vielmehr muss er ununterbrochen über Jahrmilliarden eine gutartige Umwelt bereitstellen können, damit schließlich intelligentes Leben aufzutreten vermag. Dazu bedarf es spezieller Eigenschaften, die seine zeitliche Entwicklung und die seines Zentralsterns betreffen. Was sind die besonderen Eigenschaften der Erde und was macht die sogenannten *erdähnlichen Planeten* zu einem möglichen Sitz des Lebens?

3.1   Die frühe Erde

Etwa 10 Mio. Jahre nach Beginn des Sonnensystems (vor 4,567 Mrd. Jahren) hatte die Proto-Erde bereits die Hälfte ihrer Masse angesammelt (Halliday und Wood 2009); das Wachstum zur endgültigen Masse fand in Gegenwart von Planetenembryos mit bis zu 1/10 Erdmassen in der Planetesimalscheibe statt (Abschn. 2.8). Die drastische Verringerung der Anzahl dieser Embryos durch Zusammenstöße und Aufsammlungen waren das Resultat gravitativer Wechselwirkungen. Diese gingen besonders von den Gasplaneten aus, die in der 3–4 Mio. Jahre dauernden Lebenszeit der Gasscheibe entstanden waren. Die letzten 10 % des Wachstums erfolgten in Zusammenhang mit der Mondbildung nach ca. 30–100 Mio. Jahren (Rudge et al. 2010).

3.1.1   Die Entstehung des Mondes

Warum besitzt der Mond nur eine halb so große Dichte wie die Erde und warum verfügt er über einen so kleinen Eisenkern von ca. 250–430 km Radius (Weber et al. 2011)? Die wahrscheinlichste Erklärung ist, dass der Mond vor ca. 4,52 Mrd. Jahren durch einen gigantischen Zusammenstoß eines marsgroßen Planetenembryos (Theia) mit der Proto-Erde entstand. In dieser Kollision verschmolz der Großteil der beiden metallischen Kerne, während leichteres Mantelmaterial hinausgeworfen wurde und den Mond bildete. Eine Simulation (Abb. 3.1) zeigt, dass sich nach dem Aufprall eine heiße Silicattrümmerwolke rund um die Erde bildete, aus der sich, je nach dem genauen Ort des Zusammenstoßes, ein oder zwei Monde entwickelten (Ida et al. 1997; Jutzi und Asphaug 2011).

Die Zusammensetzung des Mondes stimmt gut mit einer streifenden Kollision überein, bei der 80 % des Mondmaterials aus dem Mantel von Theia stammen (Canup 2004; Palme 2004). Die Simulation zeigt, dass sich der Mond in einem Abstand von ca. 3,6 Erdradien bildete (Abb. 3.1a). Durch Gezeitenreibung vergrößerte sich diese Entfernung auf die heutige Distanz von ca. 60 Erdradien, und der ursprüngliche irdische 5-Stunden- zu einem 24-Stundentag. Gleichzeitig erhielt der Mond seine gebundene Rotation.

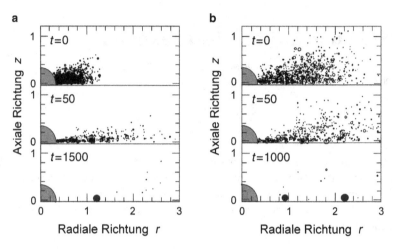

a

b

◻ Abb. 3.1 Simulation der Mondentstehung. **a** Eine verlangsamte Gesamtrotation führt zur Bildung nur eines Mondes, **b** eine erhöhte Gesamtrotation führt zu zwei Monden. Die Abstände *r* und *z* sind in Einheiten von 20.000 km und die Zeiten *t* in Einheiten von 7 Std. angegeben (nach Ida et al. 1997)

3.1.2 Das späte schwere Bombardement (LHB)

In den frühesten Phasen der Erdgeschichte gab es aufgrund der hohen Oberflächentemperaturen noch kein flüssiges Wasser. Jedoch zeigen hohe $^{18}O/^{16}O$-Isotopenverhältnisse in den ältesten bekannten Zirkonen (aus erodierten Gesteinen in den Mount Narryer und Jack Hills Regionen von Westaustralien), dass es bereits vor 4,5–4,4 Mrd. Jahren ausgedehnte Ozeane gab (Valley et al. 2002; Cavosie et al. 2005; Valley 2005). Dies wurde auch durch die $^{206}Pb/^{207}Pb$ und $^{176}Hf/^{177}Hf$ Isotopenverhältnisse nahegelegt (Wilde et al. 2001; Harrison et al. 2005). Die Frühzeit war von einer stetig nachlassenden Folge von großen bis kleineren Einschlägen von Planetesimalen geprägt, die an der Oberfläche des Mondes und bei allen terrestrischen Planeten des Sonnensystems ihre Spuren in Form von Kratern hinterließen (Abb. 3.2a). Es existieren Krater aller Größen, wobei ihre Durchmesser einem sogenannten Potenzgesetz folgen: In einem weiten Größenbereich findet man stets 8-mal mehr Krater, wenn der Durchmesser halbiert wird.

Kraterzählungen und Datierungen der Apollo-Missionen (Abb. 3.2b, c) dokumentieren, dass bis vor 3,5 Mrd. Jahren ein deutlicher Rückgang der Einschlagereignisse stattfand. Allerdings gibt es Hinweise, dass die abklingende Einschlagtätigkeit vor 4,1–3,8 Mrd. Jahren durch eine *spätes schweres Bombardement* (Late Heavy Bombardement, LHB) genannte Phase unterbrochen wurde (Abb. 3.2c). Das späte Bombardement schuf die großen Mare des Mondes (Nectaris, Serenitatis, Imbrium und Orientale) und hinterließ erheblich größere Effekte auf der Erde. Es dürfte allerdings nicht lebensauslöschend gewesen sein (Abramov und Mojzsis 2009) und wurde wahrscheinlich durch die Bahnverschiebungen von Jupiter und Saturn (Abschn. 2.6) und die damit einhergehenden Destabilisierungen im Asteroidengürtel hervorgerufen (Strom 2005; Morbidelli 2011). Dass später noch eine stetig abklingende Serie von großen Einschlägen stattfand, zeigen die über die ganze Erde verbreiteten Schichten von Glaskügelchen aus kon-

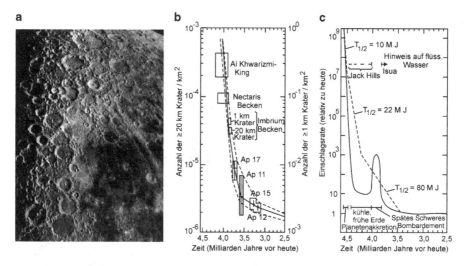

◻ Abb. 3.2 Kraterzählungen auf dem Mond. **a** Der Mond mit Mare Nubium, **b** Kraterhäufigkeiten nach Carr et al. (1984), **c** Kraterhäufigkeiten, modifiziert nach Valley et al. (2002), *gestrichelte Kurven* von Hartmann et al. (2000)

densiertem Gesteinsdampf, die von den Einschlägen herrühren (Johnson und Melosh 2012; Bottke et al. 2012).

3.1.3 Die Umwelt auf der frühen Erde

Die Frühgeschichte der Erde, das Hadaikum (vor 4,567–4,0 Mrd. Jahren), war dominiert von der Erwärmung durch radioaktive Isotope und die freigesetzte Gravitationsenergie einschlagender Planetesimale. Ursprünglich bestanden die oberen Teile des Mantels aus heißem, flüssigem Gestein, einem tiefen Magmaozean (Nisbet und Sleep 2001; Agee 2004). Die Ur-Erde war von einer dichten Atmosphäre umgeben, die aus Mantelausdünstungen und flüchtigem Material von Planetesimalen bestand. Durch effiziente Abstrahlung der Atmosphärenwärme in den Weltraum und Regenbildung entstanden erst eine Oberflächenkruste aus festem Gestein und schließlich ausgedehnte Ozeane.

Es gab auch Minikontinente, wobei der Prozess der sogenannten Plume-Konvektion (Hotspot-Vulkanismus, Abschn. 3.6.2) eine besondere Rolle spielte. Er schuf viel später in der Kreidezeit und im Tertiär auch die Hawaii-Vulkankette, von der sich einige Mitglieder bis zu 10 km über den Meeresboden erheben. Die Landmasse des Hadaikums und späteren Archaikums (vor 4,0–2,5 Mrd. Jahren) war jedoch viel geringer als heute (Abschn. 3.7). Im Hadaikum war die vulkanische Aktivität aus drei Gründen besonders mächtig. Erstens hatte man zu dieser Zeit noch eine dünne Erdkruste, die zu einem erheblich höheren Wärmefluss führte und anfällig für häufige Rissbildungen war. Zweitens wurde die Erde immer noch von kleineren Planetesimalen bombardiert. Drittens umkreiste der Mond damals die Erde in einem Zehntel seines heutigen Abstands, weshalb sehr starke Gezeiten auftraten, die Rissbildungen in der Kruste begünstigten.

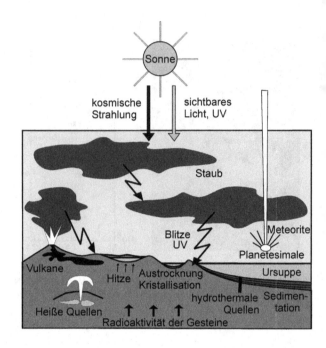

◘ Abb. 3.3 Umweltbedingungen auf der frühen Erde (modifiziert nach Kaplan 1972)

Die Ausgasung des Erdmantels durch den Vulkanismus und die hydrothermalen Tiefseequellen in der Frühzeit der Erde (Abb. 3.3), kombiniert mit den flüchtigen Gasen aus Planetesimalen und Meteoriten, führte zu einer Atmosphäre, die hauptsächlich aus Stickstoff (N_2), Kohlendioxid (CO_2), Methan (CH_4), Wasser (H_2O), Kohlenmonoxid (CO), Wasserstoff (H_2) und Ammoniak (NH_3) bestand. Durch starken Vulkanismus erzeugte Staubmengen verdunkelten die Erdoberfläche und erzeugten statische Elektrizität. Während heute die Blockierung des Sonnenlichts durch massive Staubwolken zu starker Abkühlung führt, hatte man im Hadaikum, wegen des größeren Wärmeflusses aus dem Erdinneren, den gegenteiligen Effekt. Diese staubige Phase der frühen Erde ging allerdings bald zu Ende. Hinweise auf Photosynthese vor 3,8 Mrd. Jahren setzen die Anwesenheit von Sonnenlicht an der Oberfläche voraus.

Die genaue Zusammensetzung der Erdatmosphäre, zum Beginn des Lebens im Hadaikum, ist noch nicht gesichert. Ursprünglich wurde vermutet, dass in diesen frühen Zeiten CH_4 und NH_3 selten vorhanden waren, da heutige Vulkane vor allem CO_2, N_2 und H_2O produzieren (Kasting 1993). Später erkannte man, dass das CH_4/CO_2-Verhältnis empfindlich von der Temperatur abhängt und bei niedrigen Temperaturen die Bildung von CH_4 bevorzugt wird (Kasting und Brown 1998). Es dürfte wesentlich mehr CH_4 vorhanden gewesen sein, wenn Gase bei niedrigeren Temperaturen in den vielen hydrothermalen Quellen, und nicht vor allem im heißen Magma von Vulkanen, freigesetzt wurden. Diese Vorstellung passt gut zu dem damals erhöhten geothermischen Wärmefluss. Darüber hinaus könnten Hydrothermalquellen auch reichlich NH_3 produziert haben (Brandes et al. 1998). Der Abfluss von Wasserstoff in den Weltraum dürfte ebenfalls kleiner gewesen sein, da die Photolyse des Wassers durch die solare UV-Strahlung wegen der geringeren Sonnenleuchtkraft in den frühen Phasen des Hadaikums weniger effektiv war. Neue hydrodynamische Modellierungen (Tian et al. 2005) zeigen, dass der Verlust von Wasserstoff aus der frühen Erdatmosphäre im Vergleich zu älteren

Schätzungen um zwei Größenordnungen geringer ausfiel. All dies deutet auf die Existenz einer reduzierenden (wasserstoffreichen) Atmosphäre hin, die bei den Laborexperimenten von Miller (Abschn. 5.6.1) zur Erzeugung biologisch wichtiger Moleküle vorausgesetzt wird.

3.2   Seismologie und der Aufbau der Erde

Zu den geologischen Eigenschaften und der inneren Struktur der Erde existiert umfassende Literatur (Press et al. 2004, Skinner et al. 2004). Ähnlich der Schichtung anderer terrestrischer Planeten ist das Innere der Erde, mit einem mittleren Radius von 6371 km (Abb. 3.4a), eingeteilt in eine äußere Kruste (ca. 7–40 km dick), einen festen Mantel (der sich bis zu einer Tiefe von ca. 2900 km erstreckt), einen flüssigen äußeren Kern (von ca. 2300 km Dicke) und einen festen inneren Kern (mit einem Radius von ca. 1200 km).

Seismische Wellen, die von Erdbeben ausgehen, liefern Informationen über das Erdinnere. Drei Arten werden unterschieden: P-Wellen (primäre Wellen), S-Wellen (sekundäre Wellen) und zwei Typen von Oberflächenwellen: R-Wellen (Rayleigh-Wellen) und L-Wellen (Love-Wellen). Oberflächenwellen sind am destruktivsten. Die charakteristischen Ausbreitungsweisen der drei seismischen Wellenarten entlang verschiedener Strahlengänge ist in Abb. 3.4a gezeigt. P-Wellen sind Schallwellen, die sich als eine Folge von Verdichtungen und Verdünnungen entlang ihres Strahlengangs ausbreiten (Abb. 3.4b). Sie treten sowohl in festen Stoffen als auch in Flüssigkeiten auf. Bei S-Wellen bewegen sich die Gesteinsmassen quer zur Ausbreitungsrichtung (Abb. 3.4b). Sie treten nur in festen Körpern auf. Bei den Oberflächenwellen nimmt die Schwingungsamplitude mit zunehmender Tiefe schnell ab (Abb. 3.4b). Sie breiten sich rein horizontal aus. Das erste Signal, das nach einem Erdbeben bei einem Seismometer eintrifft, ist die P-Welle mit einer Geschwindigkeit von etwa 5–6 km/s im Krustengestein. Darauf folgt die S-Welle, die sich nur mit etwa der Hälfte der Geschwindigkeit der P-Welle ausbreitet, und schließlich die Oberflächenwellen.

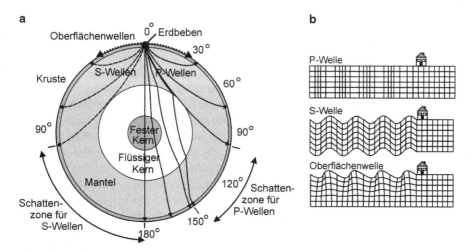

☐ **Abb. 3.4**   Erde, seismische Wellen. **a** Das Erdinnere mit vier Schichten: Kruste, Mantel, äußerem flüssigen und innerem festen Kern. Ein Erdbeben (*oben*) erzeugt drei Arten seismischer Wellen, P-Wellen (Strahlengänge *ausgezogen*, rechte Hemisphäre), S-Wellen (Strahlengänge *gestrichelt*, linke Hemisphäre) und Oberflächenwellen (*gepunktet*) (modifiziert nach Skinner et al. 2004), **b** Ausbreitungsarten der seismischen Wellen

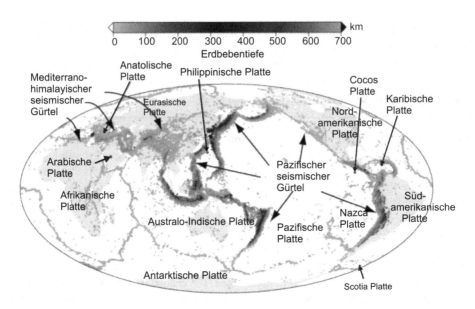

�‍ Abb. 3.5 Erdbebenorte markieren tektonische Platten, die sich gegeneinander bewegen. *Graue Punkte*: Erdbeben in 1–200 km, *schwarze Punkte*: in 200–700 km Tiefe (USGS)

Abbildung 3.4a zeigt die Strahlengänge der einzelnen seismischen Wellen eines Erdbebens vom oberen Rand der Abbildung. Man sieht, dass die P-Wellen ihren Weg auch durch den Erdkern nehmen, wobei die gegenüberliegende Seite nach ca. 20 min erreicht wird. Sie breiten sich von der Oberfläche in den Mantel aus und kehren, da die Schallgeschwindigkeit als Folge der wachsenden Temperatur mit der Tiefe zunimmt, entlang gekrümmter Strahlengänge wieder an die Oberfläche zurück. An der Kern-Mantel-Grenze können P-Wellen sowohl reflektiert als auch nach unten in die Flüssigkeit gelenkt werden. Da in der Flüssigkeit eine kleinere Schallgeschwindigkeit herrscht, ist der Austrittswinkel des gebrochenen P-Strahlengangs kleiner als der Einfallswinkel an dieser Grenze. Dies führt zu einer P-Wellen-Schattenzone an der Erdoberfläche in einem Kegel von 104–142° vom Epizentrum des Erdbebens, in der keine P-Wellen auftreten. Für S-Wellen gibt es eine ähnliche Schattenzone zwischen den Winkeln 103° und 180° (Abb. 3.4a). Die Messung der Ankunftszeiten der reflektierten und gebrochenen Wellen sowie der Schattenzonen erlaubt, die Lage und Tiefe eines Erdbebens zu ermitteln.

Abbildung 3.5 zeigt Orte und Tiefen von Erdbeben, die über mehrere Jahrzehnte aufgetreten sind. Es zeigt sich, dass die Erdbeben nicht gleichmäßig über die Erde verteilt sind, sondern sich entlang bestimmter Linien konzentrieren. Diese definieren die Grenzen von 12 großen und etlichen kleineren tektonischen Platten (Antarktis, Afrika, Eurasien, Indien, Australien, Arabien, Philippinen, Nordamerika, Südamerika, Pazifik, Nazca, Cocos). Die verschiedenen Grautöne zeigen, dass sich zwar die meisten Erdbeben in der Nähe der Oberfläche ereignen, einige aber auch in Tiefen bis zu 700 km vorkommen. Ortsmessungen mithilfe von Satelliten (dem Global Positioning System GPS) dokumentieren, dass die tektonischen Platten (Lithosphärenplatten), nicht stationär verharren, sondern sich mit Geschwindigkeiten bis zu 14 cm pro Jahr bewegen. Dies kann zu Kollisionen führen, bei denen eine Platte z. B. unter eine andere geschoben wird (Abschn. 3.6.3).

◻ Tab. 3.1 Chemische Zusammensetzung, Dichte und Silicatstruktur der häufigsten Mineralien in magmatischen Gesteinen der Erdkruste und des Erdmantels; nach Dichte geordnet (modifiziert nach Press et al. 2004)

Mineral	Zusammensetzung	Dichte (g/cm³)	Silikatstruktur
Quarz	SiO_2	2,65	Räumliche Struktur
Orthoklas Feldspat	$KAlSi_3O_8$	2,5-2,6	Räumliche Struktur
Plagioklas Feldspat	$NaAlSi_3O_8$, $CaAl_2Si_2O_8$	2,6-2,8	Räumliche Struktur
Muskovit Glimmer	$KAl_3 Si_3O_{10}(OH)_2$	2,8-3,1	Blattförmig
Biotit Glimmer	$\{K, Mg, Fe, Al\}\ Si_3O_{10}(OH)_2$	3,0-3,1	Blattförmig
Amphibol Gruppe	$\{Mg, Fe, Ca, Na\}\ Si_8O_{22}(OH)_2$	3,1-3,3	Doppelketten
Pyroxen Gruppe	$\{Mg, Fe, Ca, Al\}\ Si_2O_6$	3,1-3,6	Einfachketten
Olivin Gruppe	$(Mg, Fe)_2\ SiO_4$	3,3-3,5	Isolierte Tetrahedren

Messungen Tausender von Erdbeben durch seismische Stationen erlauben, die lokale Schallgeschwindigkeit entlang der Strahlengänge an Punkten im Erdinneren zu bestimmen. Die seismische Tomographie gleicht der in der Medizin angewandten Magnetresonanztomographie (Abschn. 9.5.1), die das Innere des menschlichen Körpers abbildet. Aufgrund ihrer höheren Schallgeschwindigkeit erlaubt die seismische Tomographie abtauchende tektonische Platten als lokale Schichten zu identifizieren und bis an die Untergrenze des Mantels hin zu verfolgen (Van der Hilst et al. 1997; Helffrich und Wood 2001) (Abb. 3.13a).

3.3　Vulkanismus und die Zusammensetzung der Gesteine

Drei Arten von Gesteinen werden bei der Erdkruste unterschieden. *Sedimentgesteine* sind verfestigte, geschichtete Ablagerungen von Sand und Schlamm, produziert durch Verwitterung und Calciumcarbonatschalen toter Tiere, die sich in Seen, Flüssen und im Meer gebildet haben. *Magmatische Gesteine* entstehen durch Erstarrung von geschmolzenem Magma aus der Erdkruste und dem Mantel. *Metamorphe Gesteine* schließlich bilden sich durch Umwandlung von ursprünglich sedimentären oder magmatischen Gesteinen unter dem Einfluss hoher Drücke und Temperaturen bei der Gebirgsbildung (Abschn. 3.6 und 3.7).

Die meisten Gesteine sind aus Mineralien aufgebaut, d. h. aus natürlich vorkommenden festen anorganischen Stoffen, die eine deutliche Kristallstruktur und eine spezifische chemische Zusammensetzung besitzen. Ihre Zusammensetzung ergibt sich aus den chemischen Elementen der Erdkruste und des Erdmantels. Die häufigsten Elemente in diesen Schichten sind O, Si, Al, Fe, Ca, Na, K, Mg, von denen O mit 49 % und Si mit 26 %, dem Gewicht nach, den Hauptteil ausmachen (Abschn. 2.7.5; Tab. 3.2 und 3.3). Es überrascht daher kaum, dass der wichtigste Bestandteil der Mineralien der magmatischen Gesteine aus Siliciumdioxid, SiO_2, besteht. Tabelle 3.1 zeigt die chemische Zusammensetzung, Dichte und Struktur der Mineralien magmatischer Gesteine. Sie sind nach zunehmender Dichte geordnet, die grob der Tiefe entspricht, in der sie auftreten. Einige davon sind in Abb. 3.6 dargestellt.

Neben ihrem Gehalt an Mineralien (*felsische* Zusammensetzungen sind reich an Feldspat und SiO_2; *mafische* reich an Mg und Fe), werden die magmatischen Gesteine nach ihrer Textur eingestuft. Während etwa *Granit* eine gut sichtbare, körnige Kristallstruktur besitzt, sind die nur unter einem Mikroskop sichtbaren kleinen Kristalle des *Rhyolith*, von genau gleicher

◘ Tab. 3.2 Die zwölf häufigsten Elemente (in Gewichtsprozent) auf der Sonne, in der Erdkruste und im menschlichen Körper (Tab. 3.3, Cameron 1973)

Sonne		Erdkruste		Mensch	
	%		%		%
H	70,9	O	46,7	O	65
He	27,5	Si	27,7	C	18
O	0,760	Al	8,1	H	10
C	0,280	Fe	5,1	N	3
Ne	0,171	Ca	3,7	Ca	1,5
Fe	0,124	Na	2,8	P	1,2
N	0,082	K	2,6	K	0,2
Si	0,072	Mg	2,1	S	0,2
Mg	0,065	Ti	0,62	Cl	0,2
S	0,048	H	0,14	Na	0,1
Ni	0,008	P	0,13	Mg	0,05
Ar	0,007	C	0,09	Fe	<0,05

◘ Tab. 3.3 Relative Zusammensetzung der Cl-Meteoriten des primitiven und heutigen Erdmantels. Die letzten beiden addieren sich separat zu 100 % (Palme und O'Neill 2003; White 2003; Hart und Zindler 1986)

	Cl-Meteorit	Erdmantel Solares Modell	Erdmantel
	%	%	%
SiO_2	22,77	51,20	45,4
MgO	16,41	35,80	36,77
FeO	24,49	6,30	8,1
Al_2O_3	1,64	3,70	4,49
CaO	1,3	3,00	3,65
HVE	30,21		
NiO	1,39		

Zusammensetzung. Auch für *Diorit* und *Andesit* sowie *Gabbro* und *Basalt* gilt, dass sie die gleiche mineralische Zusammensetzungen, aber unterschiedliche Texturen besitzen (die Ersteren jeweils grob-, die Letzteren feinkörnig). Die Gesteine unterscheiden sich im Gehalt an SiO_2: *Rhyolitisches Magma* enthält etwa 70 %, *andesitisches Magma* 60 % und *basaltisches Magma* 50 % SiO_2. Die Textur ergibt sich aus der Tiefe (Temperatur, Druck), in der die Gesteine sich aus dem erstarrenden Magma gebildet haben, sowie der Zeit für das Wachstum der Kristalle. Je schneller das Magma erkaltet, desto feinkörniger wird das Gestein.

Da Magma als geschmolzenes Gestein weniger dicht als das umgebende erstarrte Gestein ist, drängt es nach oben und tritt nach Erreichen der Oberfläche als Lava in Vulkanen aus. Rund 80 % der terrestrischen Vulkane weisen basaltisches Magma auf, das tief aus dem Erdmantel kommt. Da dieses Magma sehr heiß ist (1000–1200 °C), bleibt die Lava dünnflüssig und bewegt sich rasch. Dies führt zur Bildung von flachen und nicht explosiven *Schildvulkanen*, wie etwa die Vulkane von Hawaii (Abb. 3.7b). Über 10 % der Vulkane besitzen *andesitische Magmen*, die aus dem oberen Erdmantel stammen und, verglichen mit Basalt, eine mehr felsische

Abb. 3.6 Silicatminerale. Im Uhrzeigersinn von oben links: Feldspat, Glimmer, Pyroxen, Quarz, Olivin (USGS)

a   **b**

Abb. 3.7 Die wichtigsten Vulkantypen. **a** Schichtvulkan Fujiyama, Japan, **b** Schildvulkan Mauna Kea, Hawaii (Smithsonian Institution)

Zusammensetzung besitzen. Solche Vulkane sind in der Regel mit Inselbögen oder Kontinentalrändern assoziiert, bei denen die ozeanische Kruste abtaucht und zusammen mit Mantelmaterial geschmolzen wird. Dieser Entstehungsprozess des Magmas wird als nasses Schmelzen bezeichnet, da die Zugabe von Wasser zu den Gesteinen die Schmelztemperatur erniedrigt. Die Temperatur dieser Magmen ist niedriger (800–1000 °C); sie sind zäher und explodieren manchmal beim Ausbruch mit einem Schauer von festem pyroklastischem Schutt (Tephra). Es bilden sich *Schichtvulkane* mit Steilhängen, beispielsweise Fujiyama und Vesuv (Abb. 3.7a).

Neben den Schild- und Schichtvulkanen existiert eine *dritte Art von Vulkanismus*. Er tritt entlang von Rissstrukturen auf, gewöhnlich bei unterseeischen Spreizungszentren des Ozeanbodens (wie etwa dem Mittelatlantischen Rücken), aber auch auf dem Land (wie etwa Island). Große Mengen von basaltischem Magma brechen aus solchen Spalten hervor, die unter dem Meer in Form von Kissenlava erstarren (Abb. 3.8a). Diese Kissenbasalte, die Anhäufungen von Sandsäcken gleichen, bilden den Hauptteil der ozeanischen Kruste und sind die häufigsten magmatischen Gesteine der Erde. Schließlich erscheint Vulkanismus noch in Form von heißen Quellen und Geysiren auf dem Land sowie hydrothermalen Quellen in der Tiefsee. Hier sickert Wasser durch Risse in darunter liegende Gesteinsschichten. Es kommt mit dem heißen Magma in Kontakt und steigt als überhitztes Wasser – durch Auslaugung der umliegenden Gesteinsmassen beladen mit Mineralien – wieder auf. Abbildung 3.8b zeigt eine von Mineralen angereicherte hydrothermale Quelle, auch Schwarzer Raucher genannt. Trotz Temperaturen

a   b

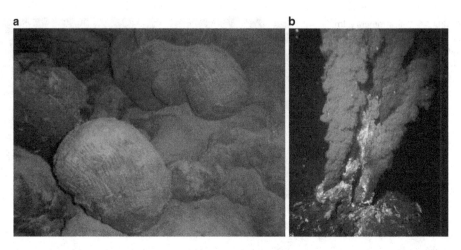

◘ **Abb. 3.8**   Vulkanische Eruptionen in der Tiefsee. **a** Kissenlava, **b** hydrothermale Quelle mit einem sogenannten Schwarzen Raucher (NOAA)

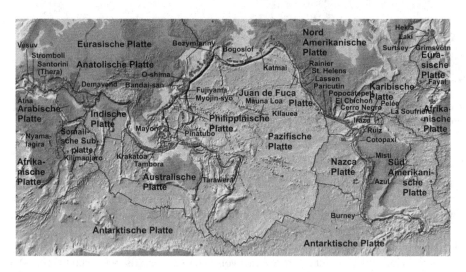

◘ **Abb. 3.9**   Verteilung aktiver Vulkane (Press et al. 2004)

bis zu 400 °C ist das Wasser in diesen hydrothermalen Quellen aufgrund des hohen Drucks in der Tiefsee noch flüssig.

Abbildung 3.9 zeigt die Verteilung aktiver Vulkane auf der Erde. Es besteht eine enge Korrelation mit Erdbebenorten und Plattengrenzen (Abb. 3.5). Ein Beispiel ist der *Feuerring*, eine große ununterbrochene Kette von Vulkanen, die den Pazifik umgibt und sich von Neuseeland über die Philippinen, Japan, die Kurilen und Aleuten bis in das westliche Nord- und Südamerika erstreckt. Es gibt jedoch auch eine Reihe von Vulkanen, die im Inneren von Platten auftreten, so die Hawaii-Vulkane.

3.4   Zusammensetzung von Erdkern und Erdmantel

Im interstellaren Medium, in Meteoriten, auf der Sonne, an der Erdoberfläche oder im menschlichen Körper treten die chemischen Elemente in sehr unterschiedlichen Häufigkeiten auf. In Abschn. 2.7.5 wurde beschrieben, dass die Zusammensetzung der chemischen Elemente auf der Erde von den CI-Chondriten herrührt. Sie entspricht damit den äußeren Regionen der Sonne und den metallreichen Sternen der Population I. Tabelle 3.2 liefert eine Auflistung der zwölf häufigsten Elemente auf der Sonnenoberfläche, in der Erdkruste und im Menschen in Prozent des jeweiligen Gesamtgewichts. Die unterschiedlichen Häufigkeiten sind durch ihre Entstehung und die selektiven Prozesse bei der Bildung der Planeten und Lebewesen bedingt. In Abschn. 1.10.4 wurde erläutert, dass im Weltall 20 min nach dem Urknall praktisch nur H und He auftraten, zusammen mit geringen Mengen von Deuterium, Li und Be (Abb. 1.22). Wie in Abschn. 2.3 ausgeführt, sind alle schwereren Elemente durch Kernfusion im Inneren von Sternen oder während Supernovaexplosionen aus diesen primordialen Elementen entstanden und in das interstellare Medium geliefert worden.

Entfernt man die bei der Akkretion zum Planeten verloren gegangenen leichtflüchtigen Bestandteile (HVE): H_2O, S, C, N etc. und trennt die Anteile an Fe, Ni, O und S ab, die für die Bildung des Erdkerns benötigt wurden, erhält man die ursprünglich vorhandene primitive Erdmantelzusammensetzung (Solares Modell) und wenn die bekannte Zusammensetzung der Erdkruste abgezogen wird, die heutige Erdmantelzusammensetzung (Tab. 3.3).

Obwohl er zu den unzugänglichsten Orten des Planeten zählt, kann die Zusammensetzung des Erdkerns leichter als die des Mantels bestimmt werden. Dies ist auf seine hohe Dichte zurückzuführen und darauf, dass Eisenmeteorite ziemlich gute Hinweise für die Bedingungen im Kern großer Planetesimale liefern (Abschn. 2.7). Von den sechs häufigsten gesteinsbildenden Elementen Si, Mg, Fe, S, Al und Ca, ist nur Fe häufig genug, um die hohe Dichte des Kerns zu erklären. Da die Dichte von Fe bei den bekannten Drücken aber 10 % höher als die beobachtete Kerndichte wäre, muss eine zehnprozentige Beimischung von leichteren Elementen vorhanden sein. Die Zusammensetzung der Eisenmeteorite mit einer Legierung von Fe und 5 % Ni kann hier nicht weiterhelfen, da Ni sogar noch dichter als Fe ist. Derzeit geht man von folgender Zusammensetzung des Kerns aus: 85 % Fe, 5,2 % Ni, 5,8 % O, 1,9 % S und 0,2 % C, aber kein Si (McDonough 1990, 2003).

3.5   Das Erdmagnetfeld und die Spreizung des Ozeanbodens

Der mittelatlantische Rücken ist eine schmale, meist unter Wasser liegende Gebirgskette im Atlantischen Ozean, die sich von 300 km südlich des Nordpols bis zur subantarktischen Bouvet-Insel erstreckt. Von dort geht er in den atlantisch-indischen Rücken und andere mittelozeanische Rücken über (Abb. 3.12). Er erhebt sich durchschnittlich etwa 3 km über dem Meeresboden; seine höchsten Berge sind Inseln, zu denen Island, Jan Mayen, die Azoren, Ascension und Tristan da Cunha gehören. Ein an manchen Stellen mehr als 2000 m tiefer Graben, in dem das Magma aus dem Erdmantel kommt, halbiert den Rücken in Längsrichtung. ^{238}U/^{230}Th-Datierungen zeigen, dass die Felsen des Rückens sehr jung sind, jedoch mit steigender Entfernung älter werden. Mithilfe von Magnetometern an Bord von Flugzeugen und Schiffen entdeckte man, dass sich auf beiden Seiten parallel zum Rücken symmetrische Streifen unterschiedlicher Magnetisierung bis auf große seitliche Entfernungen erstrecken (Abb. 3.10a). Die-

a

b

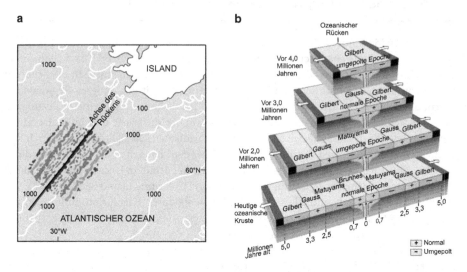

□ **Abb. 3.10** Magnetische Signaturen parallel zum mittelatlantischen Rücken. **a** Streifen von gleicher Magneti-sierung im Süden Islands, **b** Erzeugung von symmetrischen Magnetstreifen in unterschiedlichen magnetischen Epochen in den letzten 5 Mio. Jahren (USGS)

se lassen sich durch das Verhalten des Erdmagnetfeldes erklären, das durch Konvektion im flüssigen Kern unseres Planeten produziert wird. Das dipolförmige Erdmagnetfeld hat Ähnlichkeiten mit dem eines Stabmagneten, der im Erdmittelpunkt platziert ist (Abb. 3.11a). Das Feld eines solchen Magneten (einer Kompassnadel) ist in Abb. 3.11b dargestellt. Durch Bestäuben mit winzigen Eisenfeilspänen werden die Feldlinien sichtbar gemacht. Bei der Erde ist der Magnet um etwa 9° gegen die Rotationsachse geneigt, die durch den geographischen Nord- und Südpol verläuft (Abb. 3.11a). Da die konvektiven Bewegungen im flüssigen Erdkern stochastischer Natur sind, bleibt die magnetische Achse nicht fest, und ihre Austrittspunkte an der Erdoberfläche (magnetischer Nord- bzw. Südpol) sind in den letzten 100 Jahren um ca. 1000 km gewandert. Es verwirrt dabei, dass der in der nördlichen Hemisphäre befindliche magnetische Nordpol in Wirklichkeit der Südpol eines Stabmagneten ist (Abb. 3.11a). Dies ergibt sich aus der Festlegung, dass der nach Norden zeigende Teil einer Kompassnadel physikalisch als Nordpol definiert ist und die magnetischen Feldlinien sich stets vom Nordpol eines Magneten zu einem Südpol erstrecken (Abb. 3.11a, b).

Für die Plattentektonik sind zwei Eigenschaften des Erdmagnetfeldes besonders wichtig. Die Erste ist, dass die magnetischen Feldlinien an jedem Ort der Erdoberfläche in eine bestimmte vertikale und horizontale Richtung zeigen. Zum Zweiten bewirkt die stochastische Konvektion im flüssigen äußeren Erdkern gelegentlich eine komplette Umpolung des Magnetfeldes. Hierdurch kann eine bestimmte lokale Feldrichtung in unregelmäßigen Zeitspannen umgekehrt werden, die zwischen einigen Hunderttausenden bis zu vielen Millionen Jahren variieren. Da das heiße Magma aus den Gräben des mittelozeanischen Rückens magnetische Mineralien wie Magnetit enthält, wird in dem Augenblick, in dem es zu Basalt erstarrt, die momentane Magnetfeldrichtung eingefroren. Es entstehen Streifen mit gleichartiger Magnetisierung auf beiden Seiten des ozeanischen Spreizungsrückens (Abb. 3.10b). Durch Datierung

a

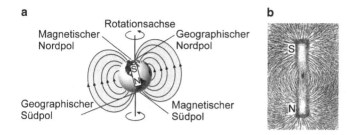

b

Abb. 3.11 **a** Erdmagnetfeld, **b** Magnetfeld eines Stabmagneten

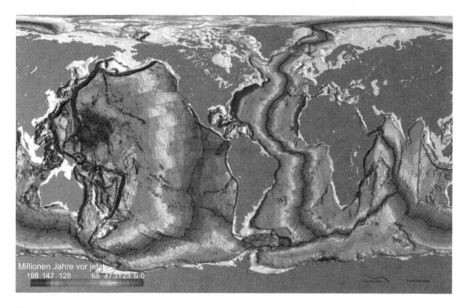

Millionen Jahre vor jetzt
198 147 128   68 47 31 23 6 0

Abb. 3.12 Entstehung der ozeanischen Kruste. *Dunkel*: Jura (180–145 Mio. Jahre), *grau*: Kreidezeit (145–65 Mio. Jahre), *weiß*: Paläozän bis Oligozän (65–23 Mio. Jahre) und *dunkelgrau*: Miozän bis zur Gegenwart (23–0 Mio. Jahre). *Schwarze Linien* markieren mittelozeanische Rücken (nach Müller et al. 1997)

der Gesteine des Meeresbodens lassen sich die Plattenbewegungen über geologische Zeiträume zurückverfolgen (Abb. 3.12) und die Aufspaltung der Kontinente dokumentieren. Solchen Karten kann man entnehmen, dass sich der Nordatlantik im Jura und der Südatlantik erst viel später, in der Kreidezeit, geöffnet haben.

3.6 Konvektion, Hotspots und Plattentektonik

Die Entdeckung der Lithosphärenplatten, ihrer starren Bewegungen und des Untertauchens untereinander sowie die Verteilung von andesitischen Vulkanen entlang der Plattengrenzen, weisen auf eine Art Konvektionsprozess hin, der im Erdmantel auftritt. Er wird von der großen Temperaturdifferenz zwischen der Erdoberfläche und dem ca. 5500 °C heißen Erdkern her-

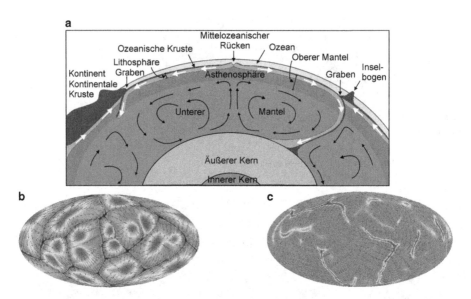

◘ Abb. 3.13   Konvektion im Erdmantel. **a** Überblick, **b** numerische Simulation: Strömungen in 135 km Tiefe (Geschwindigkeitspfeile), Temperaturen variieren zwischen 300 K und 1300 K (Walzer et al. 2003), **c** Erdoberfläche: Simulation mit einer verbesserten Behandlung der Viskosität und von Fließgrenzen (Walzer et al. 2004; Walzer und Hendel 2013)

vorgerufen. Antriebskraft ist dabei der Auftrieb, der in einem umgebenden dichteren Medium, leichteres, heißes Material nach oben bringt und schwereres, kaltes sinken lässt.

3.6.1 Mantelkonvektion

Da Erdkruste und Erdmantel polykristalline Festkörper sind, findet *Festkörperkonvektion* statt (die Verformung eines Festkörpers wird durch die Existenz von Schottky-Löchern, Frenkel-Defekten und Wanderungen der Korngrenzen zwischen den Kristallen ermöglicht). Abbildung 3.13a zeigt, wie die Mantelkonvektion (schwarze Pfeile) die aus quasistarren Platten bestehende Lithosphäre bewegt (weiße Pfeile). Jede Platte gleitet als Ganzes mit Geschwindigkeiten von einigen cm pro Jahr auf der Asthenosphäre des oberen Mantels und ist in bestimmten Fällen fähig, in diesen abzutauchen. Die *ozeanische Lithosphäre* besteht aus einer dünnen, etwa 7 km dicken Schicht ozeanischer Kruste aus gabbroischer und basaltischer Zusammensetzung und einer rund 60 km dicken festen Schicht aus ultramafischem Material. Dass die Lithosphäre auf der Asthenosphäre gleiten kann, ist auf die geringe Viskosität dieser 100–300 km dicken Schicht zurückzuführen, verursacht durch hohe Temperaturen und die vom Wasser bewirkte Schmelzpunkterniedrigung.

Die *kontinentale Lithosphäre* (Abb. 3.13a) besteht aus der festen, etwa 40 km dicken, kontinentalen Kruste, die aus Kontinenten und Inselbögen besteht und im oberen Teil aus felsischem Material aufgebaut ist. Darunter liegt eine umfangreichere 50–300 km dicke Schicht aus mafischem Material des oberen Mantels. Sie wird von der allgemeinen Mantelkonvektion mitgeführt. Die kontinentale Kruste kann aufgrund ihrer geringen Dichte jedoch nicht in den

Mantel abtauchen. Die Mantelkonvektion (schwarze Pfeile) und die Bewegungen der Platten (weiße Pfeile) bilden ein integriertes System. Neue ozeanische Platten werden an den mittelozeanischen Rücken erzeugt. Einige abtauchende ozeanische Platten sinken bis zu einer Tiefe von 660 km ab (Abb. 3.13a, links), bei der sie an der Grenze zum unteren Erdmantel gestoppt werden, um dann in unregelmäßigen Abständen zur Kern-Mantel-Grenze hinunterzufallen. Andere fallen direkt bis zur Kern-Mantel-Grenze hinab (Abb. 3.13a, rechts).

Neuerdings ist es möglich, numerische Simulationen der Mantelkonvektion einschließlich ihrer komplizierten Oberflächeneigenschaften durchzuführen. Abbildung 3.13b zeigt, dass in einer 135 km tiefen Schicht heiße Aufwärtsströmungen in Zellen auftreten, gepaart mit dünnen, kalten Abwärtsströmungen in den Mantel (Walzer et al. 2003). Wenn man ein viskoses Stoffgesetz mit Fließgrenzen (yield stresses) berücksichtigt, erhält man sowohl ein plattentektonisches Verhalten an der Oberfläche als auch flächige Abwärtsströmungen in größerer Tiefe (Abb. 3.13c; Walzer et al. 2004, Walzer und Hendel 2008, 2013). Als Fließgrenze wird die Höhe der Belastung bezeichnet, die ein Material tolerieren kann, bevor eine irreversible plastische Verformung einsetzt.

3.6.2 Plume-Konvektion

Zusätzlich zur Mantelkonvektion kommt die Plume-Konvektion (Hotspot-Konvektion) vor, die in engen, kaminartigen Strömungskanälen stattfindet (Abb. 3.14a). Bei der Plume-Konvektion, die unter den sogenannten Hotspots stattfindet, fließt Material vom unteren Mantel aus, aber meist auch die ganze Distanz von der Kern-Mantel-Grenze bis an die Erdoberfläche (Montelli et al. 2004). Das aufsteigende feste Material schmilzt, sobald es in die Regionen geringen Drucks nahe der Oberfläche gelangt, und erzeugt riesige Magmakammern, aus denen die Lava der Vulkane ausbricht. Auf der Erde existieren etwa 40 Hotspots, von denen einige große Inseln und Inselketten gebildet haben (Abb. 3.14b). Sie liegen an Plattengrenzen (im Atlantik z. B. Island, Azoren, Ascension, Tristan da Cunha), treten aber auch innerhalb von Platten auf wie die Kanarischen Inseln, Kapverdischen Inseln und St. Helena. Hawaii, Samoa und die Gesellschaftsinseln sind Beispiele für Intraplatten-Hotspots im Pazifik, ebenso alle Hotspots auf dem afrikanischen Kontinent. Einige produzieren Schildvulkane, während andere Schichtvulkane erzeugen. In den letzten 70 Mio. Jahren hat die Bewegung der pazifischen Platte über den Hawaii-Hotspot eine lange Spur von Inseln und Seebergen mit jetzt meist erloschenen Vulkanen auf dem Boden des Pazifischen Ozeans hinterlassen. Diese *Emperor-Seamount-Kette* erstreckt sich über rund 6000 km von Hawaii bis zum Aleutengraben vor Alaska, mit einem scharfen Knick vor 43 Mio. Jahren. Es ist nicht klar, ob diese Richtungsänderung mit der ungefähr gleichzeitig stattfindenden Kollision von Indien mit dem asiatischen Kontinent zusammenhängt oder nur bedeutet, dass Hotspots wandern können.

3.6.3 Plattengrenzen

An den Plattengrenzen ermöglichen drei Arten von Wechselwirkungen die Bewegung der festen Lithosphärenplatten (Abb. 3.15a): Transformstörungen, Grabenbrüche und Konvergenzen. *Transformstörungen* sind Spalten in der Lithosphäre, die erlauben, dass die Platten horizontal aneinander vorbeigleiten. Ein berühmtes Beispiel ist die San Andreas Falte in Kalifornien, an der sich die pazifische Platte, auf der Los Angeles liegt, mit einer Geschwindigkeit

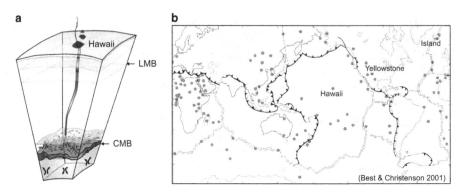

◘ Abb. 3.14   a Der Hotspot von Hawaii aufgrund einer Plume-Konvektion der Kern-Mantel-Grenze (CMB). LMB markiert die Grenze zwischen dem oberen und unteren Mantel (Garnero 2004), **b** Hotspots (*Punkte*) treten nicht nur an Plattengrenzen, sondern auch im Inneren von Platten auf (nach Best 2003)

von ca. 3,5 cm/Jahr in nordwestlicher Richtung entlang der Nordamerikanischen Platte verschiebt. *Grabenbrüche* wie der Mittelatlantische Rücken treten auf, wenn Platten sich voneinander wegbewegen; sie erlauben die Bildung neuer Erdkruste. Bei den *Konvergenzen*, bei denen sich tektonische Platten aufeinander zubewegen, unterscheidet man wiederum drei Typen (Abb. 3.15b–d). *Ozeanisch-ozeanische Konvergenzen* bezeichnen Vorgänge, bei denen ozeanische Lithosphärenplatten unter andere abtauchen und ozeanische Gräben und Inselbögen bilden (Abb. 3.15b). Letztere entstehen durch den Vulkanismus, der vom partiellen Schmelzen der untertauchenden Platten hervorgerufen wird. Beispiele sind der Japan- und Philippinengraben im Zusammenhang mit den japanischen und philippinischen Inseln. An diesen Stellen rutscht die Pazifische Platte unter die Eurasische bzw. Philippinische Platte. Die Gräben liegen in Tiefen bis zu 8400 bzw. 11.000 m unter dem Meeresspiegel. *Ozeanisch-kontinentale Konvergenzen* wie an der Westküste Südamerikas bestehen aus einer ozeanischen Lithosphäre, die unter eine kontinentale abtaucht (Abb. 3.15c). Hier entstehen ein ozeanischer Graben und eine Gebirgskette mit andesitischen Vulkanen (Anden).

Bei beiden Konvergenzen tritt das bereits erwähnte nasse Schmelzen auf, bei dem chemisch gebundenes Wasser die Schmelztemperatur des Gesteins erniedrigt. Die Schmelze wird aus der abtauchenden Platte herausgepresst und steigt durch den darüber liegenden Lithosphärenkeil zur Erdoberfläche auf (Abb. 3.15b, c). Man vermutet, dass nasses Schmelzen für die Einleitung des Abtauchprozesses der ozeanischen Platten von entscheidender Bedeutung ist (Regenauer-Lieb et al. 2001). Durch das Schmelzen tritt eine Differenzierung von Material mit niedriger und hoher Dichte ein: Leichte Gesteine steigen auf, während schwere unten bleiben. Das Ergebnis der Schmelzprozesse sind andesitische Vulkane, die Inselbögen hervorbringen oder auf den Kontinenten Küstengebirge bilden. Diese während der gesamten Erdgeschichte stattfindende Differenzierung leichter Gesteine ist der Grund dafür, warum die dauernd wachsende kontinentale Kruste eine viel geringere Dichte besitzt.

Der dritte Typ, die *kontinental-kontinentalen Konvergenzen* (Abb. 3.15d), haben z. B. durch den Zusammenprall der Indischen Platte mit der Eurasischen Platte die Himalayas geschaffen. Sie führen zu Episoden ausgedehnter Gebirgsbildung (Orogenese), die zustande kommen, weil die leichten kontinentalen Platten nicht untertauchen können. Die sich ursprünglich zwischen den kollidierenden Kontinenten befindende ozeanische Lithosphäre, sowie die beiden

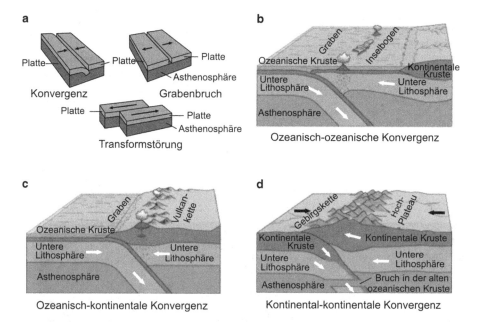

◻ Abb. 3.15 Grenzen von Lithosphärenplatten. **a** Typen von Plattengrenzen, **b** Ozeanisch-ozeanische Konvergenz, **c** Ozeanisch-kontinentale Konvergenz, **d** Kontinental-kontinentale Konvergenz (modifiziert USGS)

Kontinentalschelfe und Kontinentalhänge mit den darauf abgelagerten Sedimenten, werden zusammengedrückt und den Gebirgsketten hinzugefügt. Die bereits abgetauchten Teile der im Kollisionsgebiet befindlichen ozeanischen Platten brechen ab und versinken im Mantel (Abb. 3.15d). Aufgrund dieser Kompression sind Felsformationen, die eine Gebirgsbildung durchgemacht haben, häufig stark deformiert und enthalten metamorphe Gesteine.

3.7 Gebirgsbildung und die Entwicklung der Kontinente

Um die Proportionen von Land und Ozean abzuschätzen, muss man davon ausgehen, dass es auf der Erde nur eine begrenzte Menge Wasser gibt (Abschn. 2.8). Abbildung 3.16 zeigt für verschiedene Oberflächenregionen die Höhen über und unter dem Meeresspiegel. Bei vollständig eingeebneten Kontinenten würde das Land unter einem 3 km tiefen Meer versinken. Derzeit wird die Erdoberfläche zu 30 % von Land und 70 % von Ozeanen bedeckt. Die Landfläche hat seit dem Hadaikum und Archaikum erheblich zugenommen, da die Kontinente im Lauf der Erdgeschichte gewachsen sind. Allerdings spielt noch die Erosion von Gebirgen mit anschließender Sedimentation eine Rolle. Sie führt zu ausgedehnten Tiefebenen, die bei geringen Schwankungen der Meereshöhe (wenige 100 m) leicht überschwemmt werden können (Abb. 3.16). Meeresspiegelschwankungen können durch Anhebungen des Meeresbodens bei der Mantelkonvektion verursacht werden oder durch Vereisung (Eis wird auf den Kontinenten angehäuft und den Ozeanen damit Wasser entzogen). Das *Paleomap-Projekt* (Abbildung 3.17) bemüht sich um eine Rekonstruktion der Bewegungen der Kontinente in den letzten Milliarden Jahren (Scotese 2002). Es vereint alle zurzeit bekannten Indikatoren, die früheren

Abb. 3.16 Höhen oberhalb und unterhalb des Meeresspiegels von verschiedenen Regionen der Erde (modifiziert nach Lunine 1999)

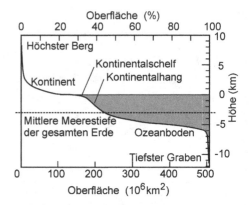

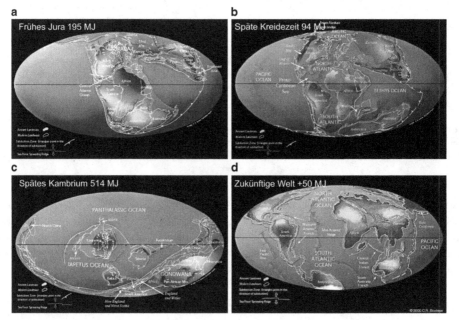

Abb. 3.17 Erdkarten aus dem Paleomap-Projekt. **a** Frühes Jura (vor 195 Mio. Jahren), **b** Oberkreide (vor 94 Mio. Jahren), **c** Spätes Kambrium (vor 514 Mio. Jahren), **d** Zukünftige Welt (in 50 Mio. Jahren) (Scotese 2002)

Positionen der Kontinente, fossile Magnetfeldrichtungen (Paläomagnetismus), Verteilungen von wärme- und kälteliebenden fossilen Pflanzen und Tieren (Paläobiogeographie), die Verteilung der arktischen Regionen und Wüsten (Paläoklimatologie) sowie Informationen über Spreizungszentren, alte Gebirgsbildungsepisoden (Orogenese) und Veränderungen des Meeresspiegels (tektonische und geologische Geschichte).

Im frühen Jura (vor 195 Mio. Jahren; Abb. 3.17a), hingen alle Kontinente zusammen und bildeten einen Superkontinent, *Pangäa*. Dieser ist dabei, in einen nördlichen Teil, *Laurasia*, mit Nordamerika und Eurasien und einen südlichen Teil, *Gondwana* zu zerbrechen. In der frühen Kreidezeit zerbrach Gondwana in Südamerika, Afrika, Indien, Australien und die Antarktis.

Vor 94 Mio. Jahren, in der späten Kreidezeit (Abb. 3.17b), hat sich der Südatlantik bereits geöffnet, während Indien sich noch in der südlichen Hemisphäre befindet und mit hoher Geschwindigkeit nach Norden strebt, um schließlich, vor ca. 50 Mio. Jahren, mit Asien zu kollidieren (Müller 2011). Blickt man zurück ins Kambrium (vor 514 Mio. Jahren; Abb. 3.17c) wird ersichtlich, dass der Prozess der Aufspaltung und Wiederverschmelzung der kontinentalen Kruste zu sehr ungewohnten geographischen Landmassen führt. Die Simulation der Plattentektonik kann auch auf die Zukunft ausgedehnt werden: in Abb. 3.17d ist die Verteilung der Kontinente in 50 Mio. Jahren zu sehen. Die hervorstechende Prognose ist die Kollision der Afrikanischen mit der Eurasischen Platte, die das Mittelmeer vernichten und ein riesiges Gebirge am südlichen Rande Europas erzeugen wird, das den Himalaya bei Weitem übertrifft.

Da dauernde Erosion selbst die größten Gebirge der Vergangenheit eingeebnet und als Sedimente auf den Kontinentalrändern abgelagert hat, könnte man vermuten, dass die kontinentale Landfläche mit der Zeit abnimmt. Das Gegenteil ist der Fall: Das Gesamtvolumen der Kontinente hat in den letzten 4 Mrd. Jahren im Durchschnitt um etwa 2 km^3 pro Jahr zugenommen, da alle drei Typen von Plattenkonvergenzen zum Wachstum beitragen. Bei der kontinental-kontinentalen Kollision werden die Sedimente zwischen den beiden Kontinenten und sogar ozeanische Kruste im Prozess der Gebirgsbildung komprimiert, gefaltet und in große Höhen emporgehoben. In der ozeanisch-kontinentalen Konvergenz erzeugt das nasse Schmelzen der untertauchenden ozeanischen Platte neues Gesteinsmaterial von geringer Dichte durch andesitische Vulkane. Aus denselben Gründen bilden die ozeanisch-ozeanischen Konvergenzen Inseln und Inselbögen, die bei späteren Plattenbewegungen mit den Kontinenten verschmelzen. Schließlich findet die Bildung der Flutbasalte aufgrund von Plume-Konvektion bei Hotspots statt. Konvergenzen, Grabenbrüche und die Plume-Konvektion tragen zu einem andauernden Prozess der Trennung von Gesteinsmaterial niedriger und hoher Dichte bei. Das leichtere Material, das dem Abtauchen widersteht, erhöht permanent die Masse der Kontinente.

Wie entwickeln sich die Kontinente und weshalb spalten sich Superkontinente wie Pangäa auf? Die Ursache scheint offenbar die Blockade des Wärmestroms bei der Mantelkonvektion durch die darüber liegenden ausgedehnten Landflächen zu sein, die Wärme schlecht leiten. Eine solche Blockade kann sich nicht lange halten, da die konvektive Aufwärtsströmung die Temperatur unter dem Superkontinent ständig erhöht und Teile davon anhebt, bis der Superkontinent an schwachen Stellen auseinanderbricht.

Nach maximaler Aufspaltung, und weil die Oberfläche des Erdballs beschränkt ist, begann eine umgekehrte Bewegung. Indien stieß mit Eurasien zusammen, Afrika wird mit Eurasien kollidieren und in etwa 250 Mio. Jahren deshalb ein neuer Superkontinent entstehen. Diese periodische Aufspaltung und Bildung von Superkontinenten, angetrieben durch die Mantelkonvektion, wird als *Wilson-Zyklus* bezeichnet. Zwei weitere Wilson-Zyklen lassen sich noch vor Pangäa rekonstruieren: die Superkontinente Rodinia (vor etwa 1,1 Mrd. Jahren) und Columbia (vor etwa 1,8 Mrd. Jahren) sowie möglicherweise ein weiterer vor 2,6 Mrd. Jahren (Press et al. 2004). Mit dem Maximum von Pangäa in der Trias (vor ca. 240 Mio. Jahren) ist ersichtlich, dass die Wilson-Zyklen im Bereich von 500–800 Mio. Jahren liegen. Da es keine ozeanische Kruste gibt, die älter als 180 Mio. Jahre ist (Abb. 3.12), kann diese Entwicklung nur durch das Studium der kontinentalen Kruste ermittelt werden.

Das Alter verschiedener kontinentaler Regionen ist in Abbildung 3.18 zu sehen. Die ältesten kontinentalen Kerne (Kratone), die ihre Identität in der Geschichte der Erde weitgehend erhalten haben, stellen Wachstumszentren dar. Laurentia (Nordamerika mit Grönland), südliches Afrika, Baltika, Westaustralien, Ostsibirien und Südamerika gewannen durch Ansammlung von jüngeren Landmassen ständig weiter an Größe. Aus ihrer Flächenverteilungen lässt sich

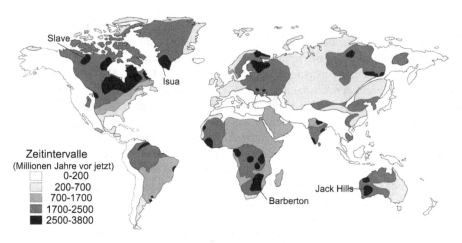

⬛ Abb. 3.18 Altersverteilung der kontinentalen Kruste (modifiziert nach Lunine 1999)

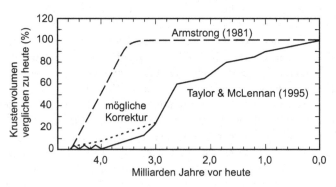

⬛ Abb. 3.19 Wachstum der kontinentalen Kruste mit der Zeit; nach verschiedenen Autoren (modifiziert nach Deming 2002)

das Wachstum der kontinentalen Kruste über die Zeit ableiten, wobei die Wachstumskurven der Frühzeit noch unsicher sind (Abb. 3.19).

3.8   Die Atmosphäre

3.8.1 Habitable Zone

Die Erde bot eine geeignete Umwelt für die Entstehung der Lebewesen und ihre Entwicklung bis hin zum Menschen. Wichtige Voraussetzungen waren sicherlich die Atmosphäre und die Ozeane, die das Leben schützen und überhaupt möglich machten, wie auch die Energie, etwa in Form von Sonnenlicht, das seit jeher als „Quelle des Lebens" betrachtet wird. Diese Bedingungen kann nur ein Planet erfüllen, der die richtige Masse besitzt, um eine Atmosphäre festhalten zu können und in der richtigen Entfernung um seine Sonne kreist.

▫ Abb. 3.20 Habitable Zonen und
Planetentypen bei verschiedenen
Sternen (nach Kasting et al. 1993)

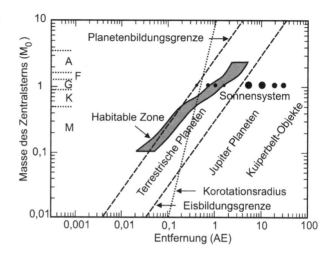

Leben findet man auf der Erde vor allem in einem Bereich zwischen den heißen Wüsten-
gebieten mit mittleren Jahrestemperaturen über 30 °C und den arktischen und antarktischen
Eiswüsten, in denen sie auf unter 0° abfallen. In diesem Bereich ändert sich der Strahlungsfluss der Sonne, d. h. die gelieferte Energie pro m^2 und Sekunde gerade einmal um die Hälfte.
Außer einigen wenigen Wärme- bzw. Kältespezialisten bevorzugt der Großteil der Lebewesen
offensichtlich einen sehr engen Energiebereich. In welchem Entfernungsbereich wäre Leben
möglich, wenn die Erde in einer anderen Distanz um die Sonne kreisen würde? Da die Sonneneinstrahlung mit dem Quadrat der Entfernung variiert, erstreckt sich dieser Bereich von
0,7–1,4 AE: In der Entfernung von 0,7 AE wäre der solare Strahlungsfluss gerade doppelt so
groß wie auf der Erde und bei 1,4 AE halb so groß. Diese *habitable Zone* erstreckt sich grob im
Bereich zwischen den Bahnen der Venus und des Mars. Da Sterne sich in ihrer Leuchtkraft und
Masse unterscheiden, liegen die habitablen Zonen dort in anderen Entfernungen (Tab. 3.5). Die
habitablen Zonen anderer Sterne (Abb. 3.20, grau) fallen mit Ausnahme einiger M-Sterne in
etwa mit dem Bereich der terrestrischen Planeten zusammen.

3.8.2 Planetenmasse und das Festhalten der Atmosphäre

Von den terrestrischen Planeten mit Massen bis zu ca. 13 M_E (Jupiterkern) sind nicht alle für
Leben geeignet. Bei zu großer Masse wachsen sie schnell zu Gasplaneten heran (Abschn. 2.8),
bei zu kleiner Masse können sie keine Atmosphäre festhalten. Durch Verdunstung würden solche Planeten ihre Ozeane verlieren und eine lebensfeindliche Oberfläche wie auf dem Mond
zurücklassen. Dies bedeutet nicht, dass unter außergewöhnlichen Umständen ein Ozean nicht
doch beibehalten werden könnte. Weit außerhalb der habitablen Zone, beim Jupitermond Europa, könnte ein Ozean mit primitivem Leben unter einer Eisoberfläche existieren.

Zwei charakteristische Geschwindigkeiten sind wichtig, um eine Atmosphäre festzuhalten:
die *Fluchtgeschwindigkeit* des Planeten und die *thermische Geschwindigkeit* der atmosphärischen Gase. Wenn ein kleiner sich langsam bewegender Gesteinsbrocken in die Nähe eines Planeten käme, würde er dessen Anziehungskraft spüren und beginnen, auf ihn hinabzustürzen. Je
mehr er sich dem Planeten nähert, desto größer wären Anziehungskraft und Beschleunigung.

◻ Tab. 3.4 Masse, Radius und Fluchtgeschwindigkeit v_{esc} für verschiedene Planeten und den Mond

	Masse	Masse	Radius	v_{esc}
	(kg)	(M_E)	(km)	(km/s)
Erde	$6{,}0 \times 10^{24}$	1	6378	11,2
Merkur	$3{,}3 \times 10^{23}$	1/20	2440	4,3
Venus	$4{,}9 \times 10^{24}$	0,8	6052	10,4
Mond	$7{,}4 \times 10^{22}$	1/81	1375	2,4
Mars	$6{,}4 \times 10^{23}$	1/10	3395	5,0
Ceres	$1{,}0 \times 10^{21}$	1/6000	450	0,54

◻ Tab. 3.5 Spektralklasse, effektive Temperatur T_{eff}, Leuchtkraft, Lebensdauer, stellare Häufigkeit, habitable Zone und Korotationsradius von Hauptreihensternen (Landolt-Börnstein 1982)

Spektral-klasse	T_{eff}	Stellare Leuchtkraft	Stellare Lebensdauer	Stellare Häufigkeit	Habitable Zone	Korotations-Radius
	(K)	(L_0)	(J)	(%)	(AE)	(AE)
O6V	41.000	$4{,}2 \times 10^5$	10^6	4×10^{-5}	450–900	1,9
B5V	15.400	830	8×10^7	0,1	20–40	1,1
A5V	8200	14	1×10^9	0,7	2,6–5,2	0,8
F5V	6400	3,2	4×10^9	4	1,3–2,5	0,7
G5V	5800	1	2×10^{10}	9	0,7–1,4	0,6
K5V	4400	0,15	7×10^{10}	14	0,3–0,5	0,5
M5V	3200	$1{,}1 \times 10^{-3}$	3×10^{11}	72	0,07–0,15	0,4

Kurz bevor er auf die Planetenoberfläche aufschlägt, würde er seine Höchstgeschwindigkeit erreichen. Diese wird Fluchtgeschwindigkeit v_{esc} genannt, weil ein Objekt von der Planetenoberfläche auf genau diese Geschwindigkeit beschleunigt werden muss, um das Schwerefeld des Planeten zu verlassen. v_{esc} hängt nicht von der Größe des Objekts ab, sondern nur von Masse und Radius des anziehenden Körpers. Tabelle 3.4 zeigt die Fluchtgeschwindigkeiten v_{esc} einiger Planeten und des Mondes.

Zum Verständnis der thermischen Geschwindigkeit denke man sich, dass der Mond durch einen Meteoriteneinschlag vorübergehend eine dünne Atmosphäre erhalten hätte. Wegen der intensiven Strahlung der Sonne würde die Temperatur der Atmosphäre auf der Tagseite des Mondes Werte bis 117 °C erreichen. Die atmosphärischen Gasteilchen bewegen sich dabei in alle Richtungen mit der sogenannten *Maxwellschen Geschwindigkeitsverteilung*, die in Abb. 3.21 für Wasserstoffmoleküle mit dieser Temperatur gezeigt ist. Die Variation um eine *mittlere thermische Geschwindigkeit* von $v_{th} = 1{,}8$ km/s rührt daher, dass die Moleküle zusammenstoßen und dadurch langsame und schnelle Teilchen erzeugt werden. Alle Gaskomponenten in der Atmosphäre zeigen eine derartige Verteilung, die nur von der Temperatur und Masse der Moleküle abhängt. Die leichtesten Teilchen, H_2, besitzen die höchste Geschwindigkeit v_{th}, während Stickstoffmoleküle, N_2 (mit $v_{th} = 0{,}5$ km/s), langsamer sind. Ein winziger Bruchteil der Moleküle (etwa 3×10^{-12} einer Molekülsorte) kann sich sogar mit einer Geschwindigkeit von mehr als $5v_{th}$ bewegen, das heißt 9 km/s für H_2 und 3 km/s für N_2.

Da ein beträchtlicher Teil der H_2- und N_2-Moleküle Geschwindigkeiten besitzt, die größer als die Fluchtgeschwindigkeit von $v_{esc} = 2{,}4$ km/s des Mondes sind (Abb. 3.21, Tabelle 3.4), kön-

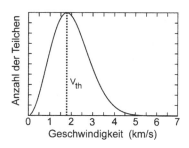

Abb. 3.21 Maxwell-Geschwindigkeitsverteilung um die mittlere thermische Geschwindigkeit v_{th} eines Gases aus Wasserstoffmolekülen bei einer Temperatur von 117 °C

nen sie den Mond verlassen und in den Weltraum entweichen. Durch Zusammenstöße werden aber immer wieder neue schnelle Teilchen erzeugt, sodass es nicht lange dauern würde, bis die gesamte Atmosphäre in den Weltraum verdampft ist. Wenn deshalb die Masse eines Planeten so klein wäre wie die des Mondes, mit $1/81 \, M_E$ (Tab. 3.4), würde dieser Körper keine Atmosphäre oder Ozeane festhalten können.

3.9 Lebensdauer der Sterne

Die richtige Masse zu besitzen und in einer habitablen Zone um einen Stern zu kreisen, sind nicht die einzigen Voraussetzungen für einen Planeten, um als Sitz von höherem Leben in Frage zu kommen. Der Stern, um den der Planet kreist, muss auch eine ausreichende Lebensdauer haben. Da die Vor-Hauptreihenentwicklung eines Sterns kurz ist, kann man sein Lebensdauer grob als die Zeit ansehen, die er im Hauptreihenstadium verbringt (Abschn. 2.3), bevor das Rote-Riesen-Stadium das Leben auf einem Planeten unmöglich macht. Die Lebensdauer verschiedener Sterntypen wird in Tab. 3.5 angegeben. Massereiche O-Sterne verbrauchen große Mengen an Energie und haben daher nur eine kurze Lebensdauer von etwa 1 Mio. Jahren. G2-Sterne, wie unsere Sonne, leben etwa 12 Mrd. Jahre. Da die Sonne (zusammen mit der Erde und den anderen Planeten) vor ca. 4,6 Mrd. Jahren entstanden ist, hat sie jetzt etwa die Hälfte ihrer Lebenszeit erreicht. Die wahren Meister einer wirtschaftlichen Verwendung von Energie sind M-Sterne, die bis zu 300 Mrd. Jahre leben können. Da unsere Form von Leben 4 Mrd. Jahre an Entwicklungszeit benötigte, kommen nach Tab. 3.5 also nur Sterne der Spektralklassen G bis M in Frage.

3.10 Gezeitenwirkungen auf die Planeten

Eine wesentliche Hürde für die Entstehung und Entwicklung von Leben auf Planeten stellen auch die Gezeitenkräfte dar, die Sterne auf ihre Planeten ausüben. Sie treten auf, weil die Gravitationskraft mit der Entfernung variiert. Auf der Erde ruft der Mond die größten Gezeiten hervor. Abbildung 3.22 zeigt (übertrieben) die verschiedenen Kräfte, die vom Mond auf die Erde ausgeübt werden. Da die Gravitationskraft sich mit dem Quadrat des Abstands ändert, ist sie (Abb. 3.22, gepunktet) auf der Seite der Erde, die dem Mond am nächsten liegt, viel stärker. Im Erdzentrum ist sie kleiner und auf der anderen Seite der Erde noch kleiner. Mond und Erde kreisen um den gemeinsamen Schwerpunkt des Erde-Mond-Systems. Die dabei auftretenden Fliehkräfte verhindern, dass die beiden Körper ineinander stürzen. Diese Fliehkräfte (gestrichelt) sind überall auf der Erde gleich groß und halten die Gravitationskräfte im Gleichgewicht.

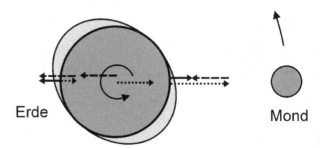

▣ Abb. 3.22 Flutwellen auf der Erde, die vom Mond erzeugt werden. Gezeitenkräfte sind durch *ausgezogene Pfeile* angegeben. Gravitationskräfte sind *gepunktet* und Fliehkräfte *gestrichelt* dargestellt

Subtrahiert man Flieh- und Gravitationskräfte voneinander, heben sich diese im Erdmittelpunkt genau auf. Sie produzieren aber auf der nahen und fernen Seite der Erde die sogenannten Gezeitenkräfte (Abb. 3.22, ausgezogene Pfeile), die die Ozeane und Landmassen in entgegengesetzte Richtungen relativ zum Erdmittelpunkt ziehen. Da die Reaktion der Ozeane auf die Gezeitenkräfte – d. h. der Aufbau der Flutwelle – Zeit benötigt, hinkt der Höhepunkt dieser Welle der Richtung zum Mond hinterher.

Die Verformung des Bodens und die Verlagerungen des Wassers in den Ozeanen verbrauchen Rotationsenergie. Dadurch verlangsamt sich die Erdrotation (Gezeitenreibung) und der Abstand des Mondes vergrößert sich wegen der Drehimpulserhaltung. Dies führte, wie bereits erwähnt (Abschn. 3.1.1), zu einer Verlangsamung der Rotationszeit der Erde. Wegen der größeren Sonnenentfernung sind die von der Sonne auf die Erde ausgeübten Gezeitenkräfte schwächer; bei kleinerer Entfernung wären sie erheblich stärker. Es gibt eine Distanz (*Korotationsradius*), bei der im Verlauf von einigen Milliarden Jahren die Gezeitenreibung der Sonne die Rotationsdauer eines Planeten so sehr vermindert, dass sie genauso lang wie die Bahnumlaufzeit wird und der Planet seiner Sonne immer die gleiche Seite zuwendet. Auf Planeten, die eine Umlaufbahn innerhalb dieses Korotationsradius besitzen, muss man deshalb extreme Wetterbedingungen erwarten. Eine Seite würde dauernd erhitzt, die andere ständig im Dunkeln liegen. Ohne einen besonders effizienten Wärmeaustausch durch eine atmosphärische und ozeanische Zirkulation würde sich das gesamte Wasser als Eis auf der Rückseite des Planeten niederschlagen; es könnte dann kein Leben auf ihm existieren.

Betrachtet man in Tab. 3.5 die Korotationsradien für die verschiedenen Sterne (auch Abb. 3.20, gestrichelt), ist zu sehen, dass die habitablen Zonen für K- und M-Sterne zum Teil weit innerhalb dieser Radien liegen. Ohne effiziente Wärmezirkulation könnte sich bei solchen Sterntypen kaum Leben entwickeln. Bei ca. 90 % aller Sterne ist es daher wenig wahrscheinlich, Planeten zu finden, auf denen sich Leben entwickelt (Tab. 3.5). Nur G-Sternsysteme wie unser Sonnensystem – und vielleicht einige K-Stern-Systeme – dürften für Leben geeignet sein. Sie sind langlebig genug und ihre in habitablen Zonen kreisenden Planeten würden keine extremen Gezeiteneffekte erleiden.

3.11   Sonnenleuchtkraft und die kontinuierlich habitable Zone

Außer den bereits erwähnten statischen Bedingungen, die ein erdähnlicher Planet erfüllen muss, treten sowohl bei Sonne wie den Planeten lebensbedrohende zeitabhängige Effekte auf. Während sich die Leuchtkraft der Sonne seit über 4,6 Mrd. Jahren steigerte und sich die habitable Zone dadurch nach außen bewegte, hat sich der Abstand der Planeten nicht verändert. Um dauerhaft in der habitablen Zone zu bleiben, muss deshalb ein Leben tragender Planet

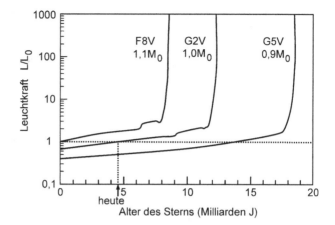

Abb. 3.23 Hauptreihen-entwicklung der Leuchtkräfte sonnenähnlicher Sterne (nach Bressan et al. 1993)

in einer engeren Zone kreisen. Abbildung 3.23 zeigt die Leuchtkraft unserer Sonne (1,0 M_0, Spektraltyp G2 V) im Laufe der Entwicklung von der Hauptreihenphase bis ins Rote-Riesen-Stadium. Die Leuchtkraft L ist in Einheiten der heutigen Sonnenleuchtkraft L_0 angegeben; die Zeit ist vom Beginn der Hauptreihenphase (ZAMS, Abschn. 2.2) an gerechnet. Zusätzlich werden die Entwicklungen massereicherer und masseärmerer Sterne angegeben. Man sieht, dass die Lebensdauer stark von der Sternmasse abhängt und zu Beginn der Hauptreihenphase vor 4,6 Mrd. Jahren die Sonne nur 65 % so leuchtkräftig war wie heute.

Der Abstand der habitablen Zone variiert mit der Leuchtkraft L wie $L^{1/2}$, d. h., dass eine heute zwischen 0,7 und 1,4 AE liegende habitable Zone zu Beginn der Hauptreihenphase zwischen 0,56 und 1,13 AE lag. In den letzten 4,6 Mrd. Jahren kreisen daher nur solche Planeten immer in einer habitablen Zone, die Bahnen zwischen 0,7 und 1,13 AE besitzen. Dieser engere Bereich wird als *kontinuierlich habitable Zone* (CHZ) bezeichnet. Die angegebenen Grenzen der CHZ lassen sich noch genauer bestimmen, wenn bei Planeten auftretende zeitabhängige Instabilitäten berücksichtigt werden. Die wahre kontinuierlich habitable Zone ist deshalb noch wesentlich enger (Abschn. 3.16). In 7 Mrd. Jahren (Abb. 3.23) wird die Sonne die Hauptreihenphase verlassen und mit einem raschen Anstieg zum Rote-Riesen-Stadium das 3000-Fache ihrer heutigen Leuchtkraft erreichen. Dann wird Leben auf der Erde nicht mehr möglich sein.

3.12 Instabilitäten der Planetenatmosphären

Durch chemische und biologische Prozesse können erhebliche Instabilitäten der Planetenatmosphären auftreten, die die Bewohnbarkeit von Planeten vermindern oder unmöglich machen. Prinzipiell gibt es zwei Gefahren: *irreversible Vereisung* und *irreversibler Treibhauseffekt*. Gefährlich sind auch starke klimatische Veränderungen aufgrund von *Rotationsachsenneigungen*, die durch die gravitativen Wechselwirkungen zwischen den Planeten verursacht werden können.

Die frühe Atmosphäre der Erde bestand wahrscheinlich aus einer Mischung von Stickstoff, Kohlendioxid, Methan und Wasserdampf (Abschn. 3.1.3). Die letzteren drei Treibhausgase absorbieren infrarotes Licht, was einen Treibhauseffekt hervorrufen kann. In Abb. 3.24 fällt Sonnenlicht (gestrichelt) mit einer typischen Wellenlänge von 500 nm (dem Maximum des Lichtspektrums eines G-Sterns) auf die Oberfläche eines Planeten und wird absorbiert. Der

◘ Abb. 3.24 Treibhauseffekt, sichtbare und infrarote Strahlung

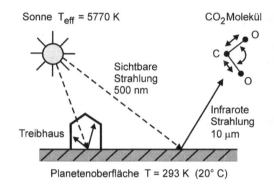

Boden erwärmt sich und strahlt seinerseits bei einer Oberflächentemperatur von 20 °C mit einer Wellenlänge von 10 μm im infraroten Spektralbereich (Abb. 3.24, durchgezogen). Diese Wärmestrahlung wird jedoch von den Gasmolekülen der atmosphärischen Treibhausgase absorbiert, bei denen sie Schwingungen und Rotationen anregt und die Temperatur der Atmosphäre erhöht. Es entsteht ein Treibhauseffekt, bei dem die erzeugte Wärme gefangen bleibt – wie in einem Treibhaus, dessen Glas für Infrarotstrahlung undurchlässig ist (Abb. 3.24).

3.12.1 Der Carbonat-Silicat-Zyklus

Die Erde besitzt große Mengen an Wasser, in dem sich atmosphärisches Kohlendioxid lösen und Kohlensäure bilden kann: $CO_2 + H_2O \rightarrow H_2CO_3$. Diese Säure verwittert Silicatgestein, das hauptsächlich aus $CaSiO_3$ besteht; es bildet sich Calciumcarbonat (Kalk, $CaCO_3$), das als Festkörper ausfällt. Dadurch werden große Mengen an CO_2 aus der Atmosphäre herausgenommen und durch die Flüsse in Form von Kalk auf dem Meeresgrund abgelagert. Ohne ein Wiederauffüllen des atmosphärischen Kohlendioxids würde in etwa 60 Mio. Jahren das gesamte CO_2 aus der Atmosphäre entfernt sein (Lunine 1999). Die Plattentektonik liefert jedoch einen wichtigen Regenerationsprozess, durch den der Meeresboden zusammen mit dem Kalk in den Erdmantel abtaucht. Dort schmilzt und zersetzt sich das Calciumcarbonat und das freigesetzte CO_2 wird über Vulkane wieder in die Atmosphäre zurückgegeben. Dieser Carbonat-Silicat-Zyklus beruht auf der Verfügbarkeit von flüssigem Wasser. Zusammen mit dem biologischen Kreislauf, in dem CO_2 durch die Photosynthese aufgenommen und anschließend durch die Atmung wieder zurückgegeben wird, reguliert der Carbonat-Silicat-Zyklus die Menge an Kohlendioxid in der Atmosphäre und bestimmt damit das Ausmaß des Treibhauseffekts. Der Zyklus hängt stark von der Temperatur ab. Die Effizienz der Verwitterung ist bei niedrigen Werten reduziert. Das heißt lange Perioden kalten Klimas führen durch reduzierte Kalkbildung zu einem Wachstum an atmosphärischem CO_2, was wiederum den Treibhauseffekt verstärkt und die Temperatur erhöht. Der Carbonat-Silicat-Zyklus wirkt also als ein Thermostat.

3.12.2 Irreversibler und feuchter Treibhauseffekt

Erreicht die Oberflächentemperatur eines Planeten die für die Bildung von flüssigem Wasser notwendigen tiefen Werte nicht, findet weder eine Verwitterung der Gesteine noch die an-

◘ Tab. 3.6 Die Albedo, das Reflexionsvermögen verschiedener terrestrischer Materialien

Material	Albedo (%)
Ozean	4
Felsen	15
Wolken	52
Eis	70

schließende Entfernung von CO_2 aus der Atmosphäre durch Carbonatbildung statt. Je mehr CO_2 sich in der Atmosphäre durch Ausgasung der Vulkane sammelt, desto stärker wird der Treibhauseffekt und desto höher steigt die Temperatur. Die einzelnen Prozesse verstärken sich; es kommt zum *irreversiblen Treibhauseffekt*. Ein Opfer ist hier die Venus, die bei einer Oberflächentemperatur von 460 °C eine sehr dichte CO_2-Atmosphäre besitzt. Man nimmt an, dass in der Frühzeit des Sonnensystems – als die Sonnenleuchtkraft noch reduziert war – dieser Planet nicht nur eine wesentlich geringere Oberflächentemperatur hatte, sondern auch Wasser besaß. Sein Verschwinden wird auf den *feuchten Treibhauseffekt* zurückgeführt. Wenn die Oberflächentemperatur eines Planeten aufgrund des Wachstums der Sonnenleuchtkraft ansteigt, erzeugen die heißen Ozeane große Mengen an Wasserdampf, welche die H_2O-Konzentration in der hohen Atmosphäre, der Troposphäre und Stratosphäre vergrößert. Dort werden H_2O-Moleküle von der solaren UV-Strahlung aufgespalten und Wasserstoff entweicht (Photolyse des Wassers). Es können große Mengen an Wasser verloren gehen, sodass schließlich auch die Ozeane verdampfen und ein irreversibler Treibhauseffekt auf CO_2-Basis eintritt.

Rechnungen von Kasting et al. (1993) zeigen, dass dieser Prozess beginnt, wenn die mittlere globale Oberflächentemperatur Werte von etwa 67 °C erreicht. Für diese Temperatur und den heutigen solaren Strahlungsfluss ermittelten die Autoren eine Entfernung von 0,95 AE als innere Grenze der habitablen Zone. Dieser Wert ist viel größer als der oben erwähnte von 0,7 AE, bei dem Instabilitäten nicht berücksichtigt wurden. Die Revision der inneren Grenze der habitablen Zone (und auch der CHZ) bedeutet, dass die Leuchtkraft der Sonne nur noch um weitere 11 % anwachsen darf, bis diese Grenze die Umlaufbahn der Erde erreicht und hier ein feuchter Treibhauseffekt beginnt. Die Menschheit hat also nur noch etwa 1 Mrd. Jahre Zeit, bevor die Erde unbewohnbar wird.

3.12.3 Irreversible Vereisung

Eine zweite Instabilität, die einen Planeten bedrohen kann, ist die irreversible Vereisung. Tabelle 3.6 zeigt die Albedo, das Reflexionsvermögen von verschiedenen terrestrischen Materialien. Wolken und Eis besitzen eine hohe, Felsen eine niedrige und Ozeane eine sehr niedrige Albedo. Nehmen wir an, dass an einem bestimmten Ort auf der Planetenoberfläche die Temperatur so niedrig wird, dass sich Eis bildet. Eis hat eine sehr hohe Albedo; der Hauptteil der einfallenden Sonnenstrahlung wird zurück in den Weltraum reflektiert (Abb. 3.25) und die Erwärmung des Planeten an dieser Stelle reduziert. Zusätzlich verliert das Gebiet Energie durch Infrarotstrahlung, die Oberflächentemperatur sinkt, wodurch sich mehr Eis bildet etc.

Im Prinzip kann eine solche Instabilität immer weiter voranschreiten, bis die ganze Planetenoberfläche gefroren ist. Die Eisschilde der irdischen Polarregionen würden einem solchen Prozess folgen, wären da nicht die atmosphärischen Zirkulationen und Meeresströmungen aus

Abb. 3.25 Die Reflexion von Sonnenlicht durch das Eis verhindert die Erwärmung

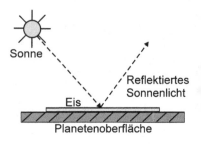

wärmeren Regionen, die dieser Kühlungsinstabilität entgegenwirkten. Für Planeten, bei denen die Temperaturen der heißesten Regionen kaum über den Gefrierpunkt ansteigen, könnten allerdings irgendwann die globalen Wärmeströme unzureichend werden, was zu einem kompletten Gefrieren des Planeten führen würde. Diese *irreversible Vereisung* ist vermutlich auf dem Mars eingetreten. Sie hängt von der Sonneneinstrahlung ab und legt die äußere Grenze der habitablen Zone fest. Durch den Carbonat-Silicat-Zyklus könnte eine komplette Vereisung im Prinzip vermieden, oder durch Vulkanismus sogar wieder aufgehoben werden, d. h. durch einen verstärkten Treibhauseffekt als Folge des Wachstums der CO_2-Konzentration. Aber auch diese Erwärmung erreicht einen Grenzwert, wenn umfangreiche CO_2-Wolken erscheinen, die aufgrund ihrer hohen Albedo dem Treibhauseffekt entgegenwirken. Die CO_2-Wolkenbildung markiert somit eine äußere Begrenzung der habitablen Zone, die heute bei 1,67 AE vermutet wird (Williams 1998).

Auf dem Mars kam es offenbar zu einer irreversiblen Vereisung, weil er nur ein Zehntel der Masse der Erde besitzt und in seinem Kern daher eine viel geringere Wärmemenge vorhanden war. Dies führte zu einer schnelleren Auskühlung. Dadurch kam vor ca. 3 Mrd. Jahren der Vulkanismus zum Erliegen, und der Nachschub an Treibhausgasen wurde gestoppt (Hartmann et al. 2005). Da auf dem Mars keine globale Eisbedeckung beobachtet wird, stellt sich die Frage, wohin die Eismengen verschwunden sind, die man von seiner näher an der Eisbildungsgrenze liegenden Bahn erwarten müsste. Dies erklärt sich offenbar mit der Photolyse des Wassers durch die solare UV-Strahlung sowie dem Wegfall des Marsmagnetfeldes vor 4 Mrd. Jahren. Fehlt dieses Feld, kann der Sonnenwind in die Hochatmosphäre des Planeten eindringen und sie fortreißen. Beide Effekte hängen mit der geringen Masse des Planeten zusammen, die zu einer kleineren Fluchtgeschwindigkeit führte und den flüssigen Marskern schnell erstarren ließ. Dies stoppte den magnetischen Dynamo, der das Magnetfeld produzierte.

3.13   Achsenvariationen der Planeten

Eine weitere atmosphärische Instabilität könnte aus der Variabilität der Rotationsachsenneigung eines Planeten gegen seine Bahnebene erwachsen. Die Rotationsachse der Erde hat eine Neigung von 23,5° gegen die Erdbahnachse, d. h. die Achse der Bahnbewegung der Erde um die Sonne (Abb. 3.26). Die Bahnachsen der Planeten besitzen nur eine geringe Neigung gegen die Erdbahnachse (Tab. 3.7). Mit Ausnahme des Uranus sind die Rotationsachsen der Planeten ungefähr parallel (bzw. antiparallel bei Venus) zu ihren Bahnachsen ausgerichtet. Die Abweichung bei Uranus ist vermutlich durch eine riesige Kollision bei der Planetenbildung entstanden.

◻ Tab. 3.7 Abstand zur Sonne (große Halbachse) *a*, die Bahn- und Rotationsperioden (in Jahren, Tagen, Stunden) sowie die Neigungen der Bahn- und Rotationsachsen der Planeten des Sonnensystems (nach Allen 1973)

Planet	a (AE)	a (10⁶ km)	Bahn-periode	Rotations-periode	Bahnachsen-neigung	Rot.-Achsen-neigung
Merkur	0,387	57,9	88,0 T	59 T	7,0°	28°
Venus	0,723	108,2	224,7 T	−244 T	3,4°	177°
Erde	1,000	149,6	365,3 T	23,9 Std		23,5°
Mars	1,524	227,9	687,0 T	24,6 Std	1,9°	24,0°
Jupiter	5,203	778,3	11,86 J	9,8 Std	1,3°	3,1°
Saturn	9,539	1427	29,46 J	10,2 Std	2,5°	26,7°
Uranus	19,18	2870	84,01 J	10,8 Std	0,8°	97,9°
Neptun	30,06	4497	164,8 J	15,8 Std	1,8°	28,8°

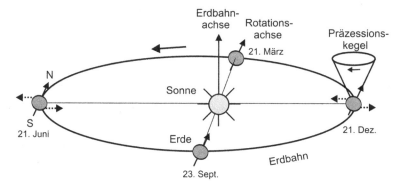

◻ Abb. 3.26 Umlaufbahn der Erde um die Sonne, Bahn- und Rotationsachsen und der Präzessionskegel

Die Rotationsachsenneigung eines Planeten ist für die Jahreszeiten verantwortlich (Abb. 3.26). In der nördlichen Hemisphäre neigt sich während des Sommers die Rotationsachse in Richtung Sonne, was dieser Hemisphäre mehr Licht bringt, während im Winter sich das Gegenteil ereignet. Weil die Erde keine perfekte Kugel ist, sondern einen Äquatorwulst besitzt, versuchen die Gravitationskräfte der Sonne, diese ringförmige Ausbeulung in die Bahnebene zu kippen (Abb. 3.26, gepunktete Pfeile). Die Rotationsachse weicht diesem sogenannten Drehmoment aus. Sie ist gezwungen, auf dem gezeigten Präzessionskegel in angedeuteter Weise (Spinpräzession) um die Bahnachse zu rotieren (in 26.000 J). Darüber hinaus ist die Erdbahnachse Änderungen unterworfen, die durch die Gravitationskräfte, vor allem des Jupiters, ausgeübt werden (Bahnpräzession).

Durch den bereits bei den Kirkwood-Lücken (Abschn. 2.4.4) erwähnten Schiffschaukeleffekt (Spin-Bahn-Resonanz) kann die Neigung der Rotationsachse erheblich verändert werden. Laskar und Robutel (1993) sowie Williams (1998) ermittelten bei numerischen Simulationen, dass Neigungswinkel bis zu 60° beim Mars und bis zu 85° bei einer Erde ohne Mond auftreten können. Der Mond stabilisiert allerdings effizient den Neigungswinkel der Erdachse. Bei der Venus kam die retrograde Rotation wahrscheinlich durch eine 180°-Umklappung zustande (Correia und Laskar 2001).

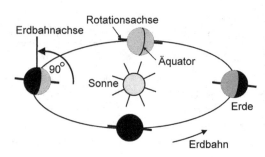

◘ Abb. 3.27 Eine hypothetische Erde umkreist die Sonne mit einer Rotationsachsenneigung von 90°

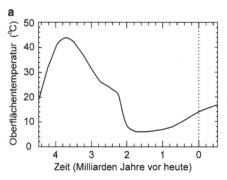

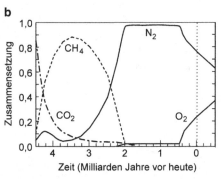

◘ Abb. 3.28 Modellrechnung der zeitlichen Entwicklung der mittleren Temperatur (**a**) und der atmosphärischen Zusammensetzung (**b**) für die Erde (Hart 1978)

Könnten große Neigungswinkel für einen Planeten zu einer drastischen Destabilisierung des planetaren Klimas führen? Detaillierte Simulationen von Williams (1998) für den in Abb. 3.27 gezeigten Fall mit einem Neigungswinkel von 90° haben gezeigt, dass äquatoriale Vereisungen und heiße Polregionen aufträten, was jedoch für das Leben keine Bedrohung darstellen würde.

3.14   Biogene Auswirkungen auf die Atmosphären

Unstrittig ist, dass biogene Effekte die Entwicklung von Planetenatmosphären beeinflusst haben. Photosynthetische Bakterien erzeugen als Abfallprodukt Sauerstoff. In den ersten 2 Mrd. Jahren diente er auf der Erde dazu, Eisen im Meerwasser zu oxidieren, später auch um die Atmosphäre zu bereichern und das Treibhausgas Methan zu zerstören. Abbildung 3.28 zeigt eine Simulation der zeitlichen Entwicklung der Erdatmosphäre über 5 Mrd. Jahre (Hart 1978) – berechnet auf der Grundlage eines einfachen Modells einer durchschnittlichen Erde mit einer mittleren Oberflächentemperatur. Berücksichtigt wurden die Erhöhung der Sonnenleuchtkraft, das Ausgasen durch den Vulkanismus, der Treibhauseffekt, der Carbonat-Silicat-Zyklus, die Reaktionen zwischen neun atmosphärischen Gasen sowie die Photolyse des Wassers mit anschließendem Verlust des Wasserstoffs.

Vergleicht man die Entwicklung der mittleren Temperatur (Abb. 3.28a) mit der atmosphärischen Zusammensetzung (Abb. 3.28b), sieht man, dass die Vernichtung von Methan (CH_4) durch Oxidation vor 2 Mrd. Jahren zu einer starken Reduktion des Treibhauseffektes führte,

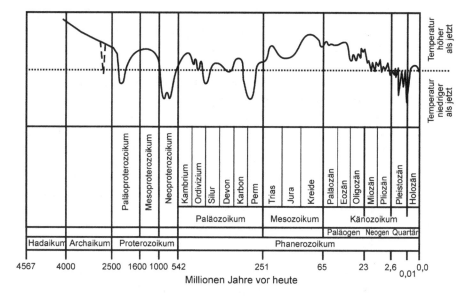

Abb. 3.29 Aus Isotopenverhältnissen abgeleitete Temperaturschwankungen auf der Erde (modifiziert nach Clefs CEA 49)

wodurch die mittlere Oberflächentemperatur auf Werte von nur 6 °C absank. Diese geringe Temperatur wurde auch durch die niedrigere Sonnenleuchtkraft zu jener Zeit hervorgerufen. Es scheint, dass die Bewohnbarkeit der Erde vor 2 Mrd. Jahren durch einen Engpass ging und anschließend die mittlere Temperatur wieder anstieg, wie sie es auch in der Zukunft tun wird. Dies ist in erster Linie auf die Zunahme der Sonnenleuchtkraft zurückzuführen.

3.15 Vereisungen des Proterozoikums, die Schneeball-Erde

Dass die Bewohnbarkeit unseres Planeten gefährdet war, wird auch durch geologische Hinweise auf schwere globale Eiszeiten im Proterozoikum (vor 2500–542 Mio. Jahren) belegt. Solche Vereisungen lassen sich vielfältig nachweisen: durch Tillite (Konglomerate aus Kies, Sand und Schlamm), Gletscherschliffe (Kratzspuren auf Felsen) oder Findlinge (vom Eis transportierte Gesteinsbrocken, die später auf die Gletscherablagerungen stürzten). Anhand von Temperaturschwankungen, die aus $^{13}C/^{12}C$-Isotopenverhältnissen abgeleitet wurden, zeigt Abb. 3.29, dass die ersten Hinweise für Eiszeiten im späten Archaikum und Paläoproterozoikum (vor etwa 2,9–2,3 Mrd. Jahren) auftraten: die Pongola- und Huronische Eiszeit (Kopp et al. 2005). Die Ursachen für beide Eiszeiten werden Effekten im Zusammenhang mit Methan zugeschrieben. Die Pongola-Eiszeit (Abb. 3.29, gestrichelt) soll von einer hohen – von methanogenen Bakterien erzeugten – Methankonzentration verursacht worden sein. Sie hatte einen organischen Dunst – wie heute auf dem Saturnmond Titan – zur Folge, der aufgrund des reflektierten Sonnenlichts zu einem Anti-Treibhauseffekt auf der Erde führte (Trainer et al. 2004). Die Huronische Eiszeit wird auf die Zerstörung des Methan-Treibhauseffekts durch neu entstandene, sauerstoffproduzierende Cyanobakterien zurückgeführt.

Im Neoproterozoikum folgten drei weitere Eiszeiten: die Sturtian- (vor ca. 725–710), Marinoan- (vor ca. 635–600) und Gaskiers-Eiszeit (vor 580 Mio. Jahren; Narbonne 2005). Schließlich gab es noch drei weniger schwerwiegende Eiszeiten im Phanerozoikum: Ordovizium-Silur- (vor 460–430) und Karbon-Perm-Eiszeit (vor 320–250 Mio. Jahren) sowie unsere jüngste pleistozäne Vereisung (vor 1,8 Mio. bis 12.000 Jahren). Es scheint, dass die Eiszeiten des späten Proterozoikums die größten Engpässe für die Entwicklung des Lebens darstellten. Ihr Ende führte zu einer Explosion des Lebens im *Ediacarium* vor 630–542 Mio. Jahren (Abschn. 7.1).

Plattentektonische Rekonstruktionen legen nahe, dass diese Vereisungen zu Zeiten passierten, als die meisten Kontinente in der Nähe des Äquators im Superkontinent Rodinia zusammengekommen waren (Abschn. 3.7). Aus paläomagnetischen Messungen von Ablagerungen in Nordamerika, Asien, Australien und Afrika ergab sich, dass die Vereisungen bei niedrigen geographischen Breiten, weniger als 10° vom Äquator entfernt, auftraten. Obwohl es auch heute Gletscher in den Tropen gibt, ist dies ungewöhnlich. Auch beim Maximum der letzten Eiszeit blieben tropische Gletscher aus den Anden stets oberhalb von 4000 m über dem Meeresspiegel. Dies führte zum Bild von einer „Schneeball-Erde", bei der nicht nur die Kontinente, sondern auch die Ozeane zufroren und von kilometerdicken Eisschichten bedeckt waren (Hoffman et al. 1998; Hoffman und Schrag 2002). Neuere Belege zu Schwere und Dauer dieser Eiszeiten sind ausgedehnte, dünne Schichten des Elements Iridium, die vermutlich durch eine über Millionen Jahre dauernde Ansammlung von interplanetarem Staub auf dem Eis gebildet wurden. Beim Schmelzen der Eisdecke am Ende der Eiszeit sanken sie dann auf den Meeresgrund (Bodiselitsch et al. 2005).

Allerdings gibt es während der gleichen Eiszeit in Kalifornien (Corsetti et al. 2003) und Brasilien (Olcott et al. 2005) fossile Hinweise von reichem marinem Leben in Form von prokaryotischen und eukaryotischen photosynthetischen Bakterien. Diese konnten in einem geschichteten Ozean nur überleben, wenn ausschließlich dünnes oder überhaupt kein Meereis vorhanden war. Ein weiteres Problem der sogenannten „harten" Schneeball-Erde-Hypothese besteht darin, wie ein solch extremer Zustand beendet werden konnte. Angenommen wurde, dass sich durch verminderte Verwitterung kontinentaler Gesteine das durch Vulkanismus erzeugte Kohlendioxid in der Atmosphäre ansammelte und zu einem erhöhten Treibhauseffekt führte. Neuere Simulationen zeigen jedoch, dass dazu ein unrealistisch hoher Anteil an CO_2 (mehr als das 550-Fache des heutigen Werts) erforderlich wäre (Pierrehumbert 2004). Offenbar waren die Schneeball-Erde-Eiszeiten weniger schwerwiegend als vermutet und es müssen große Gebiete existiert haben, in denen die Voraussetzungen für mikrobiologisches Leben relativ günstig waren.

3.16 Grenzen der kontinuierlich habitablen Zone

Erwähnt wurde, dass für eine ununterbrochene biologische Entwicklung über 4 Mrd. Jahre ein erdähnlicher Planet in einer kontinuierlich habitablen Zone (CHZ) kreisen muss. Aufgrund der steigenden Sonnenleuchtkraft und den Instabilitäten der Planetenatmosphäre wurde gezeigt, dass die CHZ sich zwischen 0,95 und 1,35 AE erstrecken sollte. Dabei wäre die innere Grenze durch die Sonnenentfernung für das Auftreten eines feuchten Treibhauseffekt gegeben (Abschn. 3.12.2) und die äußere Grenze durch die Entfernung, die zu einer irreversiblen Vereisung führt (Abschn. 3.12.3). Diese äußere Grenze scheint jedoch zu groß zu sein, da Gezeiteneffekte von Jupiter die Masse der äußeren terrestrischen Planeten verkleinerte, was zu einem schnelleren Versiegen des Vulkanismus, der CO_2-Produktion und einer Vereisung schon bei geringeren Sonnenabständen führte. Man wird deshalb den Werten von Kasting et al. (1993) von 0,95–1,15 AE den Vorzug geben. Berücksichtigt man jedoch die durch biogene Effekte verursachten schweren Vereisungen im Proterozoikum, erscheint auch eine solche äußere Grenze zu optimistisch. Das entspricht Computersimulationen von Hart (1978), der eine äußere Grenze der CHZ bei 1,01 AE ermittelt hat. Man sollte deshalb davon ausgehen, dass sich die CHZ über eine Distanz von 0,95–1,01 AE erstreckt, d. h. eine Breite von nur 0,06 AE besitzt.

3.17 Anzahl der habitablen Planeten in der Galaxis

Der amerikanische Radioastronom Frank Drake hatte 1961 zur Identifizierung eventueller künstlicher Radioquellen erstmals die Zahl intelligenter Zivilisationen in unserer Galaxis abgeschätzt, beginnend mit der voraussichtlichen Häufigkeit erdähnlicher Planeten. In der nach ihm benannten Drake-Formel drückte er die Gesamtwahrscheinlichkeit als Produkt der einzelnen Wahrscheinlichkeiten für die verschiedenen notwendigen Voraussetzungen aus: Für die Anzahl N_{HP} der bewohnbaren Planeten in der Galaxis schlug er das Produkt $N_{HP} = N_S f_P n_E$ vor, wobei N_S die Anzahl der für das Leben geeigneten Sterne in der Galaxis ist, f_P der Anteil der Sterne, die Planeten besitzen, und n_E die Anzahl der terrestrischen Planeten, deren Bahnen in der habitablen Zone liegen.

Wenn man von einer Masse der Galaxis (Méra et al. 1998) von $6,4 \times 10^{10}\ M_0$ ausgeht sowie einer mittleren Sternmasse von $0,4\ M_0$ (siehe Massenverteilung in Tab. 3.5), ergibt sich eine Gesamtzahl von $1,6 \times 10^{11}$ Sternen in unserer Galaxis. Wie oben erwähnt, erwartet man nur bei etwa 10 % (G-, K-Sterne) erdähnliche Planeten. Da Population-II-Sterne eine zu geringe Metallhäufigkeit aufweisen, um genügend große terrestrische Planeten zu besitzen, darf man zudem nur die 60 % Sterne in Betracht ziehen, die zur metallreichen Population I gehören (Méra et al. 1998). Doppel- und Mehrfach-Sternsysteme sollten ebenfalls ausgeschlossen werden, da dort die Planetenbahnen vermutlich gestört sind. Es kommen also nur die 30 % Einzelsterne in Frage. Da wegen der Gezeitenwirkungen von Sonne und Jupiter von den 4 terrestrischen Planeten des Sonnensystems nur die Hälfte, nämlich Venus und Erde, als geeignete Kandidaten für Leben angesehen werden können, muss noch ein Korrekturfaktor 0,5 angebracht werden. Es dürften daher $N_S = 1,4 \times 10^9$ geeignete Sonnensysteme mit terrestrischen Planeten vorhanden sein.

Weil die Akkretionsscheiben von G-Sternen dem solaren Nebel ähnlich genug sein dürften, erscheint es sinnvoll, für den zweiten Faktor f_P den Wert 1,0 zu wählen. Erdähnliche Planeten müssen in der kontinuierlich habitablen Zone mit einer Breite von 0,06 AE kreisen (Abschn. 3.16). Bei typischen Simulationen der Planetenentstehung, wie beim Sonnensystem, finden sich etwa vier terrestrische Planeten im Abstand bis zum Jupiter (5,2 AE). Einschneidend ist darüber hinaus (Abschn. 2.9), dass nur 6 % der Planetensysteme von planetenzerstörenden Migrationen von Jupiterplaneten verschont bleiben. Damit ergibt sich ein Wert von $n_E = 4 \times 0,06\ /\ 5,2 \times 0,06 = 0,003$. Mit diesen Zahlen vermutet man in unserer Galaxis die sehr unsichere Anzahl von $N_{HP} = 4 \times 10^6$ erdähnlichen Planeten, die unsere Art von Leben tragen könnten.

Die Abschätzung zeigt, dass nur jeder 40.000ste Stern unserer Galaxis einen erdähnlichen Planeten in einer kontinuierlich habitablen Zone besitzt. Man kann diesen Wert mit Abschätzungen anderer Autoren vergleichen (Tab. 3.8). Ein Grund für den jetzigen niedrigen Schätzwert von N_S ist, dass nur G-Sterne ausgewählt wurden. Rood und Trefil (1981) haben einen

◻ Tab. 3.8 Schätzungen über die Zahl von habitablen Planeten N_{HP} in der Milchstraße aufgrund von Annahmen verschiedener Autoren (Ulmschneider 2006)

Autor	N_S	f_P	n_E	N_{HP}
Cameron (1963)	4×10^{10}	1	0,3	1×10^{10}
Sagan (1963)	1×10^{11}	1	1	1×10^{11}
Rood und Trefil (1981)	6×10^8	0,1	0,05	2×10^6
Goldsmith und Owen (1993)	9×10^{10}	0,025	10	2×10^{10}
Ulmschneider 2006	$1,4 \times 10^9$	1	0,003	4×10^6

noch kleineren Wert ermittelt, da sie eine ungewöhnlich niedrige Zahl von G-Sternen annehmen. Ein weiterer Grund ergibt sich aus der Migration von Jupiterplaneten, die den Wert von n_E deutlich senkt.

Literatur

Abramov O, Mojzsis SJ (2009) Microbial habitability of the Hadean Earth during the late heavy bombardment. Nature 459:419

Agee CB (2004) Earth science: Hot metal. Nature 429:33

Allen CW (1973) Astrophysical Quantities, 3. Aufl. Athlone Press, London

Armstrong RL (1981) Radiogenic isotopes: the case for crustal recycling on a near steady-state no-continental-growth Earth. Phil Trans Roy Soc London, A301, 443

Best MG (2003) Igneous and metamorphic petrology. Blackwell Science, Oxford

Bodiselitsch B et al (2005) Estimating duration and intensity of neoproterozoic snowball glaciations from Ir anomalies. Science 308:239

Bottke WF et al (2012) An Archaean heavy bombardment from a destabilized extension of the asteroid belt. Nature 485:78

Brandes JA et al (1998) Abiotic nitrogen reduction on the early Earth. Nature 395:365

Bressan A et al (1993) Evolutionary sequences of stellar models with new radiative opacities. II. $Z = 0.02$. Astron Astrophys Suppl 100:647

Cameron AGW (1973) Abundances of the elements in the solar system. Space Sci Rev 15:121

Canup RM (2004) Simulations of a late lunar-forming impact. Icarus 168:433

Carr MH et al (1984) The geology of the terrestrial planets. NASA SP-469

Cavosie AJ et al (2005) Magmatic $\delta^{18}O$ in 4400–3900 Ma detrital zircons: a record of the alteration and recycling of crust in the Early Archean. Earth Planet Sci Lett 235:663

Correia ACM, Laskar J (2001) The four final rotation states of Venus. Nature 411:767

Corsetti FA et al (2003) A complex microbiota from snowball earth times: microfossils from the neoproterozoic Kingston Peak Formation, Death Valley, USA. PNAS 100:4399

Deming D (2002) Origin of the oceans and continents: a unified theory of the Earth. International Geology Review 44:137

Garnero EJ (2004) A new paradigm for earth's core-mantle boundary. Science 304:834

Halliday AN, Wood BJ (2009) How did earth accrete? Science 32:44

Harrison TM et al (2005) Heterogeneous Hadean Hafnium: evidence of continental crust at 4.4 to 4.5 Ga. Science 310:1947

Hart MH (1978) The Evolution of the atmosphere of the Earth. Icarus 33:23

Hart SR, Zindler A (1986) In search of a bulk-earth composition. Chemical Geology 57:247

Hartmann WK et al (2000) The time-dependent intense bombardment of the primordial earth/moon system. In: Canup RM, Righter K (Hrsg) Origin of the earth and moon. Univ of Arizona Press, Tucson, S 493

Hartmann WK et al (2005) Chronology and physical evolution of planet mars. In: Geiss J, Hultqvist B (Hrsg) The solar system and beyond: ten years of ISSI. International Space Science Institute, S 211

Helffrich GR, Wood B.J. (2001) The earth's mantle. Nature 412:501

Hoffman PF et al (1998) A neoproterozoic snowball earth. Science 281:1342

Hoffman PF, Schrag, DP (2002) The snowball earth hypothesis: testing the limits of global change. Terra Nova 14:129

Ida S et al (1997) Lunar accretion from an impactgenerated disk. Nature 389:353

Johnson BC, Melosh HJ (2012) Impact spherules as a record of an ancient heavy bombardment of earth. Nature 485:75

Jutzi M, Asphaug E (2011) Forming the lunar farside highlands by accretion of a companion moon. Nature 476:69

Kaplan RW (1972) Der Ursprung des Lebens. Thieme, Stuttgart

Kasting JF (1993) Earth's early atmosphere. Science 259:920

Kasting JF et al (1993) Habitable zones around main sequence stars. Icarus 101:108

Kasting JF, Brown LL (1998, repr. 2000): The early atmosphere as a source of biogenic compounds. In: Brack E (Hrsg) The molecular origins of life. Assembling pieces of the puzzle. Cambridge University Press, S 35

Kopp RE et al (2005) The Paleoproterozoic snowball Earth: A climate disaster triggered by the evolution of oxygenic photosynthesis. PNAS 102:11131

Landolt-Börnstein (1982) New Series. Hellwege KH (Hrsg) Group VI, Vol. 2b. Springer, Berlin, S 31, 453

Laskar J, Robutel P (1993) The chaotic obliquity of the planets, Nature 361:608

Lunine JI (1999) Earth, Evolution of a Habitable World. Cambridge University Press

McDonough WF (1990) Constraints on the composition of the continental lithospheric mantle. Earth Planet Sci Let 101:1

McDonough WF (2003) Compositional models for the core. In: Carlson RW (Hrsg) The mantle and core. Treatise on geochemistry Vol. 2. Elsevier, London

Méra D et al (1998) Towards a consistent model of the galaxy. II. Derivation of the model. Astron Astrophys 330:953

Montelli R et al (2004) Finite-frequency tomography reveals a variety of plumes in the mantle. Science 303:338

Morbidelli A (2011) Dynamical evolution of planetary systems. In Kalas P, French L (Hrsg) Planet, Stars and Stellar Systems. http://arxiv.org/abs/1106.4114

Müller RD et al (1997) Digital isochrons of the world's ocean floor. Journal Geophys Res Solid Earth 102:3211

Müller RD (2011) Plate motion and mantle plumes. Nature 475:40

Narbonne GM (2005) The Edicara biota: Neoproterozoic Origin of animals and their ecosystems. Ann Rev Earth Planetary Sci 33:421

Nisbet EG, Sleep NH (2001) The habitat and nature of early life. Nature 409:1083

Olcott AN et al (2005) Biomarker evidence for photosynthesis during neoproterozoic glaciation. Science Express, 29. Sept., s. auch: Science 309:2127

Palme H (2004) The giant impact formation of the moon. Science 204:977

Palme H, O'Neill HStC (2003) Cosmochemical estimates of bulk composition. In: Carlson RW (Hrsg) The mantle and core. Treatise on geochem 2. Elsevier, London

Pierrehumbert RT (2004) High levels of atmospheric carbon dioxide necessary for the termination of global glaciation. Nature 429:646

Press F et al (2004) Understanding earth, 4. Aufl. Freeman, New York

Regenauer-Lieb K et al (2001) The initiation of subduction: criticality by addition of water? Science 294:578

Rood RT, Trefil JS (1981) Are we Alone? The Possibility of Extraterrestrial Civilizations. Charles Scribner's Sons New York

Rudge JF et al (2010) Broad bounds on Earth's accretion and core formation constrained by geochemical models. Nature Geoscience 3:439

Scotese CR (2002) http://www.scotese.com/earth.htm

Skinner BJ et al (2004) Dynamic earth, an introduction to physical geology, 5. Aufl. Wiley, Somerset

Strom RG et al (2005) The origin of planetary impactors in the inner solar system. Science 309:1847

Taylor SR, McLennan SM (1995) The geochemical evolution of the continental crust. Rev Geophys 33:241

Tian F et al (2005) A hydrogen-rich early earth atmosphere. Science 308:1014

Trainer MG et al (2004) Haze aerosols in the atmosphere of early Earth: Manna from heaven. Astrobiology 4:409

Ulmschneider P (2006) Intelligent life in the universe, 2. Aufl. Springer, Heidelberg

Valley JW (2005) A cool early earth. Scientific American, Oct.: 58

Valley JW et al (2002) A cool early earth. Geology 30:351

Van der Hilst RD et al (1997) Evidence for deep mantle circulation from global tomography. Nature 386:578

Walzer U et al (2003) Variation of nondimensional numbers and a thermal evolution model of the earth's mantle. In: Krause E, Jäger E (Hrsg) High Perf Comp Sci Eng Berlin, S 89

Walzer U et al (2004) The effects of a variation of the radial viscosity profile on mantle evolution. Tectonophysics 384:55

Walzer U, Hendel R (2008) Mantle convection and evolution with growing continents. J Geophys Res 113, Sep. DOI: 10.1029/2007JB005459

Walzer U, Hendel R (2013) Real episodic growth of continental crust or artefact of preservation? A 3-D geodynamic model. J Geophys Res (im Druck)

Weber RC et al (2011) Seismic Detection of the Lunar Core. Science 331:309

White WM (2003) Geochemistry. An Online Textbook. Cornell Univ. http://www.soest.hawaii.edu/krubin/GG325/textbook/Chapter11.pdf

Wilde SA et al (2001) Evidence from detrital zircons for the existence of continental crust and oceans on the Earth 4.4 Gyr ago. Nature 409:175

Williams DM (1998) The stability of habitable planetary environments. PhD thesis, Pennsylvania State University

Die einzigartigen Substanzen Kohlenstoff und Wasser

P. Ulmschneider, Vom Urknall zum modernen Menschen, DOI 10.1007/978-3-642-29926-1_4,
© Springer-Verlag Berlin Heidelberg 2014

Ohne die außergewöhnlichen Eigenschaften des Elements Kohlenstoff und des Lösungsmittels Wasser gäbe es kein Leben. Kohlenstoff bildet die Grundlage der *Organischen Chemie*, deren vielfältige Verbindungen die Bausteine des Lebens umfassen. Leben ohne Wasser ist so wenig vorstellbar, dass die Suche nach Leben fast gleichbedeutend mit der Suche nach *flüssigem Wasser* ist. Warum nehmen diese Substanzen solch eine überragende Sonderstellung ein?

4.1 Die chemischen Elemente

In unserem Universum besteht die Materie – bis zu den entferntesten Galaxien und Quasaren – überall aus denselben chemischen Elementen wie auf der Erde. Geht man davon aus, dass Leben auf Materie basiert und auch anderswo im Weltall auftritt, dürfte es überall aus denselben *chemischen Elementen* aufgebaut sein, d. h. aus Substanzen, die aus einer bestimmten Atomsorte bestehen. Atome unterscheiden sich in der Anzahl (*Ordnungszahl*) der im Atomkern vorhandenen positiv geladenen Protonen. Diese entspricht wegen der Ladungsneutralität auch der Zahl der negativ geladenen Elektronen in der Elektronenhülle (als Beispiel eines Helium Atoms s. Abb. 1.17). Darüber hinaus treten Atome als verschiedene *Isotope* auf, da in den Atomkernen noch eine wechselnde Zahl ungeladener Neutronen vorkommt.

Aufgereiht nach der Ordnungszahl zeigt Abb. 4.1 das Periodensystem der derzeit bekannten 118 chemischen Elemente. Diese Anordnung geht auf das Bohr'sche Schalenmodell der Elektronenhülle zurück, bei dem die innerste K-Schale maximal 2, die L-Schale maximal 8 etc. Elektronen besitzen kann. Von den aufgeführten Elementen kommen 94 natürlich vor, während die anderen künstlich erzeugt wurden. Letztere sind instabil und zerfallen wieder nach kurzer Zeit. Unter irdischen Temperatur- und Druckbedingungen treten die meisten Elemente als feste Substanzen auf, zwei sind flüssig, der Rest gasförmig.

4.2 Für das Leben wichtige Elemente

Die wichtigsten in biologischen Organismen vorkommenden Elemente zeigt Abb. 4.2. Erkennbar ist, dass nur eine geringe Zahl der meist leichteren chemischen Elemente genutzt wird. Für das Leben unerlässlich sind Kohlenstoff (C), Stickstoff (N), Sauerstoff (O), Wasserstoff (H), Schwefel (S) und Phosphor (P), die in Lipiden, Proteinen und Nukleinsäuren sowie im Wasser auftreten. Die Elemente Kalium (K), Natrium (Na) und Chlor (Cl) werden beim Ionentransport und Stoffwechsel eingesetzt, Calcium (Ca) und Magnesium (Mg) für den Knochenbau verwendet. Eine weitere wichtige Gruppe von Elementen stellen die essenziellen Spurenelemente dar, zu denen z. B. Eisen (Fe) gehört, das im Hämoglobin zum Sauerstofftransport beiträgt.

Gruppe

Periode	1	2	3	4	5	6	7	8	9	10	11	12	13	14	15	16	17	18	Schale
1	H 1																	He 2	K
2	Li 3	Be 4											B 5	C 6	N 7	O 8	F 9	Ne 10	L
3	Na 11	Mg 12											Al 13	Si 14	P 15	S 16	Cl 17	Ar 18	M
4	K 19	Ca 20	Sc 21	Ti 22	V 23	Cr 24	Mn 25	Fe 26	Co 27	Ni 28	Cu 29	Zn 30	Ga 31	Ge 32	As 33	Se 34	Br 35	Kr 36	N
5	Rb 37	Sr 38	Y 39	Zr 40	Nb 41	Mo 42	Tc 43	Ru 44	Rh 45	Pd 46	Ag 47	Cd 48	In 49	Sn 50	Sb 51	Te 52	I 53	Xe 54	O
6	Cs 55	Ba 56		Hf 72	Ta 73	W 74	Re 75	Os 76	Ir 77	Pt 78	Au 79	Hg 80	Tl 81	Pb 82	Bi 83	Po 84	At 85	Rn 86	P
7	Fr 87	Ra 88		Rf 104	Db 105	Sg 106	Bh 107	Hs 108	Mt 109	Ds 110	Rg 111	Cn 112	Uut 113	Uuq 114	Uup 115	Uuh 116	Uus 117	Uuo 118	Q

Lanthanoide

| La 57 | Ce 58 | Pr 59 | Nd 60 | Pm 61 | Sm 62 | Eu 63 | Gd 64 | Tb 65 | Dy 66 | Ho 67 | Er 68 | Tm 69 | Yb 70 | Lu 71 |

Actinoide

| Ac 89 | Th 90 | Pa 91 | U 92 | Np 93 | Pu 94 | Am 95 | Cm 96 | Bk 97 | Cf 98 | Es 99 | Fm 100 | Md 101 | No 102 | Lr 103 |

☐ fest   ☐ gasförmig   ☐ flüssig   ☐ künstliches Element

☐ Abb. 4.1 Periodensystem der chemischen Elemente

☐ Abb. 4.2 Für das Leben wesentliche Elemente und essenzielle Spurenelemente

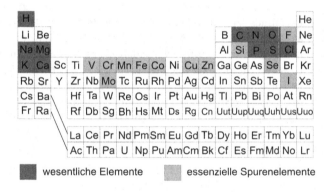

wesentliche Elemente   essenzielle Spurenelemente

Wie bereits erwähnt (Abschn. 2.8), sind Kohlenstoff und Wasser, verglichen mit den Metallen und Silicaten leichtflüchtige Substanzen. Sie sind erst spät als sogenanntes „late veneer" durch Planetesimale mit exzentrischen Bahnen bei der Auflösung der Planetesimalscheibe auf die Erde gekommen (Kleine 2011; Albarede et al. 2013).

4.3   Die Einzigartigkeit des Elements Kohlenstoff, organische Verbindungen

Unter den chemischen Elementen fällt Kohlenstoff (C) wegen seiner ungewöhnlich großen Zahl von Verbindungen auf. Derzeit sind mehr als 20 Mio. C-Verbindungen – sogenannte *organische Verbindungen* – bekannt, gegenüber nur rund 200.000 *anorganischen Verbindungen* ohne Kohlenstoff. Was ist der Grund für die besonderen Eigenschaften des C-Atoms?

Abbildung 4.3 zeigt drei in der Biologie häufig auftretende Moleküle: Methan (CH_4), Ammoniak (NH_3) und Wasser (H_2O). Diese Stoffe gehen *Atombindungen* ein, wobei die beteiligten

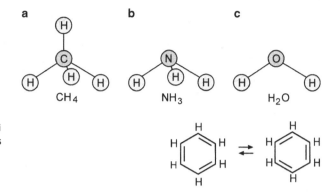

Abb. 4.3 Gerichtete Atombindungen bei Methan (**a**), Ammoniak (**b**), Wasser (**c**)

Abb. 4.4 Aromatischer Ring bei Benzol. An den Ecken des Hexagons sind jeweils C-Atome zu denken

Atome C, N, O und H je ein Elektron aus der Atomhülle mit dem Nachbaratom teilen. Diese Bindungen (in Abb. 4.3 durch Striche angedeutet) dehnen sich in feste räumliche Richtungen aus, wobei die langen Striche in der Zeichenebene liegen und die kurzen nach hinten zu denken sind. Damit kann das C-Atom räumliche Strukturen bilden, das N-Atom jedoch nur ebene und das O-Atom sogar nur (etwas abgewinkelte) lineare Gebilde. Der Grund für die große Zahl der organischen Verbindungen beruht also vor allem darauf, dass sich im Raum wesentlich vielfältigere Strukturen aufbauen lassen als in einer Ebene oder entlang eines Fadens.

Die Einmaligkeit des Kohlenstoffatoms besteht darin, dass es typischerweise die stärksten Bindungen aufweist und sogenannte aromatische Ringe bildet. Der in Abb. 4.4 bei Benzol angedeutete Wechsel der Doppelbindungen benachbarter C-Atome findet in Wirklichkeit nicht statt. Es besteht vielmehr eine neuartige, sehr stabile Anordnung, bei der alle C-Bindungen gleichwertig sind. Zusätzlich vertragen sich C-Verbindungen meist gut mit dem häufigsten in der Natur vorkommenden Lösungsmittel, dem Wasser.

Während anorganische Verbindungen meist die Eigenschaften einfacher Festkörper, Flüssigkeiten und Gase besitzen, kommt bei den organischen Verbindungen eine Vielfalt von harten bis weichen, gewebeartigen, wachsartigen und ölartigen Konsistenzen vor. Beispiele sind: Fette, Öle, Proteine, Kohlenhydrate, Nukleinsäuren, Alkohole, Enzyme, Vitamine, Hormone etc. Dass keinerlei prinzipiellen Unterschiede zwischen den organischen und anorganischen Substanzen bestehen – wie ursprünglich von der „Lebenskraft-Theorie" angenommen – bewies 1828 der deutsche Chemiker Friedrich Wöhler. Es gelang ihm die organischen Verbindung Harnstoff (CH_4N_2O) aus den anorganischen Ausgangsstoffen CO_2 und NH_3 herzustellen.

Zur Illustration der fast unbegrenzten Vielfalt organischer Verbindungen sind in Abb. 4.5 fünf in unserem täglichen Leben auftretende Substanzen dargestellt: das beim Grillen entstehende krebserregende Benzo(a)pyren ($C_{20}H_{12}$), das Schmerzmittel Aspirin ($C_9H_8O_4$), die in fast allen pflanzlichen und tierischen Ölen und Fetten enthaltene Ölsäure ($C_{18}H_{34}O_2$), die Aminosäure Tryptophan ($C_{11}H_{12}N_2O_2$) und das Adenosinmonophosphat (AMP, $C_{10}H_{14}N_5O_7P$).

Bei Tryptophan handelt es sich um eine der 22 Aminosäuren, die als Bausteine der Proteine dienen. Adenosinmonophosphat bildet zusammen mit drei anderen Nukleotiden einen Grundbaustein der Ribonukleinsäure (RNA) und der Desoxyribonukleinsäure (DNA) – den „Gedächtnismolekülen" des Lebens – (s. Kap. 5). Zudem stellen AMP und das mit zwei zusätzlichen Phosphatgruppen angereicherte Adenosintriphosphat (ATP) die Basis für die Energieversorgung der Zellen dar.

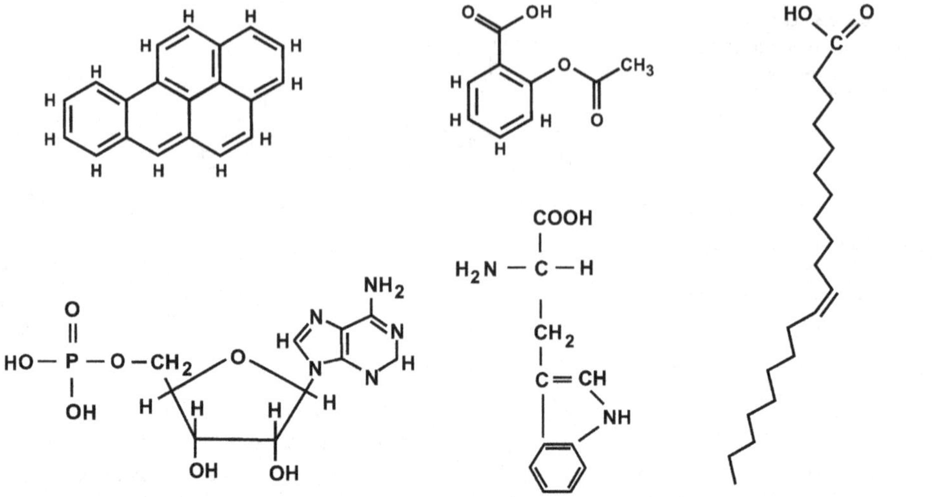

4

○ **Abb. 4.5** Organische Verbindungen (im Uhrzeigersinn von oben links): Benzo(a)pyren, Aspirin, Ölsäure, Tryptophan und Adenosinmonophosphat (AMP). An den Ecken der Bindungsdiagramme sind jeweils C-Atome zu denken sowie (wenn nicht bereits angegeben) je ein oder zwei H-Atome, um insgesamt zu vier C-Bindungen zu gelangen

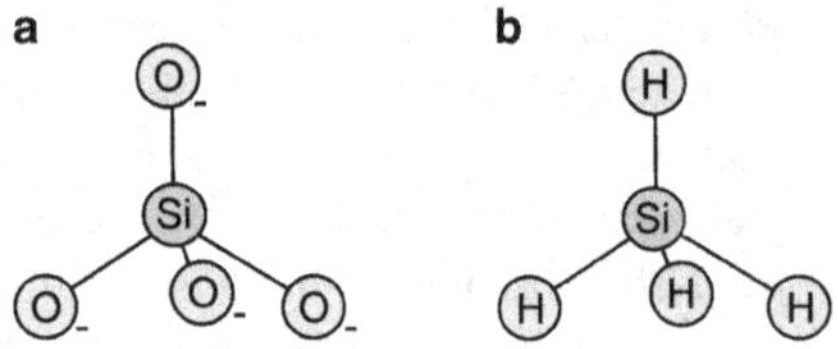

○ **Abb. 4.6** Silicat-Tetraeder (**a**) mit vier Sauerstoffatomen und Monosilan SiH_4 (**b**)

4.4   Leben auf der Basis von anderen Elementen?

Wenn Silicium sich in der Erdkruste so häufig findet (Tab. 3.2, 3.3) und in derselben Gruppe wie Kohlenstoff steht (Abb. 4.1), warum gibt es dann kein Leben auf Si-Basis? Diese Frage wurde von Schulze-Makuch und Irwin (2004) ausführlich diskutiert. Die Si-Frage scheint auf den ersten Blick rätselhaft zu sein, weil dieses Element dieselben vier Atombindungen wie Kohlenstoff aufweist (vergleiche Abb. 4.3a und 4.6). Si besitzt mit seinen 14 Elektronen gegenüber C mit 6 Elektronen eine ausgedehntere Elektronenhülle. Deshalb sind die äußeren Elektronen schwächer gebunden und die Si-Si-Bindungen, verglichen mit den C-C-Bindungen, deutlich schwächer. Dies führt dazu, dass Silicium eine viel geringere Anzahl von Verbindungen ausbildet, keine aromatischen Ringe aufbaut und Si-Si-Ketten in der Gegenwart von O_2, NH_3 und H_2O instabil sind. Silicium fehlt zudem die zwischen C-Atomen beobachtete Tendenz zu Doppel- und Dreifachbindungen.

Mit Wasserstoff bildet Si die Silane, wie das dem Methan ähnliche Monosilan (Abb. 4.6b). Im Gegensatz zu Kohlenwasserstoffen sind die Silane unbeständig und verbrennen spontan in der Gegenwart von O_2 unter Bildung von Silicaten. Auch in Gegenwart von Wasser zersetzen sie sich. Ein dem Wasser vergleichbares kompatibles Lösungsmittel für Si-Verbindungen existiert nicht.

Erheblich stabiler, auch gegenüber Wasser, erweisen sich die Silicone und Silicate. Bei Siliconen handelt es sich um künstlich hergestellte Polymere (Kettenmoleküle, Netze), bei denen Si-Atome über O-Atome miteinander verknüpft sind, während an den restlichen Bindungen organische Verbindungen hängen. Hitzebeständig, hart aber auch gummi-, harz- bis ölartig, werden sie als Dicht- und Schmiermittel im Haus- und Maschinenbau, bei Geräten (Küchengeräten) sowie im medizinischen Bereich (Brustimplantate, Prothesen) verwendet. In der Natur treten jedoch ausschließlich die besonders stabilen anorganischen Siliciumverbindungen, d. h. Silicate und Kieselsäuren auf. Während SiO_2 (Quarz) ein inerter Festkörper ist, beteiligt sich das Gas CO_2 an wichtigen biologischen Reaktionen (Atmung). Obwohl die Erdkruste zu über 90 % und der Erdmantel fast vollständig aus Silicaten bestehen, spielen sie in natürlichen Organismen fast nur eine Rolle als Gerüste und Armierungen. Die Frage, welche Rolle Silicium möglicherweise beim künstlichen Leben spielt, wird in Kap. 10 näher erläutert.

Ist eine Aluminium-Welt denkbar? Das Korund Al_2O_3 ist ein Festkörper mit einem Schmelzpunkt bei 2054 °C. Die Aluminiumsilicate Feldspat, Glimmer, Ton und Bauxit sind ebenfalls feste Stoffe, und es existieren nur wenige Aluminiumverbindungen. Ähnliches gilt für Bor- (B) oder Stickstoff (N)-Welten. Eine Vermutung, dass bei exotischen Bakterien das Arsen (As) den Phosphor (P) in der DNA ersetzen könnte, hat sich nicht bestätigt.

4.5 Die Einzigartigkeit von Wasser

Wichtigste Voraussetzung für Leben – mit folgenreichen Auswirkungen für sein Auftreten auf Planeten und Monden – ist das Vorhandensein von flüssigem Wasser (McKay 1991; Jakosky 1998). Wasser macht ca. 70 % des Gewichts der Zellen biologischer Organismen aus. Es dient innerhalb und außerhalb der Zellen als Medium, in dem Nährstoffe und Abfallprodukte gelöst und chemische Bausteine transportiert werden. Bei den meisten biochemischen Prozessen tritt Wasser auch als Reaktant auf und gehört, aufgrund seiner Bestandteile H und O, zu den häufigsten Stoffen, die im Kosmos auftreten (Tab. 3.2).

Was ist das Ungewöhnliche, das flüssiges Wasser von anderen Flüssigkeiten unterscheidet? Drei Eigenschaften von über 40 bekannten Anomalien des Wassers (Ludwig und Paschek 2005) sind besonders bemerkenswert. Erstens ist Wasser in einem weiten Temperaturbereich flüssig, wobei die obere Temperaturgrenze nahe der höchsten Temperatur liegt, bei der komplizierte organische Moleküle überleben können.

Andere relevante Flüssigkeiten wie etwa Ammoniak, Methan und Ethan, die z. B. als Seen auf dem Saturnmond Titan vorkommen, besitzen engere Temperaturbereiche und sind überdies erst bei erheblich niedrigeren Temperaturen flüssig (Tab. 4.1). Da typischerweise die Geschwindigkeit chemischer Reaktionen alle 10 °C um einen Faktor zwei abnimmt, würde sie bei Ammoniak von -40 °C um 64 ($= 2^6$)-mal und beim Ethan von -90 °C um 2048 ($= 2^{11}$)-mal langsamer ablaufen, wodurch die Entwicklung höheren Lebens erheblich länger dauern würde als das bisherige Weltalter.

Die zweite singuläre Eigenschaft des Wassers besteht darin, dass die Dichte von Eis geringer ist als die von flüssigem Wasser: Eis schwimmt auf dem Wasser anstatt zu versinken. Die Ursache ist, dass sich die Wassermoleküle beim Gefrieren über Wasserstoffbrücken in einem Kristallgitter anordnen, in dem sie ausgedehnter gepackt sind als im flüssigen Zustand. So kann etwa in den Polargebieten Wasser in drei Aggregatzuständen (Gas, Flüssigkeit, Eis) in einem weiten Bereich von Oberflächentemperaturen stabil koexistieren. Wenn die Region abkühlt, bildet sich mehr Eis und bei Erwärmung schmilzt dieses wieder. Bei Ammoniak oder Me-

◘ Tab. 4.1 Eigenschaften von Flüssigkeiten (nach Wald 1964; Jakosky 1998)

Flüssigkeit	Schmelztemperatur	Siedetemperatur	Flüssigbereich
Wasser (H_2O)	0 °C	100 °C	100 °C
Ammoniak (NH_3)	−78 °C	−33 °C	45 °C
Methan (CH_4)	−182 °C	−164 °C	18 °C
Ethan (C_2H_6)	−183 °C	−89 °C	94 °C

than verliefen diese Vorgänge anders. Durch Abkühlen würde das Eis absinken und an der Oberfläche mehr Flüssigkeit für die Vereisung bereitstellen. Nach kurzer Zeit würde der Ozean komplett gefrieren. Bei strengen Eiszeiten, wie etwa der Schneeball-Erde (Abschn. 3.15), würde dann das Leben erlöschen, weil es sich in den Tiefen der Ozeane nicht mehr gegen den Einschluss in einen Festkörper schützen könnte.

Eine dritte entscheidende Anomalie besteht in der Tatsache, dass es sich bei Wasser (H_2O), im Gegensatz zu den nichtpolaren Verbindungen Methan und Ethan, um ein polares Molekül handelt. Hier sind die elektrischen Ladungen ungleichmäßig über das Molekül verteilt, sodass es auf der einen Seite eine leicht positive, auf der anderen eine leicht negative Ladung besitzt. Während polare Moleküle wie etwa CO_2 oder NH_3 sich in Wasser lösen, können nichtpolare Moleküle wie Kohlenwasserstoffe, Wachse, Öle und Fette (Lipide) nicht gelöst werden. Das Prinzip der unterschiedlichen Löslichkeit ermöglicht den für das Leben entscheidenden Aufbau von Zellmembranen. Nichtpolare Moleküle besitzen gleichmäßig verteilte Ladungen; in einem nichtpolaren Lösungsmittel würden nichtpolare Lipide gelöst und könnten deshalb keine Zellwände aufbauen.

Literatur

Albarede F et al (2013) Asteroidal impacts and the origin of terrestrial and lunar volatiles. Icarus 222:44
Jakosky B (1998) The search for life on other planets. Cambridge University Press
Kleine T (2011) Earth's patchy late veneer. Nature 477:168
Ludwig R, Paschek D (2005) Anomalien und Rätsel Wasser. Chem Unserer Zeit 39:164
McKay CP (1991) Urey prize lecture: planetary evolution and the origin of life. Icarus 91:93
Schulze-Makuch D, Irwin LN (2004) Life in the Universe, Expectations and Constraints. Springer, Berlin
Wald G (1964) The origins of life. PNAS 52:595

Das Leben und seine Entstehung

P. Ulmschneider, Vom Urknall zum modernen Menschen, DOI 10.1007/978-3-642-29926-1_5,
© Springer-Verlag Berlin Heidelberg 2014

Die Einzigartigkeit des Elements Kohlenstoff und die organischen Verbindungen bildeten das Fundament für das Phänomen *Leben*. Was genau bedeutet Leben und wie ist es entstanden?

5.1 Das Phänomen Leben

Leben tritt in Form von Zellen auf, die vier fundamentale Eigenschaften besitzen:

Erstens, eine meist aus Phospholipiden aufgebaute *Zellmembran*, die das Innere vom unbegrenzten Außenraum abtrennt, und damit die Zelle definiert. Zum Zweiten läuft im Innern der Zelle eine *Metabolismus* genannte chemische Maschinerie ab, in der Proteine den Stoffaustausch mit der Umwelt, die inneren Prozessabläufe und die Synthese von Zellbausteinen durchführen. Drittens besitzt die Zelle ein *Gedächtnis*, das die eigene Identität definiert, Eigenschaften, Wirken und Synthese der Proteine bestimmt und reguliert sowie die Reproduktion der Zelle steuert. Dieses als *Genom* bezeichnete Gedächtnis besteht aus einem durch DNA realisierten Hauptarchiv, von dem die Baupläne (RNA) zur Synthese der individuellen Proteine und zur Steuerung des Metabolismus abgelesen werden. Mutationen, Veränderungen der DNA, führen zu einer Erbänderung des Gedächtnisses und ermöglichen damit eine Evolution des Lebens.

Viertens besitzt die Zelle den *Energieträger* ATP (Adenosintriphosphat), der die aufwändigen Aktivitäten der Maschinerie überhaupt ermöglicht. Ein entscheidendes Charakteristikum des Lebens ist zudem, dass Lebewesen fähig sind, die beschriebenen Eigenschaften in einer völlig abiotischen Umwelt aufrechtzuerhalten. Im Gegensatz dazu werden Viren nicht als Lebewesen betrachtet, da sie keinen Metabolismus zeigen und in abiotischer Umgebung nicht existieren können.

5.2 Elemente der Biochemie

Das Leben auf der Erde basiert auf organischer Chemie und biochemischen Prozessen. In biologischen Systemen gibt es vier große Klassen von organischen Verbindungen: Proteine, Kohlenhydrate, Lipide und Nukleinsäuren.

5.2.1 Proteine, Kohlenhydrate, Lipide und Nukleinsäuren

Von den mehr als 500 in der Natur vorkommenden Aminosäuren (Wagner und Musso 1983) sind 20 von der DNA festgelegt (codiert) und dienen als Bausteine der Proteine (Tab. 5.1). Sie besitzen, mit Ausnahme von Glycin, einen bestimmten räumlichen Aufbau (linkshändisch oder L-chiral, s. Abb. 5.1) und bestehen aus den fünf Elementen C, O, N, H und S. Aminosäu-

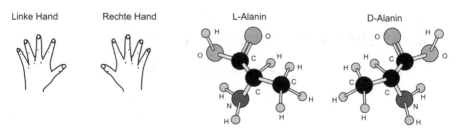

□ Abb. 5.1 Links- und Rechtshändigkeit am Beispiel der Aminosäuren L- und D-Alanin

□ Tab. 5.1 Durch DNA codierte Aminosäuren (Hart et al. 1995)

Alanin	Glutamin	Leucin	Serin
Arginin	Glutaminsäure	Lysin	Threonin
Asparagin	Glycin	Methionin	Tryptophan
Asparaginsäure	Histidin	Phenylalanin	Tyrosin
Cystein	Isoleucin	Prolin	Valin

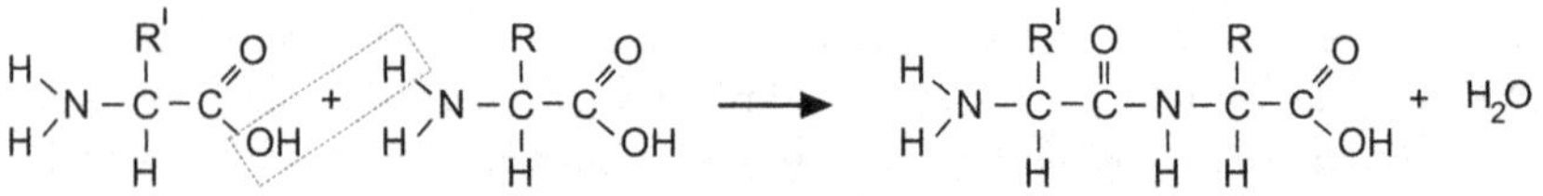

□ Abb. 5.2 Bildung einer Peptidbindung zwischen zwei Aminosäuren

ren sind sowohl Säuren als auch Basen, das heißt, sie haben ein saures COOH Carboxy-Ende, das leicht ein H^+-Ion abgibt und ein basisches NH_2 Amino-Ende, das leicht ein H^+ aufnimmt (Abb. 5.1).

Proteine sind aus Aminosäuren zusammengesetzte Ketten, die durch Peptidbindungen verknüpft sind; die Kettenglieder werden aus den in Tab. 5.1 aufgeführten 20 codierten Aminosäuren ausgewählt. Während Wasser 70 % des Gewichts einer Zelle ausmacht, tragen Proteine mit mehr als 50 % zum verbleibenden Gewicht bei (Alberts et al. 1994). Derzeit sind im menschlichen Körper mehr als 30.000 verschiedene Proteine bekannt (http://www.hprd.org). Sie funktionieren als Strukturproteine, Enzyme, Katalysatoren, Hormone, Transportproteine, Schutzproteine, Toxine etc.

Die Sequenz der Aminosäuren bestimmt die biologische Funktion der Proteine, die aus einigen 10–1000 Aminosäuren, in der Regel etwa 300, bestehen. Viele Proteine treten in Form mehrerer Untereinheiten auf, die durch Bindungen zusammengehalten werden. Die wichtigste Verknüpfungsform ist dabei die Peptidbindung, bei der sich das COOH-Ende einer Aminosäure mit dem NH_2-Ende der nächsten verbindet (Abb. 5.2). So entstehen Makromoleküle, auch *Polypeptide* genannt. Diese Bezeichnung schließt auch Ketten von Aminosäuren ein, die nicht in Tab. 5.1 aufgeführt sind. Proteine mit weniger als 100 Aminosäuren werden meist als Peptide bezeichnet.

Die Strukur der *Proteine* weist vier hierarchische Ebenen auf. Die primäre Struktur ist die Aminosäurensequenz, die von der DNA festgelegt wird (Abb. 5.3b). Die Sekundärstruktur ist

Abb. 5.3 Struktur eines Proteins. **a** Das Kugel- und Stabmodell zeigt C- (*schwarz*), N- (*hellgrau*) und O-Atome (*weiß*) sowie Aminosäurenreste R (*dunkelgrau*). H-Atome sind nicht dargestellt, **b** Strukturformel. *Pfeile* zeigen auf sich entsprechende Atome (Green et al. 1993)

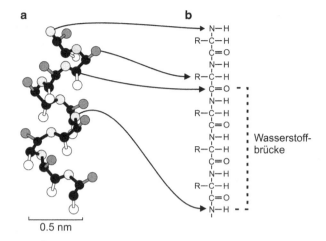

entweder die Aufwindung dieser Kette zu einer α-Helix-förmigen Spirale (CCN-Rückgrat in Abb. 5.3a) oder ein Hin- und Herfalten der Kette auf sich selbst (β-Faltblatt). Beide Polypeptide werden durch Wasserstoffbrücken stabilisiert. Die Tertiärstruktur ist die dreidimensionale Form, in die sich diese Makromoleküle falten. In einem vierten Strukturtyp kombinieren sich mehrere Proteinuntereinheiten zu einem vollständigen großräumigen Protein, etwa dem Hämoglobin, das aus vier Untereinheiten besteht.

Zwei weitere Grundbausteine lebender Organismen sind *Kohlenhydrate* und *Lipide*. Bei den Kohlehydraten dienen Cellulose als Baumaterial in Pflanzen und Polysaccharide (Vielfachzucker) wie Stärke und Glykogen als wichtigste Energiespeicherformen in Pflanzen und Tieren. Beim Energietransport werden verschiedene Zucker verwendet, die gleichzeitig wesentliche Bestandteile der Nukleinsäuren sind. Lipide, als Fette und Öle bekannt, bestehen aus Glycerin und Fettsäuren und sind in Wasser unlöslich. Sie haben viele Funktionen – am bekanntesten ist ihre Fähigkeit zur effizienten Speicherung von Energie.

Eine separate Klasse, die *Phospholipide*, bilden die strukturelle Grundlage äußerer und innerer Zellmembranen, die die Zelle vom Außenraum und im Inneren trennen. Abbildung 5.4 zeigt einen Ausschnitt der Phospholipiddoppelschicht einer äußeren Zellmembran. In dieser Schicht sind die Lipidmoleküle so angeordnet, dass sich ihre hydrophoben (wasserabweisenden) Schwänze in das Innere der Doppelschicht richten, während die hydrophilen (wasserliebenden) Köpfe zu den Oberflächen zeigen. Die Doppelschicht ist etwa 5 nm dick und wird von verschiedenen *Membranproteinen* durchdrungen, die den Transport von Stoffen in und aus der Zelle erlauben und verschiedene Steuerfunktionen ausüben.

Den vierten Typ von Grundbausteinen bilden die *Nukleinsäuren* DNA (Desoxyribonukleinsäure) und RNA (Ribonukleinsäure), die aus langen Ketten von Nukleotiden bestehen. *Nukleotide* sind aus drei Bausteinen zusammengesetzt (Abb. 5.5): einer Phosphorsäure (angedeutet durch einen Ring), einem Zucker (Pentagon) und einer Base (Rechteck). Bei RNA ist der Zucker immer D-Ribose, bei DNA Desoxy-D-Ribose. Die Nukleotide von RNA und DNA besitzen jeweils vier verschiedene Basen; bei RNA sind dies Cytosin, Uracil, Adenin und Guanin (C, U, A, und G), bei DNA C, A, G und Thymin (T). Die Basen C, U und T sind *Pyrimidine*, während A und G *Purine* sind. Letztere bestehen aus einem Doppelring und benötigen mehr Platz als die Pyrimidine. Nukleotide bilden sich, indem die Phosphorsäure an das 5′-Kohlenstoffatom und die Base an das 1′-Kohlenstoffatom der Ribose anhängt (die fünf

Abb. 5.4 Ausschnitt einer äußeren Zellmembran mit einer Doppelschicht aus Phospholipiden (Hart et al. 1995)

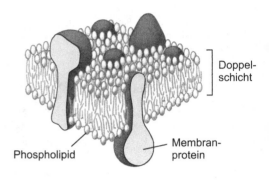

Abb. 5.5 Einzelsträngige RNA-Kette (**a**); doppelsträngige DNA-Kette (**b**) (Green et al. 1993)

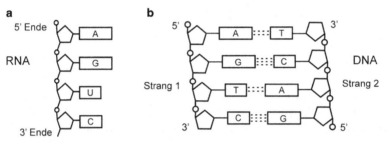

C-Atome in der Ribose sind in festgelegter Weise von 1′ bis 5′ durchnummeriert). Die fünf resultierenden Nukleotide werden als CMP, AMP, GMP, UMP und TMP bezeichnet, wobei MP für Monophosphat steht. Die genaue Struktur von AMP mit seinen drei Bausteinen wurde in Abb. 4.5 gezeigt.

Um ein RNA- oder DNA-Molekül zu bilden, werden die Nukleotide zusammengehängt und zu einer Polynukleotidkette verbunden. Abbildung 5.5 zeigt die Kettenbildung durch die Verbindung der am 5′ Kohlenstoffatom gebundenen Phosphorsäure eines Nukleotids mit dem 3′ Kohlenstoffatom des Zuckers des nächsten. Es bilden sich lange Ketten mit 3′- und 5′-Enden.

Während die RNA einsträngig bleibt, bildet die DNA eine Leiter, in der zwei einzelne DNA-Stränge zusammengekoppelt sind (Abb. 5.5). Hier liegt die Base A des einen Stranges stets der Base T, und G immer C des anderen Stranges gegenüber. Es befindet sich also jeweils – von Wasserstoffbrücken festgehalten (gestrichelt) – ein platzsparendes Pyrimidin gegenüber einem voluminösen Purin. Ähnlich wie bei Proteinen, ist die doppelsträngige DNA in einer α-Helix-artigen Spirale aufgewickelt, in der die A-T- und G-C-Paare Leitersprossen bilden. Die DNA besitzt viele Wasserstoffbrücken, die A-T- und G-C-Paare haben ähnliche Längen und die Information ist auf zwei Strängen besonders sicher abgelegt. Das macht sie wesentlich stabiler als die RNA und als Speichermolekül besser geeignet.

In den Zellen der höheren Lebewesen mit Durchmessern von einigen μm muss das ca. 1 mm lange DNA-Molekül, aus Platzgründen, fest aufgewickelt werden. Die nur 2 nm breite DNA wird zunächst um perlenartige Körperchen (Nukleosomen) mit einem Durchmesser von 10 nm gewickelt (Abb. 5.6a), um dann in größere sternartige Gebilde mit Durchmessern von etwa 30 nm verpackt zu werden. Weitere Schleifenbildung und nochmalige Aufwicklung winden die DNA in enge Spiralen (*Chromosomen*) mit einem Durchmesser von 700 nm. Die

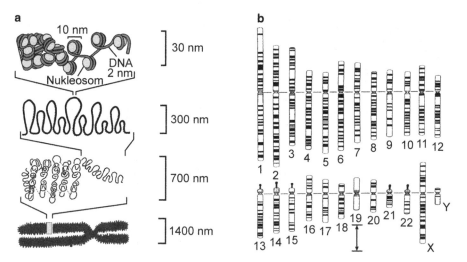

a **b**

☐ **Abb. 5.6** Chromosomen. **a** Aufwicklung der DNA und Bildung von Chromosomen, **b** Menschlicher Chromosomensatz (Alberts et al. 1994)

Chromosomen der prokaryotischen Zellen bestehen aus einem einzelnen großen Ring, während eukaryotische Zellen Sätze von Chromosomen besitzen. Der Unterschied zwischen pro- und eukaryotischen Zellen wird in Abschn. 5.3 besprochen. Menschen haben 46 Chromosomen, bestehend aus 22 Paaren; dazu kommen bei Männern noch ein X- und Y-Chromosom, bei Frauen zwei X-Chromosomen. Abbildung 5.6b zeigt den menschlichen Chromosomensatz. Die Streifen wurden durch Färbung erzeugt; die durch Pfeile gekennzeichnete Strecke markiert 50 Mio. Basenpaare.

5.2.2 Der genetische Code

Der genetische Code legt die Sprache fest, in der das Hauptarchiv eines Organismus auf der DNA geschrieben ist. Mit einer geringfügig anderen Version dieses Codes (Tab. 5.2) werden die einzelnen Baupläne auf der RNA verzeichnet. Der genetische Code ist ein Triplett-Code, d. h. jedem Triplett (Codon) aus den Basen U, C, A und G auf der RNA entspricht eine der 20 in Tab. 5.1 aufgeführten codierten Aminosäuren. Der Code ist auf folgende Weise zu lesen: die erste Base wählt man auf der linken Seite der Tab. 5.2, die zweite oben und die dritte auf der rechten Seite. Es existieren drei Stop-Codons (UAA, UAG, UGA) und ein Start-Codon (AUG = Methionin).

5.2.3 ATP, der Energielieferant der biochemischen Welt

Adenosintriphosphat (ATP) ist der universelle Energielieferant der Biochemie, der Synthesen und Bauvorhaben ermöglicht. Durch Hinzufügen von einer bzw. zwei Phosphatgruppen zu dem bereits erwähnten AMP (Abb. 4.5) werden die Moleküle ADP bzw. ATP geschaffen.

□ Tab. 5.2 Der genetische Code. Jedem Basentriplett ist die daneben stehende Aminosäure zugeordnet (Alberts et al. 1994)

		Zweite Base				
		U	C	A	G	Dritte Base
Erste Base	U	UUU ⎤ Phe UUC ⎦ UUA ⎤ Leu UUG ⎦	UCU ⎤ UCC ⎤ Ser UCA UCG ⎦	UAU ⎤ Tyr UAC ⎦ UAA **Stop** UAG **Stop**	UGU ⎤ Cys UGC ⎦ UGA **Stop** UGG Trp	U C A G
	C	CUU ⎤ CUC ⎤ Leu CUA CUG ⎦	CCU ⎤ CCC ⎤ Pro CCA CCG ⎦	CAU ⎤ His CAC ⎦ CAA ⎤ Gln CAG ⎦	CGU ⎤ CGC ⎤ Arg CGA CGG ⎦	U C A G
	A	AUU ⎤ AUC ⎤ Ile AUA AUG **Start, Met**	ACU ⎤ ACC ⎤ Thr ACA ACG ⎦	AAU ⎤ Asn AAC ⎦ AAA ⎤ Lys AAG ⎦	AGU ⎤ Ser AGC ⎦ AGA ⎤ Arg AGG ⎦	U C A G
	G	GUU ⎤ GUC ⎤ Val GUA GUG ⎦	GCU ⎤ GCC ⎤ Ala GCA GCG ⎦	GAU ⎤ Asp GAC ⎦ GAA ⎤ Glu GAG ⎦	GGU ⎤ GGC ⎤ Gly GGA GGG ⎦	U C A G

Wenn in einer Zelle etwa eine Verbindung X-Y aus den beiden Komponenten X-OH und H-Y gebildet werden soll, muss die eine Komponente zuerst mit Energie versorgt werden (als Beispiel s. Abb. 5.2). Dies geschieht, indem das energiereiche ATP eine Phosphatgruppe auf die Komponente X-OH transferiert. In dieser Reaktion wird ATP zum niederenergetischen ADP abgebaut. Die Komponenten vereinigen sich nun unter Freisetzung einer Phosphorsäure. Anschließend wird das ADP wieder zu ATP restauriert, indem es unter Abgabe von H_2O die Phosphorsäure wieder aufnimmt. Allerdings tritt diese Restaurierung nur dann auf, wenn die verlorene Energie wieder hinzugefügt wird, bei Pflanzen durch Sonnenlicht und bei Tieren durch die Verbrennung von Nahrung.

5.2.4 Die Synthese von RNA, DNA und Proteinen

Wenn sich Zellen verdoppeln, ist eine Vervielfältigung (*Replikation*) der DNA nötig. Dazu entwindet sich die DNA und die beiden Stränge trennen sich. Jeder Strang wird dann so verdoppelt, dass der Syntheseprozess stets vom 5′ Ende zum 3′ Ende hin verläuft. Auf die Verdoppelung folgen mehrere Korrekturschritte, die mutierte oder zerstörte DNA-Stücke reparieren. Diese Vorgehensweise und der Umstand, dass die Information auf beiden Strängen gespeichert ist, führen zu einer sehr hohen Zuverlässigkeit. So wird sichergestellt, dass im menschlichen Körper etwa 10^{16} Zellteilungen ohne größere Fehler im Laufe eines Lebens ablaufen können.

Die Synthese der Proteine erfolgt in zwei Stufen. Zuerst werden vom Hauptarchiv DNA einzelne Teile der Erbinformation auf die RNA kopiert (*Transkription*). Die einsträngige Boten-RNA (messenger-RNA = mRNA) steuert dann die Synthese der Proteine (*Translation*). Wie bereits erwähnt, ist in prokaryotischen Zellen die DNA als Ring vorhanden; die Informationen (Gene) sind in einer kontinuierlichen Folge von Sequenzen gespeichert, die jeweils von einem Start- bis zu einem Stop-Codon reichen. In eukaryotischen Zellen ist die Information auf der

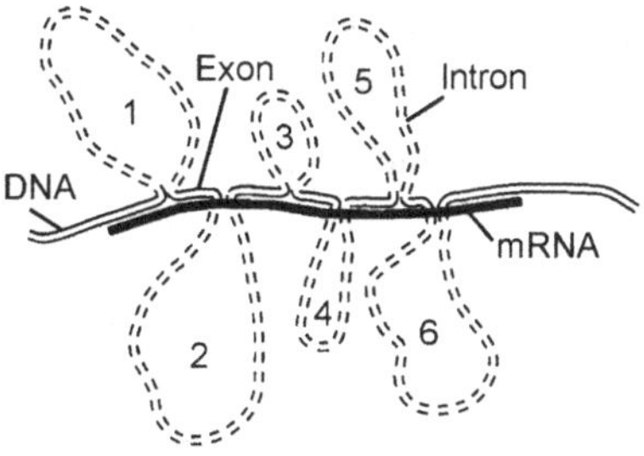

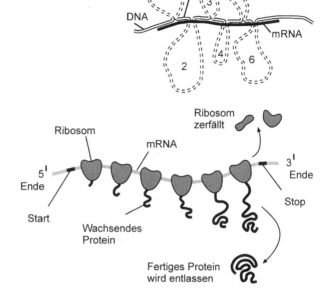

Abb. 5.7 Beziehung zwischen DNA und mRNA. Die sechs Intron-Schleifen der DNA werden bei der Transkription nicht in die mRNA übernommen (Alberts et al. 1994)

Abb. 5.8 Ribosome (*dunkelgrau*) lesen die mRNA (Alberts et al. 1994)

DNA nicht kontinuierlich angeordnet. Sie teilt sich in *Exon-Stücke*, die Protein-Information tragen und *Intron-Stücke*, die keine enthalten (Abb. 5.7). In einem ersten Schritt wird ein Abschnitt der DNA-Information als Ganzes auf eine RNA transkribiert. Diese heterogene Kern-RNA (hnRNA) existiert nur in den Zellkernen. Von der hnRNA werden die Introns entfernt und eine fertige, für die Proteinsynthese bereite mRNA verlässt den Kern durch die Poren der Kernhülle. Diese Synthese findet außerhalb des Kerns statt.

Die mRNA liefert die Information für die *Translation*, die mithilfe von Transfer-RNAs (tRNAs) und dem Ribosom durchgeführt wird. Letzteres besteht aus zwei Untereinheiten, zwischen denen die mRNA abgelesen wird. Der Translationsprozess beginnt damit, dass die in Tab. 5.1 aufgeführten Aminosäuren und die verschiedenen tRNAs im Zellplasma vorhanden sind. Jede tRNA verfügt über einen Anticodon-Abschnitt, der aus einem komplementären Triplett der 64 Tripletts des genetischen Codes (Tab. 5.2) besteht und mit seiner spezifischen Aminosäure beladen ist.

Das Ribosom, zusammen mit einer tRNA, die das komplementäre Anticodon UAC trägt und mit der Aminosäure Methionin beladen ist, sucht auf der mRNA das Start-Codon AUG und heftet sich dort fest (Abb. 5.8). Dann bewegt sich das Ribosom zum nächsten Codon und lagert die nächste tRNA mit passendem Anticodon an. Die Aminosäure dieser tRNA wird abgeladen und an die vorige Aminosäure der Proteinkette angehängt. Die leere tRNA lädt aus dem Zellplasma erneut ihre spezifische Aminosäure und das Ribosom bewegt sich zum nächsten Codon etc. Dieser Translationsprozess wird so lange fortgesetzt, bis ein End-Codon erreicht ist. Dort fällt das Ribosom unter Spaltung in seine beiden Untereinheiten ab und das freigesetzte neu synthetisierte Protein faltet sich in seine korrekte räumliche Form. Sobald ein Start-Codon frei ist, dockt ein neues Ribosom an, sodass zu jeder Zeit viele Ribosomen das gleiche Gen in der Richtung vom 5' zum 3' Ende der mRNA lesen.

5.3   Zellen und Organellen

Das Vorhandensein oder Fehlen eines Zellkerns klassifiziert die Zellen als *eukaryotisch* oder *prokaryotisch*. Abbildung 5.9 zeigt einige auf den gleichen Maßstab vergrößerte Zellen. Prokaryotische Zellen haben Durchmesser von 0,1 bis 10 μm, während die größeren eukaryotischen Zellen Durchmesser von 10 bis 100 μm aufweisen. Letztere besitzen eine komplizierte innere Struktur mit vielen verschiedenen *Organellen*, organartige Untereinheiten, in denen spezielle Prozesse ablaufen. Typische Organellen eukaryotischer Zellen, sowie deren Form und Funktion, sind in Tab. 5.3 aufgeführt.

Das hervorstechendste Organell ist der Kern (Abb. 5.9), in dem sich die Chromosomen befinden und die Transkription zur mRNA abläuft. Kommunikation mit den anderen Zellbestandteilen findet durch die Poren in der Kernhülle statt.

◘ Tab. 5.3 Organellen eukaryotischer Zellen (Alberts et al. 1994)

Organellen	Form	Funktion
Nukleus	Umhüllt von Membran	Archiv, DNA-, RNA-Synthese
Zytosketett	Röhren, Fasern	Innerer Transport, Stützung
Flagellum	Röhren, Fasern	Fortbewegung der Zelle
Lysosom	Umhüllt von Membran	Verdauung
Mitochondrium	Umhüllt von Membran	Sauerstoffverbrennung, produziert ATP
Peroxisom	Umhüllt von Membran	Fettmetabolismus
Endoplasmatisches Retikulum	Umhüllt von Membran	Lipid- und Proteinsynthese
Golgi-Apparat	Umhüllt von Membran	Speicherung und Modifizierung von Lipiden und Proteinen
Plastide (nur Pflanzen)	Umhüllt von Membran	Photosynthese

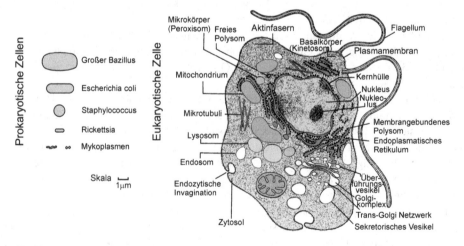

◘ Abb. 5.9 Prokaryotische und eukaryotische Zellen auf gleicher Größenskala (modifiziert nach de Duve 1991)

Das *Zytoskelett* (eine Vielfalt von Proteinfilamenten, Mikrotubuli und Aktinfasern), gibt der Zelle Form und Stütze und erlaubt internen Transport. Peitschenförmige *Flagellen* treiben die Zelle durch das externe Medium; *Lysosomen* enthalten Enzyme für die intrazelluläre Verdauung. *Mitochondrien* sind die Kraftwerke der Zelle und produzieren ATP durch Verbrennen von Nahrungsmitteln mit Sauerstoff; *Peroxisomen* sind am Fettstoffwechsel beteiligt. Im *Endoplasmatischen Retikulum* finden Lipid- und Proteinsynthese statt, während im *Golgi-Apparat* die gebildeten Proteine und Lipide modifiziert, sortiert und für die Lieferung zu anderen Organellen verpackt werden. Alle diese Organellen sind von Membranen umgeben. Diese weisen darauf hin, dass ihre Vorfahren vor langer Zeit unabhängige prokaryotische Zellen waren, denen es gelang, innerhalb der eukaryotischen Zelle zu überleben und als Endosymbionten eine Beziehung zum gegenseitigen Nutzen mit ihren Gastgebern aufzubauen.

5.4 Sequenzierung und Klassifikation der Organismen

Die Sequenzierung der Nukleotide der DNA bzw. RNA führte zu einer besseren Klassifizierung der Lebewesen, besonders der Bakterien. Wurden Bakterien früher als wenig bedeutsame Varianten einzelliger Lebensformen angesehen, traten durch die Sequenzierung erstaunliche Unterschiede zwischen den einzelnen Bakterienarten zutage. Die Sequenzierungen erlaubten auch die verwandtschaftlichen Beziehungen zwischen höheren Tieren und Pflanzen genauer zu ermitteln.

5.4.1 Methode der Sequenzierung

Zum Verständnis der Sequenzierung als einer leistungsfähigen Methode der Klassifikation, betrachte man eine Serie von DNA-Stücken von vier verwandten Organismen O1, O2, O3 und O4, mit einer Abstammungsfolge O1 → O2 → O3 → O4, bei der sich jedes von dem vorherigen durch eine einzige Mutation in der DNA-Kette unterscheidet (Abb. 5.10, gekennzeichnet durch Kleinbuchstaben). Man nehme an, dass das Wissen, wie diese vier Organismen voneinander abstammen, verloren gegangen ist. Wie lässt sich der richtige Abstammungsweg rekonstruieren? In der wahren Abstammungslinie treten insgesamt drei Mutationen auf. Für eine andere Abstammungslinie, zum Beispiel O1 → O3 → O4 → O2, müsste man insgesamt fünf Mutationen aufwenden, denn von O1 → O3 bräuchte man zwei, von O3 → O4 eine, und von O4 → O2 zwei. In der gleichen Weise benötigte man für die Sequenz O1 → O4 → O2 → O3 insgesamt sechs Mutationen. Da erfolgreiche Mutationen (d. h. der mutierte Organismus stirbt nicht sofort ab) selten sind, ist es notwendig, die vier Sequenzen so anzuordnen, dass eine minimale Anzahl von Mutationen auftritt. Dies bringt uns zu O1 → O2 → O3 → O4 oder zu O4 → O3 → O2 → O1.

◻ **Abb. 5.10** DNA-Basensequenzen von vier verwandten Organismen

O1: GGC ATC TCC GAA GAA TGT

O2: GGC AcC TCC GAA GAA TGT

O3: GGC AcC TCC GgA GAA TGT

O4: GGC AcC TCC GgA aAA TGT

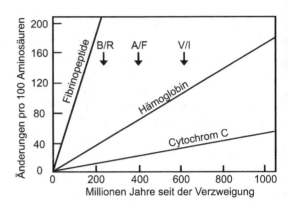

◻ Abb. 5.11 Anzahl der Mutationen pro 100 Aminosäuren als Funktion der Zeit für drei Zellbausteine. V/I markiert den Zeitpunkt der Trennung von Wirbeltieren und Wirbellosen, A/F den von Amphibien und Fischen und B/R den von Vögeln und Reptilien (Alberts et al. 1994)

5.4.2 Molekulare Uhren

Ordnet man die Organismen nach der Ähnlichkeit der sequenzierten DNA (oder RNA)-Abschnitte, erschließt sich eine auf dem Prinzip minimaler Mutationen basierende Verwandtschaftsbeziehung. Diese Beziehung ist noch aussagekräftiger, wenn man ihr eine Zeitskala zuordnet. Wenn sich zwei DNA-Abschnitte durch viele Mutationen unterscheiden, besteht offensichtlich eine ferne Verwandtschaft, während bei Abschnitten, die sich nur um wenige Mutationen unterscheiden anzunehmen ist, dass die Organismen eng verwandt sind.

Die Anzahl der Mutationen als Maß für die Zeit wird *molekulare Uhr* genannt. Dabei geht man davon aus, dass Mutationen mit zeitlich konstanter Rate auftreten. Man kann diese Annahme testen, indem man die Abschnitte gleicher Zellbausteine bei verschiedenen Organismen vergleicht. Für das Protein Cytochrom C, das bei Vögeln, Reptilien, Amphibien, Fischen und Wirbellosen vorkommt, zeigt Abb. 5.11, dass in 200 Millionen Jahren 10 Mutationen auftraten (pro Abschnitt von 100 Aminosäuren), in 400 Millionen Jahren 20 und in 800 Millionen Jahren 40. Ein Vergleich verschiedener molekularer Uhren belegt, dass sie mit konstanter Rate laufen: In den gleichen 200 Millionen Jahren stellt man 40 Mutationen beim Hämoglobin und 200 Mutationen beim Fibrinopeptid fest. Dies zeigt, dass diese molekularen Uhren vergleichsweise schneller laufen.

5.4.3 Der evolutionäre Baum der Bakterien

Abbildung 5.12 zeigt den phylogenetischen Abstammungsbaum, der durch Sequenzierung ribosomaler RNA von Bakterien und anderen Organismen abgeleitet wurde (Woese 1987). Die Längen der Linien in dieser Abbildung entsprechen der Anzahl der Mutationen und stellen deshalb Zeitunterschiede dar. Sie zeigen die evolutionären Distanzen zwischen den verschiedenen Bakterien, Pflanzen und Tieren. Aus der Tatsache, dass in der Abbildung drei relativ eng verwandte Gruppen von Organismen auftreten, die über große Distanzen verbunden sind, schloss Woese, dass die Welt der lebenden Organismen in drei Hauptzweige klassifiziert werden muss: Archaebakterien (Archaea), Eubakterien und Eukaryoten.

Höhere Lebensformen – Pflanzen, Pilze, Tiere und Menschen – entwickelten sich aus der Eukaryotenlinie. Überraschend ist, dass Pflanzen und Tiere viel näher verwandt sind als die verschiedenen Bakterien untereinander. Alle Prokaryoten (Eubakterien und Archaebakterien)

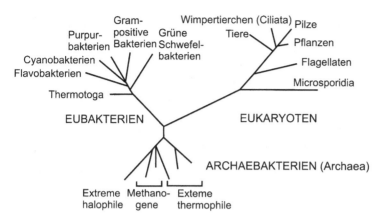

○ Abb. 5.12 Stammbaum der Lebewesen (Woese 1987)

sind einzellige Organismen, aber auch unter den Eukaryoten gibt es Einzeller, die Protisten. Zu ihnen zählen u. a. die *Microsporidia*, *Flagellaten* und *Ciliata*. Tiere, Pflanzen und fast alle Pilze sind hingegen mehrzellige Organismen.

5.4.4 Zeitskala der Evolution des Lebens

Von großer Bedeutung für die Entstehung des Lebens ist, dass alle Organismen, die auf der Erde bis heute entdeckt wurden, eine ähnliche interne Biochemie aufweisen. Sie basiert auf DNA, RNA, dem genetischen Code und Proteinen mit den in Tab. 5.1 aufgeführten 20 codierten Aminosäuren. Da die komplizierte DNA-Maschinerie sich nicht in zwei voneinander unabhängigen Lebenslinien hätte entwickeln können, folgert man, dass die drei Zweige der Bakterien einen gemeinsamen Vorfahren hatten. Dieser *letzte universelle gemeinsame Vorfahr* (LUCA), der bereits die komplette DNA-Maschinerie besessen haben muss, war sehr wahrscheinlich unseren einfachsten prokaryotischen Bakterien ähnlich; von ihm stammen alle Formen des Lebens auf der Erde ab. Bezeichnend ist, dass diese Zelle bereits vor ca. 3,8 Mrd. Jahren unmittelbar nach der Zeit des *späten schweren Bombardements* LHB (Abschn. 3.1.2) existierte (Abb. 5.13).

Man vermutet, dass sich die Nachkommen von LUCA in die beiden prokaryotischen Bakterienzweige, Archaea und Eubakterien, spalteten. Vor etwa 3,7 Mrd. Jahren zweigte sich dann der Vorfahr der eukaryotischen Zelllinie (Urkaryote) von den Archaebakterien ab. Abbildung 5.13 zeigt die nachfolgende Entwicklung der eukaryotischen Zelllinie zu einem Protoeukaryoten und Wirtszellen für Endosymbionten. Diese Evolution der eukaryotischen Zellen wird im Detail in Kap. 6 besprochen. Es ist offensichtlich, dass LUCA schon zu kompliziert war, als dass er das erste Lebewesen auf der Erde hätte sein können. Man muss deshalb ein viel einfacheres Lebewesen, den *Progenoten*, als Vorfahr von LUCA annehmen.

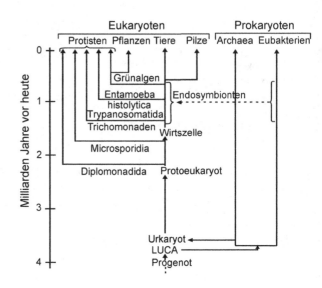

◘ Abb. 5.13 Stammesgeschichte der Lebewesen (de Duve 1991)

5.4.5 Sequenzierung und das komplette Genom

Bis Anfang 2013 wurde das komplette Genom, d. h. die vollständige DNA-Sequenz (http://www.genomesonline.org/cgi-bin/GOLD/index.cgi) von ca. 4130 Organismen (181 Archaea, 3765 Eubakterien, 183 Eukaryoten) bestimmt; die Genome von 17.400 Lebewesen sind in Arbeit. Tabelle 5.4 zeigt die Anzahl der DNA-Basenpaare einiger vollständig oder teilweise sequenzierter Genome. Die ersten fünf Einträge betreffen Prokaryoten; die Spalte „Exon %" führt den prozentualen Anteil der Exons bei der DNA auf. Zu beachten ist, dass höhere Lebensformen in der Regel größere Prozentsätze an Introns aufweisen. Die Spalte „Gene" bezieht sich auf die Zahl der gefundenen nichtidentischen Startsequenzen; Fragezeichen markieren Schätzungen.

Während einzellige Organismen einige Hundert bis Tausend Gene besitzen, haben Säugetiere, Fische, Blütenpflanzen, Würmer und Insekten in der Regel 14.000 bis 27.000 Gene; der Mensch besitzt etwa 21.000 Gene (Service 2008), wobei derzeit die genaue Zahl noch nicht bekannt ist. Neben diesen Genen existieren sogenannte Gen-Schalter, nichtcodierende RNA (ncRNA), kurze interferierende RNA (siRNA) oder DNA-Methylation. Sie regulieren, ob ein Gen an- oder abgeschaltet ist und wie viel oder wenig es arbeitet. Die Zahl dieser zusätzlichen Schalter wird als erheblich größer als die der Gene geschätzt (Claverie 2005; Dunham 2012). Deshalb müssen sie beim Vergleich von Genomen, etwa von Mensch und Schimpanse, mit berücksichtigt werden.

5.5 Geologische Spuren des Lebens

In Abschn. 3.7 wurde erwähnt, dass es wegen des Abtauchens der ozeanischen Kruste und dem Wachstum der Kontinente nur wenige Stellen auf der Erde gibt, bei denen Sedimentgesteine aus der Frühgeschichte vorhanden sind und fossile Spuren des Lebens gefunden werden können (Abb. 3.18). Die ältesten Hinweise für Leben stellen ungewöhnliche $^{13}C/^{12}C$-Isotopenverhältnissen dar, die sich in Kohlenstoffkügelchen in metamorphen Gesteinen

□ Tab. 5.4 Genomgröße in Basenpaaren (Bp) und Genzahl von einigen vollständig oder teilweise sequenzierten prokaryotischen und eukaryotischen Organismen

Organismus	DNA Bp.	Exon %	Exon Bp.	Gene
Prokaryoten				
Mycoplasma genitalium	$5,8 \times 10^5$	100	$5,8 \times 10^5$	468
Pelagibacter ubique	$1,3 \times 10^6$	100	$1,3 \times 10^6$	1354
Heliobacter pylori	$1,7 \times 10^6$	100	$1,7 \times 10^6$	1590
Bacillus subtilis	$4,2 \times 10^6$	100	$4,2 \times 10^6$	4099
Escherichia coli	$4,6 \times 10^6$	100	$4,6 \times 10^6$	4289
Eukaryoten				
Saccharomyces cerevisiae (Bierhefe)	$1,2 \times 10^7$	50	6×10^6	6294
Caenorhabditis elegans (Nematode Wurm)	$9,7 \times 10^7$	25	2×10^7	19.000
Drosophila melanogaster (Fruchtfliege)	$1,4 \times 10^9$	8?	1×10^7?	14.000
Arabidopsis thaliana (Blütenpflanze)	$1,2 \times 10^8$	20?	$2,5 \times 10^7$?	27.000
Fritillaria (Blütenpflanze)	$1,3 \times 10^{11}$	0,02?	$2,5 \times 10^7$?	25.000?
Protopterus (Lungenfisch)	$1,3 \times 10^{11}$	0,02?	$2,5 \times 10^7$?	25.000?
Maus	$2,5 \times 10^9$	1?	$2,5 \times 10^7$?	23.000?
Mensch	$3,2 \times 10^9$	1?	$2,5 \times 10^7$?	21.000?

(Abschn. 3.3) finden und auf photosynthetische Bakterien hinweisen (Schidlowski 1988, Mojzsis et al. 1996; Rosing 1999; Westall 2004, 2005). So in der 3,8 Mrd. Jahre alten Isua Formation (Abb. 3.18) und auf der nahe gelegenen Insel Akilia im Südwesten von Grönland. Das Verhältnis $^{13}C/^{12}C$ ist in biologischen Organismen 2,5 % niedriger, da diese bei der Photosynthese bevorzugt das leichtere ^{12}C-Isotop aufnehmen.

Das 3,83 Mrd. Jahre alte metamorphe Gestein (Abschn. 3.3, 3.6) auf Akilia und anderen Standorten im Südwesten Grönlands ist außerdem stark mit schweren Eisenisotopen angereichert (Dauphas et al. 2004). Dies bedeutet, dass die ursprünglichen Gesteine vermutlich Bändererze (banded iron formations, BIFs) gewesen sind, in denen Fe_2O_3 (mit Fe^{3+}), als Folge der Oxidation von Fe^{2+} durch photosynthetische Bakterien, entstanden ist. Diese Interpretation und das Alter der Akilia Felsen sind indes umstritten (Moorbath 2005); dies scheint jedoch nicht für die Isua Formation zu gelten, wo uranreiche 3,7–3,8 Mrd. Jahre alte Meeresbodensedimente auf Sauerstofferzeugung durch photosynthetische Bakterien hinweisen (Rosing und Frei 2004). Unbestritten fossile Lebensspuren treten bei den Stromatolithen auf, gebänderten Gesteinsschichten, die durch sukzessive Wachstumsschichten von mattenartigen Kolonien photosynthetischer Bakterien gebildet wurden. Solche mehr als 3,4 Mrd. Jahre alte Lebensspu-

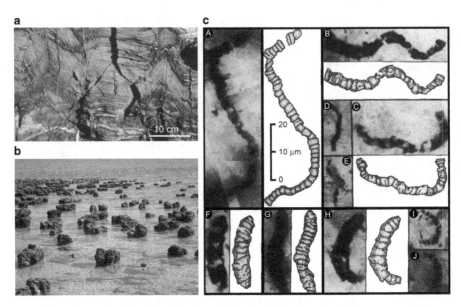

⧉ Abb. 5.14 Früheste fossile Lebenspuren in Westaustralien. **a** Stromatolithen im 3,4 Mrd. Jahre alten Strelley Pool Chert (Awramik 2006). **b** Heutige Stromatolithen in der Shark Bay. **c** Bakterienkolonien *A–J* in der 3,5 Mrd. Jahre alten Warrawoona Formation (Schopf 1992)

ren wurden in Westaustralien entdeckt, wo ähnliche Kolonien heute noch in der Shark Bay existieren (Abb. 5.14a,b). In derselben Region fand man fossilisierte fadenförmige Bakterienkolonien (Abb. 5.14c; Schopf et al. 1992, 2002).

Spätere Epochen sind reicher an Lebensspuren. In der 2,1 Mrd. Jahre alten Gunflint Formation von Ontario, Kanada und besonders in der 1 Mrd. Jahre alten Bitter Springs Formation von Westaustralien (Abb. 5.15) sind fossile eukaryotische Zellen mit einem deutlich sichtbaren Kern zu sehen, bei denen sogar der mitotische Zellkernzyklus (Abschn. 6.5) konserviert wurde.

5.6   Die Umwelt zu Beginn des Lebens

Wie das Leben auf der Erde begann, gehört zu den bisher noch ungelösten Problemen. Dies betrifft nicht nur die Entstehung aus unbelebter Materie, sondern auch die Frage, wie die Umwelt auf der frühen Erde aussah, die einen solchen Bildungsprozess ermöglichte. Unterschiedliche Disziplinen tragen hier zur Aufklärung bei. Astrophysikalische und geologische Studien der Planetenentstehung ermöglichen ein Verständnis für die Umwelt, in das das Leben auftrat (Abschn. 3.1.3). Laborsimulationen der Bedingungen auf der frühen Erde liefern Erkenntnisse über die damalige abiotische Chemie. Die Analyse der Besonderheiten des genetischen Codes verweist auf einfachere 1D Vorläufer-Codes (Eigen und Winkler-Oswatitsch 1981). Durch den Nachbau von Lebewesen mithilfe der synthetischen Biologie versucht man die Frage zu klären, aus welchen Bausteinen das Leben besteht und wie man diese zu einem funktionierenden Organismus zusammensetzt. DNA-Sequenzierungen zeigen die Genome der frühesten Lebewesen. Experimentelle und rechnerische Methoden versuchen LUCA zu rekonstruieren und

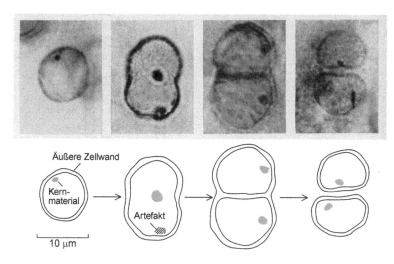

Abb. 5.15 Versteinerte eukaryotische Zellen in verschiedenen Stadien der Zellteilung in der 1 Mrd. Jahre alten Bitter Springs Formation von Westaustralien (Barghoorn 1971)

einen Organismus zu schaffen, der mit einem minimalen Genom und der DNA-Maschinerie überleben kann. Schließlich werden Überlegungen über das Leben vor der DNA-Welt angestellt, eine RNA-Welt, in der eine reine RNA-Maschinerie herrschte und eine Thioester-Welt mit noch einfacheren Mechanismen, die das erste Lebewesen, den Progenoten hervorbrachte (Abb. 5.13).

5.6.1 Die Urey-Miller Experimente

In dem wohl bekanntesten Experiment der Simulation einer primordialen (ursprünglichen) chemischen Umwelt benutzten Harold Urey und Stanley Miller 1953 ein Gasgemisch (CH_4, NH_3, H_2 und H_2O), das die Atmosphäre der frühen Erde repräsentieren sollte. In einem zyklisch umlaufenden Fließprozess (Abb. 5.16) wurde diese Mischung erhitzt und 60.000 V starken elektrischen Entladungen ausgesetzt, die die Gase in UV-Licht badeten. Elektrische Aktivität und UV-Strahlung dürften in der Urzeit bei Entladungen der statischen Aufladungen in den reichlich vorhandenen Staubwolken vorgekommen sein, die von Vulkanen und einfallenden Meteoriten in die Atmosphäre geschleudert wurden (Abb. 3.3).

Nachdem das Experiment für eine Woche gelaufen war, fand Miller eine beeindruckende Zahl von organischen Verbindungen, die aus dem Kohlenstoff von CH_4 synthetisiert worden waren. Tabelle 5.5 zeigt, dass unter diesen biologisch wichtige Aminosäuren (gekennzeichnet durch *) vorhanden waren.

Diese Experimente wurden später unter dem Hinweis kritisiert, dass moderne Vulkane vor allem CO_2 produzieren und CH_4 durch den Sauerstoff, der aus der Photolyse von Wasser stammt (Abschn. 3.1.3), oxidiert und zugunsten von CO_2 aufgebraucht worden sei. Wie bereits erwähnt, ergeben jedoch neuere Untersuchungen zur Bildung von CH_4 und NH_3 in hydrothermalen Tiefseeschloten sowie der reduzierte Zustrom von solarer UV-Strahlung im Hadaikum,

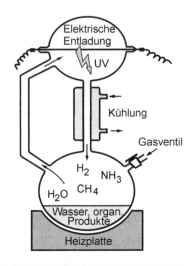

◘ Abb. 5.16 Versuchsanordnung beim Urey-Miller Experiment (Kaplan 1972)

◘ Tab. 5.5 Präbiotische organische Verbindungen aus den Miller Experimenten mit Prozentsatz von C aus CH_4 (Miller 1998)

Verbindungen	% C	Verbindungen	% C
Ameisensäure	4,0	Essigsäure	0,51
Glycin*	2,1	Iminodiessigsäure	0,37
Glykolsäure	1,9	α-Aminobuttersäure	0,34
Alanin*	1,7	α-Hydroxybuttersäure	0,34
Milchsäure	1,6	Bernsteinsäure	0,27
β-Alanin	0,76	Andere	0,62
Propionsäure	0,66		

dass die ursprünglich von Urey und Miller gemachte Annahme einer CH_4-Atmosphäre ziemlich wahrscheinlich ist. Spätere Simulationen von Miller und Kollegen (Miller und Orgel 1974; Robertson und Miller 1995) zeigten, dass es sogar möglich ist, Purine (Adenin, Guanin) und Pyrimidine (Cytosin, Uracil) mit einer Ausbeute von 30–50 % in verdampfenden Lagunen oder austrocknenden Schlammlöchern herzustellen. Diese Verbindungen galten früher als nur schwer synthetisierbar.

5.6.2 Synthetische Biologie und die Schaffung von Leben

Das Phänomen Leben direkt anzugehen, d. h. eine lebende Zelle mit chemischen Standardmethoden herzustellen, wird in mehreren Laboratorien versucht. Der Gruppe von *Craig Venter* gelang es, Genfragmente von *M. genitalium* aus Nukleotiden zu synthetisieren und sie zum kompletten 592.000 Basenpaaren langen ringförmigen Genom zusammenzufügen (Gibson et al. 2008a, b). Diese ab initio Synthese lieferte das längste Molekül, das jemals künstlich hergestellt wurde. Die wesentlich einfacheren Synthesen der anderen Zellkomponenten (Zellhülle, die verschiedenen Bestandteile des Zellplasmas und die an der Replikation, Transkription und Translation beteiligten Nukleinsäuren), sowie der Zusammenbau dieser Komponenten dürften deshalb wohl nicht lange auf sich warten lassen. Ein solches *Demonstrationsexperiment*, das die künstliche Schaffung eines vollständigen Lebewesens im Labor zeigen würde, fehlt bisher, ebenso die Aufstellung einer präzisen Liste der absolut notwendigen Moleküle, die mit der DNA zusammen die Bausteine eines Lebewesens ausmachen.

Einen weiteren erfolgversprechenden Weg, eine solche Liste zu erarbeiten, stellen die Bemühungen dar, Zellen im Computer zu modellieren (Suthers 2009). Auch hier wurde *M. genitalium* als Zielorganismus ausgewählt. Eine genauere Kenntnis des Aufbaus und der Funktion von minimalen DNA-Welt-Organismen würde es ermöglichen, nach einfacheren, bereits erwähnten RNA-Welt- oder Thioester-Welt-Organismen Ausschau zu halten, deren Funktion zu verstehen und damit den Weg aufzuklären, wie das Leben auf der Erde entstanden ist.

5.6.3 Die Suche nach LUCA

Andere experimentelle Methoden, die frühen Phasen des Lebens zu erhellen, bestehen in der Suche nach der Struktur des *letzten universellen gemeinsamen Vorfahren (LUCA)* der derzeit lebenden Organismen (Abb. 5.13). Hier wurden sowohl theoretische wie experimentelle Verfahren benutzt. Da die DNA-Sequenzen von *M. genitalium* (mit 468 Genen, Tab. 5.4) und anderen Mikroben mit sehr kleinen Genomen vollständig vorlagen, war es möglich, sie im Detail zu vergleichen (Mushegian und Koonin 1996). Es wurde die Anzahl der Gene gezählt, die in *M. genitalium* und *Haemophilus influenzae* gleich oder ähnlich waren. Man fand 241 sogenannte orthologe Gene, die als grundlegend und absolut notwendig für das Überleben erachtet wurden. Zu dieser Zahl addierten die Autoren 15 Gene, die zwar verschieden waren, aber die gleichen grundlegenden Funktionen in beiden Organismen ausübten. Durch dieses Verfahren ermittelte man ein Minimum von 256 Genen.

In einem weiteren Verfahren (Hutchinson III et al. 1999) wurden spezifische Gene von *M. genitalium* experimentell deaktiviert und untersucht, ob die Organismen danach in einer nahrungsreichen abiotischen Laborumgebung noch überlebten. Die Experimentatoren fanden, dass 265 Gene für das Überleben notwendig sind; eine mit der ersten Methode vergleichbare Zahl. Neuere Arbeiten (Koonin 2003) bestätigen dies und zeigen zudem auf, inwieweit die wesentlichen Gene in etwa an zellulären Funktionen beteiligt sind: Translation 34 %, RNA-Metabolismus 5 %, Replikation/Reparatur 10 %, zelluläre Funktionen 18 %, Metabolismus 28 % und Sonstiges 5 %.

5.6.4 Randbedingungen

Die Bedingungen für den Auftritt des Lebens lassen sich wie folgt zusammenfassen (siehe auch Westall 2004, 2005):

Das Zeitfenster Man geht davon aus, dass sich der Auftritt des Lebens früh ereignete. Vom ältesten Meteoriten (Efremovka Chondrit) ist bekannt, dass die Bildung der Erde vor 4,567 Mrd. Jahren begann (Abschn. 2.7.2). Vor 4,4 Mrd. Jahren gab es bereits Ozeane und Minikontinente (Abschn. 3.1.2). Das späte schwere Bombardement (LHB) fand vor 4,1 bis 3,8 Mrd. Jahren statt. Die ältesten Spuren der Photosynthese (und damit des Lebens) sind in der 3,8 Mrd. Jahre alten Isua Formation im Südwesten Grönlands (Abschn. 5.5) entdeckt worden, während die ältesten mikroskopischen Fossilien aus der 3,5 Mrd. Jahre alten Warrawoona Formation

Westaustraliens stammen. Zur gleichen Zeit findet man auch Stromatolithen. Da die Photosynthese bereits ein sehr fortgeschrittenes Stadium des Lebens zeigt, muss LUCA wesentlich älter als 3,8 Mrd. Jahre sein und man kann davon ausgehen, dass er schon vor ca. 3,9 Mrd. Jahren bestanden hat (Abb. 5.13).

Die Umwelt   Die Zeit bis LUCA ist durch starken Vulkanismus und intensive Ausgasung hydrothermaler Tiefseeschlote charakterisiert, die aufgrund der dünnen Erdkruste und des viel größeren Wärmeflusses stattfand. Das Ergebnis war eine staubige, oft heiße und chemisch aggressive Umwelt (Abb. 3.3): austrocknende Seen, verdampfte Lagunen, heiße Quellen und Tiefseeschlote mit heißem saurem Ausfluss sowie energiereiche UV-Strahlung durch Blitze, die von großen Mengen an statischer Elektrizität in den Staubwolken verursacht wurden. Ein gigantisches und effizientes „Chemielabor Erde", mit reichlich zur Verfügung stehender Energie, konnte unter einer großen Vielfalt von Bedingungen die unterschiedlichsten organischen Verbindungen synthetisieren.

Der mikrobielle und genetische Befund   Die Verbindungsstelle (Abb. 5.12) der drei Bakterienzweige (Eubakterien, Archaea, Eukaryoten) ist bevölkert mit temperaturliebenden (thermophilen) und salzliebenden (halophilen) Bakterien. Die molekulare Uhr deutet auf eine gemeinsame Urzelle weit vor 3,8 Mrd. Jahren hin. Computer- und Laborversuche weisen auf einen Minimalorganismus (LUCA) mit etwa 300 Genen. In noch früheren Stadien war der genetische Code wahrscheinlich ein 1D-Code (Eigen und Winkler-Oswatitsch 1981); der Hauptspeicher mit hoher Wahrscheinlichkeit die RNA. Dies deutet darauf hin, dass die RNA-Welt-Organismen wahrscheinlich ca. 100 Gene besaßen und der Progenote, zu Beginn dieser Ära, vielleicht sogar noch erheblich weniger. Eine starke Konzentration organischer Verbindungen in den Ozeanen und austrocknenden Lagunen, eine sogenannte Ursuppe, könnte vor der Zeit des Progenoten aufgetreten sein, da es noch keine Lebewesen gab, die diese organischen Verbindungen hätten abbauen können. Es dürften also in der präbiotischen Welt genügend Baumaterial und günstige Umweltbedingungen für den Aufbau komplexer Systeme existiert haben.

5.7   Abiotische chemische Evolution und Lebensbildungstheorien

Je weiter man in der Zeit zurückgeht, desto einfachere Organismen finden sich. Dies ist ein klares Indiz dafür, dass das Leben wirklich auf der Erde entstanden ist. Wäre es als außerirdisches Leben „eingewandert", hätte es bereits eine sehr komplizierte Struktur besitzen müssen. In der Literatur finden sich Überlegungen zur Wahrscheinlichkeit, dass sich primitives Leben spontan aus vielen Komponenten direkt zusammengesetzt habe. Diese Argumente führen in der Regel zu extrem niedrigen Wahrscheinlichkeiten. Nach de Duve (1991) sind solche Argumente irreführend, da die Natur stets größere Einheiten aus kleineren Untereinheiten aufbaut. Es gilt deshalb als sicher, dass das Leben über eine Folge kleinerer plausibler Schritte zustande kam.

Nach gegenwärtiger Vorstellung könnte sich das Leben an drei Orten gebildet haben: bei hydrothermalen Tiefseeschloten, an den Ufern der Ozeane oder in heißen ufernahen Tümpeln auf dem Land. Für das letztere Modell spricht – außer den Miller-Experimenten – auch die hohe Konzentration von K^+ in den Zellen (die heute durch in der Zellmembran liegende Ionenpumpen aufrechterhalten wird). Dies weist darauf hin, dass die Urzelle (die noch keine solche Pumpen besaß) in heißen flachen Teichen vulkanischer Gebiete gelebt haben könnte, für die solche Konzentrationen typisch sind (Mulkidjanian et al. 2012).

Drei Theorien zur Entstehung des Lebens werden diskutiert: „der Stoffwechsel kam zuerst", „die Gene kamen zuerst" und „die Eisen-Schwefel-Welt". Relativ unbestritten in diesen Modellen ist, dass es ein reichliches Angebot an abiotisch entstandenen organischen Verbindungen, Thiolen, Aminosäuren und Hydroxysäuren gab. Wie aber schritt die Entwicklung von diesen einfachen Verbindungen zur komplexen Biochemie der RNA-Welt voran, in der es zellähnliche Einheiten mit halbdurchlässigen Membranen gab, Speichermoleküle um die Identität zu definieren und Stoffwechsel-Mechanismen, die diese Organismen erhielten und reproduzierten? Dazu kommt, dass die Stoffwechselprozesse viel zu langsam abgelaufen wären, wenn sie nicht durch Enzyme katalysiert würden. Wie aber sind solche Enzyme entstanden?

Da es derzeit keine definitive Antwort auf solche Fragen gibt (siehe auch Botta 2004), folge ich der Vorstellung von de Duve (1991, 1998): „der Stoffwechsel kam zuerst". Er beschränkte zunächst den Begriff „Protein" allein auf solche Polypeptide, die aus einer RNA-Maschinerie mit den 20 codierten Aminosäuren (Tab. 5.1) stammen, und den Begriff „Metabolismus" auf chemische Reaktionen, die mithilfe von Protein-Enzymen ablaufen. „Multimere" sind für ihn peptidähnliche Substanzen mit einer heterogeneren Zusammensetzung als Proteine; unter „Protometabolismus" versteht er solche chemischen Reaktionen, die die RNA-Welt generierten und dort vor der Erfindung der Proteinenzyme abliefen. Er nimmt an, dass die Grundbausteine lokale Gegebenheiten fanden, die zur Bildung von Thioestern führten, die sich spontan zu einer Vielzahl von Multimeren zusammensetzten. Einige Multimere (kurzkettige Phospholipide) dienten als die ersten protozellularen semipermeablen Membranen, die Reaktionszentren einschlossen. Andere primitive Multimere stellten eine Reihe von enzymähnlichen Katalysatoren dar, die den Protometabolismus einleiteten. Thioester und Eisen-Schwefel-Verbindungen nutzten die Energie des UV-Lichts; Phosphorsäure reagierte mit den Thioestern und schuf anorganisches Pyrophosphat, einen Vorläufer des ATP. Diese Energiequelle erlaubte einen vollständigen Protometabolismus der Multimer-Population und führte zu einer *Thioester-Welt*. Der nächste Schritt war dann, dass das ATP die Rolle des Pyrophosphats als wichtigste Energiequelle übernahm. Der Aufbau der ersten Nukleosidtriphosphate, und durch diese der ersten Polynukleotide als Speichermoleküle, führte zur *RNA-Welt*, die zunächst mit einem Protometabolismus arbeitete. Dies schuf die ersten in Lipidmembranen eingeschlossenen lebenden Organismen, die *Progenoten*. Die Erfindung der Proteinsynthese führte dann zu einer voll entwickelten RNA-Welt. Schließlich kam durch eine genetische Übernahme von RNA durch DNA die *DNA-Welt* zustande, die den letzten universellen gemeinsamen Vorfahren, LUCA, schuf.

Woese (1998) hat darauf hingewiesen, dass in diesem Modell die Progenoten wegen ihres rudimentären Translationsmechanismus nicht als wohldefinierte Organismen anzusehen sind. Auch dürften die Zellteilungen in einer sehr einfachen Weise abgelaufen sein, mit einer Reihe von kleinen linearen, jeweils in mehreren Kopien vorhandenen Genen, wobei die Zellen oft in ungleiche Portionen aufgeteilt wurden. Daher sollten die Progenoten eher als eine Population betrachtet werden, eine Vorfahrengemeinschaft, bei der genetische Information auch durch Gentransfers übertragen werden konnte.

Die „Gene kamen zuerst"-Theorie (Orgel 1998) basiert auf der Entdeckung von Ribozymen, d. h. RNA-Enzyme, die die Bildung von anderen RNA-Molekülen katalysieren können. Johnston et al. (2001) entdeckten Ribozyme, die mit beeindruckender Genauigkeit von einem RNA-Molekül komplementäre RNA-Moleküle von bis zu 14 Nukleotiden herstellen können. Ein weiteres Argument für diese Theorie ist, dass die sehr komplexen und spezifischen Reaktionen, die der Stoffwechsel erfordert, durch eine darwinistische Evolution entstanden sein mussten. Das erforderte seinerseits, dass das elterliche genetische Material getreu wiedergegeben wurde.

Das Hauptproblem der „die Gene kamen zuerst"-Theorie besteht darin, dass die spontane chemische Synthese selbst eines kurzen RNA-Stücks sehr unwahrscheinlich ist (Schwartz 1998). Wie kamen also die ersten RNA-Moleküle ohne Ribozyme zustande? Eine andere Form von organischer Chemie müsste deshalb der RNA-Welt vorausgegangen sein. Nach Orgel (1998) sind, außer den Nukleinsäuren, die einzigen möglichen bisher entdeckten Informationssysteme solche, die mit ihnen nahe verwandt sind. Pyranosyl-RNA (pRNA) und Peptid-Nukleinsäuren (PNA) bilden lange Ketten und könnten eine spätere genetische Übernahme durch RNA erfahren haben. Dies scheint jedoch nicht allzu vielversprechend zu sein (Orgel 2000).

Eine weitere, von Cairns-Smith (1982) vorgeschlagene Möglichkeit ist, dass bei den ersten Lebewesen Tone eine Rolle gespielt haben. Experimentelle Studien (Ferris 1998) haben gezeigt, dass es möglich gewesen wäre, den Übergang von der präbiotischen zur RNA-Welt durch eine mit Montmorillonit-Ton katalysierte Bildung von RNA zu bewerkstelligen. Andere haben vorgeschlagen, dass in gewöhnlichen Tonmineralien mikroskopisch kleine Hohlräume vorhanden sind, die durch Verwitterung entstehen und die ersten sich selbst reproduzierenden Biomoleküle beherbergt haben könnten (Smith et al. 1999, Hazen 2001). Diese hätten später eine biologische Hülle entwickelt, womit sie in die nährstoffreiche Ursuppe vorstoßen konnten.

Während sich die Modelle „der Metabolismus kam zuerst" und „die Gene kamen zuerst" beide an der Erdoberfläche abspielten, legt die dritte Theorie „die Eisen-Schwefel-Welt" von Wächtershäuser (1988, 1998) den Ursprung des Lebens in die Nähe der hydrothermalen Tiefseeschlote. Danach begann das Leben auf der Oberfläche von Festkörpern, insbesondere Pyrit (FeS_2). Negativ geladene organische Verbindungen setzen sich elektrostatisch auf den positiv geladenen Pyritflächen fest, auf denen sie miteinander reagieren und zelluläre Aggregate bilden konnten. Das Attraktive an dieser Theorie ist, dass sie automatisch drei wesentliche Vorteile beinhaltet: die FeS_2-Oberfläche hält alle Bestandteile zusammen, steuert die Stoffwechselreaktionen und liefert die Energie. Dieses Modell ist durch den Vorschlag erweitert worden, dass sich das erste zelluläre Leben in Schwarzen Rauchern (Abb. 3.8b) gebildet haben könnte (Martin und Russell 2003). Solche hydrothermalen Schlote mit überhitztem Wasser emittieren schwarze Wolken, die mit Sulfiden von Fe, Mn und Cu angereichert sind, und bilden poröse Türme mit winzigen Hohlräumen. Die mit dünnen Metallsulfidwänden ausgestatteten Mikrohohlräume könnten mehrere kritische Probleme des Wächtershäuser-Modells lösen: Sie böten ein Mittel zur Konzentration neu synthetisierter Moleküle und besäßen steile Temperaturgradienten, die für das Auftreten von optimalen Reaktionszonen an verschiedenen Orten sorgen würden. Dazu kommt, dass der stete Fluss hydrothermalen Wassers durch die Raucher, Bausteine in Form von frisch ausfallenden Metallsulfiden liefert und eine ständige Energiequelle repräsentiert. Hier würde die einheitliche Struktur den Austausch zwischen allen Entwicklungsstufen erleichtern, während die Isolierung der Zellen gegen die Umwelt erst erforderlich wäre, wenn alle Zellfunktionen entwickelt sind. Der letzte evolutionäre Schritt wäre dann die Synthese einer Lipidmembran, die es den Organismen ermöglicht, die Mikrohöhlen zu verlassen. In diesem Modell würde LUCA in einem schwarzen Raucher entstehen und nicht als frei lebende Form.

Obwohl das Schwarze-Raucher-Modell durch die Entdeckung von frühem mikrobiellem Leben in 3,2 Mrd. Jahren altem Tiefseevulkangestein gestützt wird (Rasmussen 2000), bleiben die Fragen, ob das hydrothermale Leben dem photosynthetischen vorausging und wie in der „Eisen-Schwefel-Welt" die RNA-Moleküle entstanden sind. Zusammenfassend ist festzustellen, dass man derzeit noch nicht im Detail versteht, wie Leben entstanden ist. Es ist jedoch klar, dass nach dessen Beginn ein intensiver Wettbewerb stattfand (Darwins Theorie), der zum Überleben der effizientesten Organismen führte.

Literatur

Alberts B et al (1994) Molecular biology of the cell, 3. Aufl. Garland, New York

Awramik SM (2006) Respect for stromatolites. Nature 441:700

Barghoorn ES (1971) The oldest fossils. Scientific American 224:30

Botta O et al (2004) The chemistry of the origins of life. In: Ehrenfreund P (Hrsg) Astrobiology: Future perspectives. Astrophysics and Space Sci. Library, Bd. 305. Kluwer, Dordrecht, S. 359

Cairns-Smith AG (1982) Genetic takeover and the mineral origins of life. Cambridge Univ Press, Cambridge

Claverie J-M (2005) Fewer genes, more noncoding RNA. Science 309:1529

Dauphas N et al (2004) Clues from Fe isotope variations on the origin of early Archean BIFs from Greenland. Science 306:2077

De Duve C (1991) Blueprint for a cell: the nature and origin of life. Neil Patterson, Carolina Biol. Supply Co, Burlington

De Duve C (1998) Clues from present-day biology: the thioester world. In: Brack A (Hrsg) The molecular origins of life Cambridge Univ Press, Cambridge (repr. 2000)

Eigen M, Winkler-Oswatitsch R (1981) Transfer RNA, an early gene? Naturwissenschaften 68:282

Ferris JP (1998) Catalyzed RNA synthesis for the RNA world. In: Brack A (Hrsg) The molecular origins of life Cambridge Univ Press, Cambridge, S 255 (repr 2000)

Gibson DG et al (2008a) Cloning of a mycoplasma genitalium genome. Science 319:1215 Gibson DG et al (2008b) One-step assembly in yeast of 25 overlapping DNA fragments to form a complete synthetic mycoplasma genitalium genome. Proc Natl Acad Sci USA 105:20404

Green NPO et al (1993) Organisms, energy and environment, 2. Aufl. Biological science Bd. 1. Cambridge Univ Press, Cambridge

Hart H et al (1995) Organic chemistry, a short course, 9. Aufl. Houghton Mifflin, Boston

Hazen RM (2001) Der steinige Weg zum Leben. Spektrum der Wissenschaft, Juni:34

Hutchinson IIICA et al (1999) Global transposon mutagenesis and a minimal mycoplasma genome. Science 286:2165

Johnston WK et al (2001) RNA-catalyzed RNA polymerization: accurate and general RNA-templated primer extension. Science 292:1319

Kaplan RW (1972) Der Ursprung des Lebens. Georg Thieme, Stuttgart

Koonin EV (2003) Comparative genomics, minimal gene-sets and the last universal common ancestor. Nature Rev Microbiol 1:127

Martin W, Russell MJ (2003) On the origins of cells: a hypothesis for the evolutionary transitions from abiotic geochemistry to chemoautotrophic prokaryotes, and from prokaryotes to nucleated cells. Phil Trans R Soc B 358:59

Miller SL (1998) The endogenous synthesis of organic compounds. In: Brack A (Hrsg) The molecular origins of life Cambridge Univ Press, Cambridge, S 59 (repr 2000)

Miller SL, Orgel LE (1974) The origins of life on the earth. Prentice Hall, Englewood Cliffs NJ

Mojzsis SJ et al (1996) Evidence for life on Earth before 3,800 million years ago. Nature 384:55

Moorbath S (2005) Palaeobiology: dating earliest life. Nature 434:155

Mulkidjanian AY et al (2012) Origin of first cells at terrestrial, anoxic geothermal fields. Proc Natl Acad Sci USA 109:E821

Mushegian AR, Koonin EV (1996) A minimum gene set for cellular life derived by comparison of complete bacterial genomes. Proc Natl Acad Sci USA 93:10268

Orgel LE (1998) The origin of life – a review of facts and speculations. Trends Biochem Sci 23:491

Orgel LE (2000) Self-organizing biochemical cycles. Proc Natl Acad Sci USA 97:12503

Rasmussen B (2000) Filamentous microfossils in a 3,235-million-year-old volcanogenic massive sulphide deposit. Nature 405:676

Robertson MP, Miller SL (1995) An efficient prebiotic synthesis of cytosine and uracil. Nature 375:772

Rosing MT (1999) 13C-Depleted carbon microparticles in >3700-Ma sea-floor sedimentary rocks from west Greenland. Science 283:674

Rosing MT, Frei R (2004) U-rich archaean sea-floor sediments from Greenland – indications of >3700-Ma oxygenic photosynthesis. Earth Planet Sci Lett 217:237

Schidlowski M (1988) A 3,800-million-year isotopic record of life from carbon in sedimentary rocks. Nature 333:313

Schopf JW (1992) Major events in the history of life. Jones and Bartlett, Boston, S 29

Schopf JW et al (2002) Raman-laser imagery of earth's earliest fossils. Nature 416:73

Schwartz AW (1998) Origins of the RNA world. In: Brack A (Hrsg) The molecular origins of life Cambridge Univ Press, Cambridge, S 237 (repr 2000)

Service RF (2008) Proteomics ponders prime time. Science 321:1758

Smith JV et al (1999) Biochemical evolution III: polymerization on organophilic silica-rich surfaces, crystal-chemical modeling, formation of first cells, and geological clues. Proc Natl Acad Sci USA 96:3479

Suthers PF et al (2009) A genome-Scale metabolic reconstruction of mycoplasma genitalium, iPS189. PLoS Comput Biol 5(2):1000285

Wächtershäuser G (1988) Before enzymes and templates: theory of surface metabolism. Microbiol Mol Biol Rev 52:452

Wächtershäuser G (1998) Origin of life in an iron-sulfur world. In: Brack A (Hrsg) The molecular origins of life Cambridge Univ Press, Cambridge, S 206 (repr 2000)

Wagner I, Musso H (1983) New naturally occurring amino acids. Angew Chem Int Ed 22:816

Westall F et al (2004) Early life on earth: the ancient fossil record. In: Ehrenfreund P (Hrsg) Astrobiology: Future perspectives. Astrophysics and Space Sci. Library, Bd. 305. Kluwer, Dordrecht, S 287

Westall F (2005) Life on the early earth: a sedimentary view. Science 308:366

Whitehouse MJ et al (2005) Integrated Pb- and S-isotope investigation of sulphide minerals from the early Archaean of southwest Greenland. Chemical Geology 222:112

Woese CR (1987) Bacterial evolution. Microbiol Mol Biol Rev 51:221

Woese CR (1998) The universal ancestor. Proc Natl Acad Sci USA 95:6854

Die Darwinsche Theorie und die Eukaryoten

P. Ulmschneider, Vom Urknall zum modernen Menschen, DOI 10.1007/978-3-642-29926-1_6,
© Springer-Verlag Berlin Heidelberg 2014

Vom Progenoten, dem abiotisch entstandenen ersten Lebewesen, und LUCA, dem Urahnen allen heutigen Lebens bis zur eukaryotischen Zelle mit ihren Organellen, Chromosomensätzen und komplizierten Teilungsmechanismen des Zellkerns fand eine gewaltige Evolution statt. Diese Entwicklung des Lebens beschrieb der englische Biologe und Geologe *Charles Darwin* 1859 in der *Darwin Theorie*.

6.1 Die Darwin-Theorie der Evolution

Lebewesen kämpfen in ihrer Umwelt um das Überleben, d. h. um Nahrung, Licht, Territorium und Reproduktion. Dabei unterliegen sie einer *natürlichen Selektion*, bei der solche Individuen bevorzugt überleben, die am besten an ihre Umwelt angepasst (adaptiert) sind. Bei der Reproduktion treten Veränderungen des Genoms (der DNA) auf, die *Mutationen*. Sie sind zufällig und werden sowohl von der Umwelt (Chemikalien, elektromagnetische Strahlung, energiereiche Teilchen) als auch von internen Prozessen (fehlerhafte DNA-Replikation) ausgelöst. Nach der Darwin-Theorie, wie sie heute formuliert wird, müssen sich mutierte Organismen einem Wettbewerb stellen. Durch die natürliche Selektion können so andere und manchmal sogar besser adaptierte Lebewesen geschaffen werden.

Abbildung 6.1 zeigt die Wirkung der natürlichen Selektion auf eine Population von Käfern, die auf einem dunklen Untergrund lebt. Durch zufällige Mutationen haben die einzelnen Käfer unterschiedliche Gene (Allele), die eine helle oder dunklere Körperfärbung festlegen. Die Menge der in der Käferpopulation vorhandenen Farbgene nennt man den Genpool der Farbeigenschaft. Da helle Käfer vor einem dunklen Hintergrund besser zu sehen sind, werden sie von Vögeln leichter aufgespürt und bevorzugt gefressen; ihre Gene werden dadurch eliminiert. Als Folge können vorwiegend die dunklen Käfer ihre Gene an die nächste Generation weitergeben und der Genpool verschiebt sich mit der Zeit in Richtung einer dunkleren Population. Die natürliche Selektion basiert hierbei auf dem Naturgesetz, dass ein höherer Farbkontrast zu einer besseren Wahrnehmung durch Fressfeinde führt.

Die Darwin-Theorie erklärt die fundamentalen Prozesse der biologischen Evolution. Obwohl die Mutationen völlig zufällig stattfinden, erzeugt die auf Naturgesetzen beruhende natürliche Selektion eine gerichtete Entwicklung. Dabei muss der selektive Vorteil nicht groß sein, auch kleine adaptive Vorteile führen mit der Zeit zur Dominanz. Da jeder effiziente Prozess einen ineffizienten in seiner Wirkung übertrifft, gilt das Optimierungsprinzip, das der Darwin-Theorie zugrunde liegt, bereits in der präbiotischen Welt. Dort trägt es zur chemischen Evolution bei.

▫ Abb. 6.1 a–c Zunehmende Veränderung durch natürliche Selektion in einer Gruppe von Käfern, die auf einem dunklen Untergrund lebt (nach Bennett et al. 2003)

6.2   Gerichtete Evolution und Konvergenz

Vor einigen Jahren gab es eine hitzige Debatte unter Evolutionsbiologen, Physikern und Chemikern über die langfristigen Auswirkungen der Darwin-Theorie. Kann der gerichtete Aspekt der natürlichen Selektion die Entstehung von Intelligenz vorhersagen oder ist die Gerichtetheit dieser Theorie nur über kurze Distanzen wirksam? Folgt sie der Zufallsweg (random walk)-Theorie, in der sich die Richtung der Evolution häufig in unvorhersehbarer Weise ändert?

Paläontologen wie *Ernst Mayr* und *Steven Jay Gould*, die an der Harvard University lehrten, waren bis zu ihrem Tod vor wenigen Jahren der dezidierten Meinung, dass die Entstehung des intelligenten Menschen ein absolutes Zufallsereignis sei. Dabei waren beide Forscher nachdrückliche Verfechter der Darwin-Theorie: „Nur der erste Schritt in der natürlichen Selektion, die Erzeugung der Variation, ist ein Zufallsprodukt. Der Charakter des zweiten Schrittes, der eigentlichen Auslese, ist, dass er gerichtet ist" (Mayr 2000).

Trotzdem lehnten beide die Fernwirkung der Darwin-Theorie ab. Mayr (1988) schrieb: „Es existierten vermutlich mehr als eine Milliarde Tierarten auf der Welt, die zu vielen Millionen separaten Stammeslinien gehören, die alle auf der Erde lebten, auf der Intelligenz möglich ist, und doch gelang es nur einer einzigen, Intelligenz hervorzubringen." Steven Jay Gould (1989) argumentierte: „Die Evolution ist eine unfassbar unwahrscheinliche Serie von Vorkommnissen, die hinreichend Sinn macht, wenn man sie im Rückblick betrachtet und die rigorose Erklärungen liefert, die jedoch ganz unvorhersagbar und unwiederholbar sind." „Spule das Band des Lebens zurück zu den frühen Zeiten des Burgess Shale (eine kanadische Gesteinsformation des Mittel-Kambriums) und lass es von dem gleichen Startpunkt erneut ablaufen, dann wäre die Chance verschwindend gering, irgendetwas vergleichbar der menschlichen Intelligenz zu finden."

Diese Sichtweise wurde von dem englischen Evolutionsbiologen *Simon Conway Morris*, ebenfalls ein Fachmann des Burgess Shale, zurückgewiesen mit dem Hinweis auf das bekannte Phänomen der *Konvergenz* in der Evolution (Conway Morris 1999). Konvergenz bezeichnet die Eigenschaft, dass durch die Naturgesetze, d. h. die Selektion, keine beliebigen, sondern nur ganz bestimmte Formen akzeptiert werden, die für eine gegebene Umwelt und Lebensweise geeignet sind. Conway Morris wies darauf hin, dass Wale „vom Blickwinkel der Kambrischen Explosion aus nicht wahrscheinlicher sind als Hunderte anderer Endpunkte, dass aber die Evolution eines schnellen im Ozean lebenden Tieres, das seine Nahrung aus dem Meerwasser heraussiebt, sehr wahrscheinlich und vielleicht sogar unausweichlich ist."

Beispielhaft für Konvergenz sind ganz unterschiedliche Tiere, die jedoch ähnliches Aussehen und ähnliche Lebensweise besitzen, etwa der heutige Wolf und der australische Beutelwolf

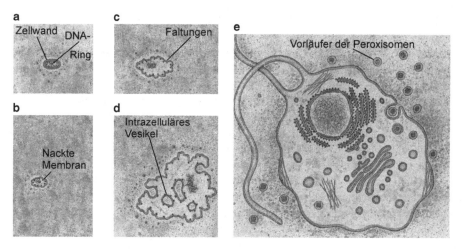

Abb. 6.2 Evolution der eukaryotischen Zellen (gleicher Maßstab) (de Duve 1996)

(*Thylacinus cynocephalus*), der eiszeitliche Beutellöwe (*Thylacoleo carnifex*) und der zeitgleiche plazentale Säbelzahntiger (*Smilodon*). Die konvergenten Eigenschaften treten hier auf, nachdem sich die Ahnen der Beuteltiere und Plazentatiere bereits im Jura (vor ca. 160 Mio. Jahren) getrennt haben (Luo et al. 2011). Ein anderes Beispiel stellt die auf den Erfordernissen der Strömungsmechanik beruhende Ähnlichkeit zwischen den von der Trias bis zur Kreidezeit lebenden *Ichthyosauriern* und den modernen *Delfinen* dar. Die Naturgesetze geben den Lebewesen also enge Erfolgsrezepte vor; die Selektion führt daher, bei vergleichbarer Umwelt, notwendigerweise immer wieder zu ähnlichen Lösungen. Die Darwin-Theorie erklärt somit nicht nur, dass die Natur dazu neigt, alle möglichen Lebensformen zu realisieren, die bei einer bestimmten evolutionären Stufe unter den Beschränkungen der gegebenen Umwelt möglich und erreichbar sind; sie sagt auch, durch das Phänomen der Konvergenz eine langfristig gerichtete Entwicklung vorher. Die Gerichtetheit der biologischen Evolution ist dabei nicht mysteriöser als die gerichtete Entwicklung des Universums (Kap. 1) oder der Sterne und Planeten (Kap. 2), die ebenfalls nur auf Zufallsereignissen und dem Wirken der Naturgesetze beruhen.

6.3 Entwicklung der Eukaryoten und die Endosymbiose

In Abschn. 5.4.3 wurde erwähnt, dass es drei Hauptzweige der prokaryotischen Zellen gibt, die sich sehr früh von der Urzelle LUCA getrennt haben. Sequenzierungen zeigen, dass sich ihre Nachkommen zunächst in Eubakterien und Archaebakterien trennten und sich dann die Vorfahren der Eukaryoten, die Urkaryoten, von den Archaebakterien abspalteten (Abb. 5.13). Die Urkaryoten waren in fast jeder Hinsicht noch typische Prokaryoten. Sie besaßen eine aus einer Zellmembran und Zellwand bestehende äußere Hülle, die Steifigkeit und Schutz gewährte, und einen einzelnen DNA-Ring, der an der Innenseite der Membran befestigt war (Abb. 6.2a). Ein langer Prozess der Evolution war nötig, um von solchen einfachen Urkaryoten zu den modernen eukaryotischen Zellen mit *Organellen, Zellkern, Chromosomensätzen* sowie den komplizierten Prozessen der *Mitose* und *Meiose* zu gelangen.

Dabei wuchs das Zellvolumen um das 10.000-Fache (Abb. 5.9 und 6.2), und folgende Entwicklungen liefen ab (de Duve 1996): Prokaryotische Zellen ernähren sich, indem sie Verdauungsenzyme in ihre Umgebung ausschütten, um anschließend die verarbeiteten Nahrungsstoffe durch ihre äußere Hülle aufzunehmen (Abb. 6.2a). Ein erster Schritt in der Evolution der Eukaryoten war vermutlich, dass die Zellen ihre Zellwand ablegten. Die weichere verformbare Zellmembran wurde zu ihrer Außenhülle, was die Nahrungsaufnahme erleichterte (Abb. 6.2b). Durch ausgiebige Faltungen der Membran vergrößerten die Zellen dann ihre Oberfläche (Abb. 6.2c). Da die aufgenommene Stoffmenge mit der Größe der Zelloberfläche wächst, konnte die Zelle mehr und schneller Nahrung erwerben. Darüber hinaus verdünnten sich die Verdauungsenzyme in solchen Falten weniger schnell. Die effizientere Nahrungsbehandlung erlaubte den Zellen, sich erheblich zu vergrößern. Schließlich entstanden Zellen, die nach innen gerichtete Falten abschnüren konnten, also geschlossene Blasen (Vesikel) bildeten, in denen die Nahrung (Bakterien) als Ganzes verschluckt und mit unverdünnten Enzymen bearbeitet werden konnte (Abb. 6.2d). Dies erlaubte den eukaryotischen Zellen, sowohl über die Außenhülle als auch über die Vesikel, Nahrung aufzunehmen.

Vor wahrscheinlich weit über 2 Mrd. Jahren gelang es einem Eubakterium, das in einem Vesikel gefangen war, der Verdauung zu entgehen und als Gast in einer protoeukaryotischen Zelle, zu überleben. Es entwickelte sich eine symbiotische Beziehung (Abb. 6.2e und 5.13). Dies war die Vorhut von vielen *Endosymbionten*, die sich über einen langen Zeitraum in den Eukaryoten anzusiedeln vermochten und schließlich zu deren Organellen wurden. Solche Endosymbionten verbesserten ganz erheblich die Effizienz und Leistungsfähigkeit der Eukaryoten. Die ersten Organellen waren sehr wahrscheinlich *Filamente* und *Mikrotubuli*, die der Zelle Struktur gaben, sowie *Flagellen*, peitschenartige Fortsätze, mit denen sich die Zellen in ihrer flüssigen Umwelt fortbewegten. Als nächstes folgten die *Peroxisomen*, anschließend die *Mitochondrien* (Abb. 5.9 und 6.2e). Für das letzte Ereignis wurden Entstehungszeiten zwischen 1,6 und 2,4 Mrd. Jahren abgeschätzt (Davidov und Jurkevitch 2009). Schließlich erwarben vor ca. 1,5 Mrd. Jahren eukaryotische pflanzenartige Zellen von den Cyanobakterien die *Plastiden*, mit denen sie Photosynthese durchführten (Chan und Bhattacharya 2010).

Zwischen den in Abb. 6.2d und 6.2e gezeigten Stufen vollzogen sich, neben der Aufnahme von Endosymbionten, zwei weitere grundlegende Schritte in der Entwicklung der eukaryotischen Zellen. Wahrscheinlich bereits vor ca. 2 Mrd. Jahren wurde der ursprünglich vorhandene einzelne DNA-Ring in *Chromosomensätze* aufgeteilt, verpackt in einem *Zellkern*, der mit einer Kernhülle umschlossen war und den eukaryotischen Zellen ihren Namen gab (Abb. 5.9). Ein Resultat der Chromosomensätze, und nächster wichtiger Schritt vor ca. 1,2 Mrd. Jahren, war die Entwicklung der Sexualität, die die Kombination des Erbmaterials zweier Elternzellen ermöglichte (Butterfield 2000). Dazu wurde ein neuer Zelltyp, die *diploide Zelle* entwickelt, die mit zwei fast identischen (homologen) Chromosomensätzen ausgestattet war, wobei ein Satz von jedem Elternteil stammte. Diese Zellen entstanden durch die Verschmelzung zweier *haploider* elterlicher Geschlechtszellen (Eizellen, Spermien) mit jeweils nur einem Chromosomensatz.

6.4   Sauerstoff als Umweltkatastrophe

Sauerstoff (O_2) wurde als Abfallprodukt der Photosynthese bereits von den prokaryotischen Cyanobakterien produziert (Abb. 5.12). Mithilfe des Sonnenlichts konnten solche Bakterien aus Kohlendioxid und Wasser etwa Formaldehyd synthetisieren: $CO_2 + H_2O \rightarrow CH_2O + O_2$. Das in diesem Prozess freigesetzte O_2 oxidierte anschließend das in den Ozeanen in gelöster

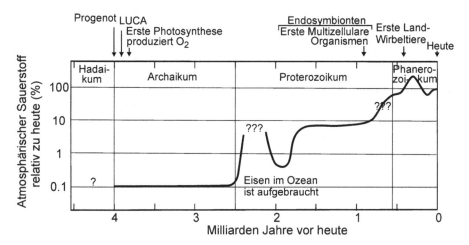

Abb. 6.3 Entwicklung der Sauerstoffkonzentration in der Erdatmosphäre. Vor 2,5–2,1 Mrd. Jahren trat das große Oxidationsereignis auf (Canfield 2005)

Form reichlich vorhandene Eisen und produzierte Fe_2O_3, das ausfiel und sich als sogenanntes Bändererz (Banded Iron Formations) am Meeresboden ablagerte. Solche roten Bändererze können bis zu 3,7 Mrd. Jahre alt sein (Mojzsis et al. 1996).

Vor etwa 2,3 Mrd. Jahren war jedoch fast alles Fe aufgebraucht und freies O_2 begann, Oberflächengewässer und Atmosphäre anzureichern (Abb. 6.3) – allerdings, verglichen mit heute, zunächst in kleinen Mengen (Bekker et al. 2004). Da O_2 organische Verbindungen in der Zelle oxidiert, wirkte es dort als giftige Substanz. Andererseits stellt es aber auch eine Quelle chemischer Energie dar, die etwa durch die Verbrennung (Oxidation) von Nahrungsmitteln profitabel genutzt werden kann (Abschn. 5.2.3).

Vor dem Erscheinen des freien Sauerstoffs waren alle Formen des Lebens an eine Umwelt ohne Sauerstoff angepasst und reagierten, wie die anaeroben Bakterien heute noch, äußerst empfindlich auf Sauerstoff. Um Vergiftungen in einer „Sauerstoffkatastrophe" zu überleben, fanden die anaeroben Vorfahren der Eukaryoten entweder Zuflucht an sauerstofffreien Standorten wie der Tiefsee, die bis vor etwa 1,8 Mrd. Jahren anoxisch blieb (Rouxel et al. 2005), oder sie suchten die Nähe von aeroben Bakterien, die den Sauerstoff abbauen konnten. Ein großer Fortschritt für die Eukaryoten war, aerobe Bakterien als Endosymbionten im eigenen Körper arbeiten zu lassen (Abb. 6.2e).

Wie bereits erwähnt, führte der freie Sauerstoff zu einem weiteren Problem: seine schwerwiegenden Auswirkungen auf die Atmosphäre (Abschn. 3.14). Durch Oxidation von Treibhausgasen wie Methan, reduzierte der Sauerstoff den globalen Treibhauseffekt, was zu sehr geringen terrestrischen Temperaturen und wahrscheinlich der Huronischen Eiszeit führte (Abschn. 3.15). Wie in Abb. 6.3 zu sehen, stieg die atmosphärische Sauerstoffkonzentration vor ca. 800 Mio. Jahren stark an, um im Phanerozoikum (vor 542 Mio. Jahren bis jetzt) erhebliche Schwankungen gegenüber dem heutigen Wert (von 21 %) zu zeigen (Graham et al. 1995; Falkowski et al. 2005).

6.5   Zellkern und Mitose

Die Verlagerung der Transkription und Replikation in den Zellkern, von dem aus spezifische Anweisungen an den Rest der Zelle geschickt werden konnten, erzielte eine viel bessere Kontrolle über die biochemischen Prozesse und die Organellen. Die Methode, jeweils nur ganz bestimmte Gene ihre Wirkung entfalten (Genexpression) zu lassen, wurde besonders wichtig für die Entwicklung der *Zellspezialisierung* sowie der *Gewebe* und *Organe* in mehrzelligen Organismen (Kap. 7). Darüber hinaus ermöglichte der Kern die Existenz von *Introns* (Abschn. 5.2.4). Deren noch nicht vollständig verstandene Funktion besteht darin, sich mit regulierenden Abschnitten an der Genexpression zu beteiligen und vermutlich auch als „Verfügungsmasse" zu dienen, die durch Mutationen benutzt werden kann, um Gene zu ändern oder neu zu schaffen. Das genetische Material in einem Zellkern unterzubringen, brachte zudem den Vorteil, die lange DNA in handlichere Chromosomensätze zu unterteilen und erlaubte die Entwicklung der Sexualität. Zu diesem Zweck mussten sehr komplizierte Reproduktionsverfahren des Kerns, Mitose und Meiose, entwickelt werden.

Mitose nennt man die Verdopplung des elterlichen Zellkerns in einer eukaryotischen Zelle, bei der zwei Tochterkerne mit identischen Chromosomensätzen produziert werden. Sie vollzieht sich in mehreren Phasen (Abb. 6.4): Die *Interphase*, in der die Zelle ihre meiste Zeit verbringt, ist die Synthese- und Wachstumsphase, in der die DNA aller Chromosomen verdoppelt wird. Die vom Elternchromosom gebildeten Tochterchromosomen werden zunächst von einem Centromer zusammengehalten. Außerhalb der Kernhülle befinden sich die beiden Centrosome. In der *Prophase* bewegen sich die Centrosome auseinander, um an gegenüberliegenden Seiten der Zelle eine Teilungsspindel zu organisieren. In der *Metaphase* löst sich die Kernhülle auf und die Chromosomen ordnen sich in der Äquatorebene der Zelle senkrecht zur Spindel an. In der *Anaphase* teilen sich die Kopien der Chromosomen bei den Centromeren, und jeder Teil wird auf seine Seite der Spindel gezogen. Schließlich wird in der *Telophase* eine neue Kernhülle um die Chromosomen gelegt, die Spindelfasern zerfallen und die Centrosome werden verdoppelt. Anschließend findet die Zellteilung statt.

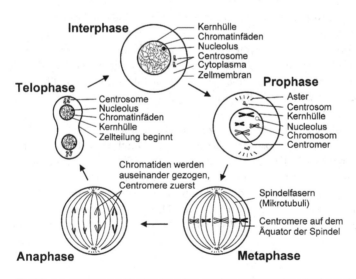

☐ **Abb. 6.4**   Der Mitosezyklus bei der eukaryotischen Zellkernteilung (Taylor et al. 1997)

6.6   Sexualität und Meiose

Zum Verständnis der Sexualität, die durch eine Kombination des elterlichen Erbmaterials eine Erhöhung der Lebenstüchtigkeit des Nachwuchses ermöglichte, betrachte man zwei Zellen: eine, die schneller schwimmen und eine, die schneller fressen kann. Eine Tochterzelle, die die Fähigkeiten beider Eltern erbt, hat einen größeren Überlebensvorteil. Da solche Tochterzellen diploid sind, musste ein Mechanismus entwickelt werden, um aus den diploiden Elternzellen haploide Geschlechtszellen herzustellen, die dann zur Tochterzelle verschmelzen konnten. Die Zellteilung, die diploide in haploide Zellen verwandelt, bezeichnet man als *Meiose*.

Abbildung 6.5 zeigt, dass die Meiose aus zwei mitoseähnlichen M I und M II genannten Zellkernzyklen besteht. Es gibt jedoch wichtige Unterschiede. In der Prophase von M I findet ein Gentausch innerhalb homologer Chromosomen statt (*Crossing-over*). Wenn die Spindeln in der Anaphase die Chromosomen auseinander ziehen, bleiben die Tochterchromosomen zusammen anstatt sich bei den Centromeren zu trennen (Abb. 6.5a). In M II tritt keine Interphase auf, d. h. die Chromosomen werden nicht verdoppelt. Das Auseinanderziehen in der Anaphase findet dann nur an einem Chromosomensatz statt, mit dem Ergebnis, dass die Meiose zu vier haploiden Zellkernen führt, im Gegensatz zu vier diploiden Kernen bei der doppelten Mitose (Abb. 6.5b).

Der Prozess des *Crossing-over* dient zu einer besonders intensiven Mischung elterlicher Gene. Abbildung 6.6a zeigt ein soeben dupliziertes homologes Chromosomenpaar, das noch am jeweiligen Centromer zusammenhängt, wobei die Gene M, N und Q der beiden Eltern Unterschiede zeigen (durch Groß- und Kleinschreibung markiert). Es ist zu sehen, dass durch das Crossing-over die vier haploiden Kerne individuell gemischte Gene erhalten (Abb. 6.6d).

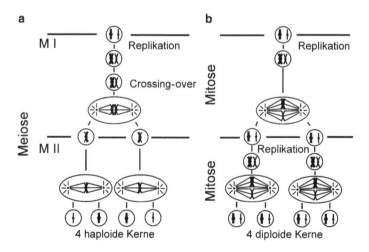

◻ **Abb. 6.5** Die beiden Phasen der meiotischen Zellkernteilung M I und M II (**a**) im Vergleich zu zwei mitotischen Zellkernzyklen (**b**)

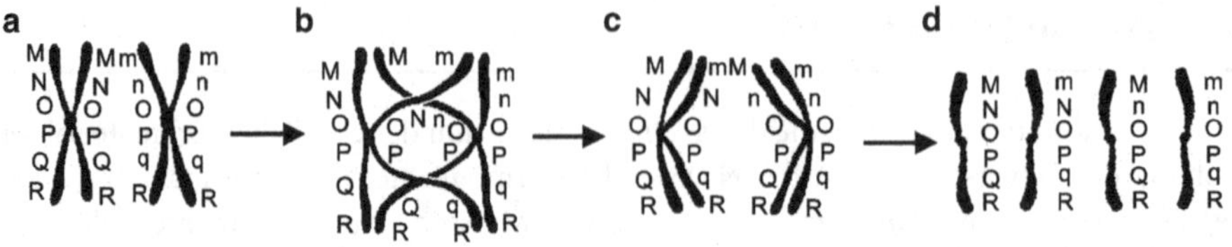

a   b   c   d

Abb. 6.6 Der Prozess des Crossing-over (Novikoff und Holtzman 1976)

6.7   Genetische Evolution

Die Effizienz beim Wettkampf um das Überleben, das die eukaryotischen Zellen zu vorzüglich gerüsteten Jägern machte, beruhte auf einer Ansammlung von Information. Die zunehmende Komplexität in Bezug auf Werkzeuge (Organellen) und Prozesse (Vesikelbildung, Sexualität, Mitose, Meiose) ging Hand in Hand mit einer Erhöhung der Anzahl der Anweisungen (Gene), die auf der DNA gespeichert sind. Deshalb müsste man eine Korrelation zwischen dem Grad der Komplexität und der Größe des Genoms erwarten. Im Großen und Ganzen ist dies in der Tat der Fall, wie aus dem wachsenden Umfang des Genoms in DNA-Basenpaaren mit der Organisationshöhe der Lebewesen (Einzeller bis Mensch) ersichtlich ist (Kaplan 1972, Tab. 5.4). Diese Tabelle zeigt jedoch auch, dass etwa unter den Blütenpflanzen eine große Variation von $1{,}2 \times 10^8$–$1{,}3 \times 10^{11}$ Basenpaaren in der Größe der Genome auftritt, die keinen Bezug zur Organisationshöhe zeigt. Eine bessere Korrelation ergibt sich, wenn man die Introns von der Größe des Genoms abzieht und zudem bei den Exons nur nichtidentische Gene (Startsequenzen) zählt (Tab. 5.4, Abb. 6.7).

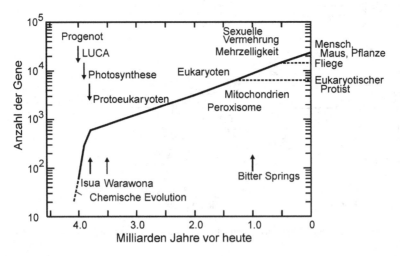

Abb. 6.7 Das Wachstum der Zahl der nichtidentischen Gene bei der Evolution der Eukaryoten (nach Kaplan 1972)

Unter der sehr unsicheren Annahme, dass die chemische Evolution mit Komplexen von ca. 10 Genen begann, kann man vermuten, dass der Progenote (die erste lebende Zelle) vielleicht etwa 50 Gene und später die anspruchsvolleren RNA-Welt-Organismen größenordnungsmäßig ca. 100 Gene besaßen. LUCA (der letzte universelle gemeinsame Vorfahr) mit seiner DNA-Maschinerie dürfte über 300 Gene gehabt haben (Abschn. 5.6.3). Die Photosynthese, durch die das Leben unabhängig von der externen Versorgung mit Nahrungsmitteln wurde und die sich möglicherweise zu Zeiten der Isua Formation (Abschn. 5.6.4) vollzog, fügte vielleicht weitere 300 Gene hinzu. Abbildung 6.7 zeigt, dass sich nach der Erfindung der Photosynthese diese rapide Entwicklung verlangsamte, da jetzt der intensive evolutionäre Druck erheblich reduziert war und eine stetige und reichliche Versorgung mit Nahrungsmitteln zur Verfügung stand. Dies galt nicht nur für die photosynthetischen Bakterien, sondern auch für diejenigen, die von ihnen und ihren Abfällen lebten.

Die anschließende Entwicklung kann anhand der Tab. 5.4 nachvollzogen werden, die die Anzahl der Gene in einigen heutigen Organismen nennt. Der eukaryotische Protist *Saccharomyces cerevisiae* (Bierhefe) mit 6300 Genen kann als Modell für einen typischen Eukaryoten angesehen werden, der vor etwa 1 Mrd. Jahren lebte – vor der Erfindung der Mehrzelligkeit und der Zellspezialisierung. Mit Tab. 5.4 und den bekannten Daten des Auftretens der Pflanzen, Tiere und Menschen lässt sich verfolgen, wie die Anzahl der Gene bis heute zunimmt (Abb. 6.7). In der Abbildung sind keine Genzahlen von Prokaryoten gezeigt, die nach Tab. 5.4, von 468 Genen für Mykoplasmen bis 4289 Gene für *Escherichia coli* reichen. Da einige Prokaryoten Organellen besitzen und andere aufgrund ihrer parasitischen Lebensweise Gene verloren haben, variiert die Anzahl der Gene in Prokaryoten auch aus solchen Gründen. Doch stimmen ihre Genzahlen grob mit denen überein, die man bei urkaryotischen Vorfahren der Eukaryoten erwartet.

Eine weitere interessante Einsicht lässt sich aus Tab. 5.4 und Abb. 6.7 ableiten. Bei einem Lebewesen würde man erwarten, dass es umso besser für den Lebenskampf gerüstet ist je mehr Information zur Verfügung steht. Warum sind dann aber Organismen mit wenigen Genen nicht schon lange ausgestorben? Ihre Existenz zeigt, dass das Überleben auch durch spezialisiertes Know-how erreicht werden kann. Organismen wie Bakterien arbeiten nach dem Prinzip „lean and mean" (klein und bösartig). Unter Vermeidung von unnötigem Ballast – kleines Genom und geringe Körpergröße – erzielen sie hohe Reproduktionsraten. Andererseits besitzen sie eine große Mutationsrate, die durch eine künstlich gesteigerte Fehlerrate beim Korrekturlesen während der DNA-Replikation noch verstärkt werden kann. Diese Kombination erhöht die Wahrscheinlichkeit, dass eine optimale Anpassung an eine neue Umgebung schnell gefunden wird, etwa wenn solche Organismen schnell Resistenzen gegen Medikamente entwickeln.

Literatur

Bekker A et al (2004) Dating the rise of atmospheric oxygen. Nature 427:117
Bennett J et al (2003) Life in the universe. Addison Wesley, San Francisco
Butterfield NJ (2000) Bangiomorpha pubescens n. gen., n. sp.: implications for the evolution of sex, multicellularity, and the mesoproterozoic/neoproterozoic radiation of eukaryotes. Paleobiology 26:386
Canfield DE (2005) The early history of atmospheric oxygen. Ann Rev Earth Planet Sci 33:1
Chan CX, Bhattacharya D (2010) The origin of plastids. Nature Education 3:84
Conway Morris S (1999) The crucible of creation. The burgess shale and the rise of animals. Oxford University Press
Darwin CR (1859) On the Origin of Species by Means of Natural Selection. Dover, New York (Nachdruck 2006)
Davidov Y, Jurkevitch E (2009) Predation between prokaryotes and the origin of eukaryotes. BioEssays 31:74
De Duve C (1996) Die Herkunft der komplexen Zellen. Spektrum d Wissenschaft Juni:60

Falkowski PG et al (2005) The rise of oxygen over the past 205 million years and the evolution of large placental mammals. Science 309:2202

Gould SJ (1989) Wonderful lLife: the Burgess Shale and the nature of history. Norton, New York

Graham JB et al (1995) Implications of the late Palaeozoic oxygen pulse for physiology and evolution. Nature 375:117

Kaplan RW (1972) Der Ursprung des Lebens. Thieme, Stuttgart

Luo Z-X et al (2011) A Jurassic eutherian mammal and divergence of marsupials and placentals. Nature 476:442

Mayr E (1988) Toward a new philosophy of biology. Observations of an evolutionist. Belknap Press of Harvard University Press, Cambridge

Mayr E (2000) Darwin's influence on modern thought. Scientific American, July:67

Mojzsis SJ et al (1996) Evidence for life on earth before 3,800 million years ago. Nature 384:55

Novikoff AB, Holtzman E (1976) Cells and organelles, Aufl. Holt, Rinehart & Winston, New York, S 334

Rouxel OJ et al (2005) Iron isotope constraints on the archean and paleoproterozoic ocean redox state. Science 307:1088

Taylor DJ et al (1997) Biological Sciences 2. Systems, Maintenance and Change, 3. Aufl. Cambridge University Press

6

Mehrzelligkeit

P. Ulmschneider, Vom Urknall zum modernen Menschen, DOI 10.1007/978-3-642-29926-1_7,
© Springer-Verlag Berlin Heidelberg 2014

Die Evolution von vielzelligen eukaryotischen Lebewesen war einer der wichtigsten Entwicklungsschritte in der Geschichte des Lebens. Anders als bei Zellkolonien, wie etwa den frühen Stromatolithen (Abschn. 5.5), stellt die *Mehrzelligkeit*, die bereits vor ca. 1,9 Mrd. Jahren auftrat, die Verbindung vieler Zellen zu einem Gesamtorganismus dar (Bengtson et al. 2007). Mehrzelligkeit führte zu Kommunikation und Kooperation der Zellen, zu Arbeitsteilung und Spezialisierung sowie zur Entwicklung von Geweben, Organen und Körperteilen. Nur durch sie war es möglich, dass vom Meer aus das Land erobert werden konnte und schließlich die hochentwickelten Landwirbeltiere (Tetrapoden) und der Mensch entstanden.

7.1 Mehrzelligkeit, Organe und der programmierte Zelltod

Eine Vielzahl eukaryotischer Zelllinien, die zu den Braunalgen, Rotalgen, Grünalgen, Pflanzen, Pilzen und Tieren führten, entwickelten unabhängig voneinander eine hochentwickelte Mehrzelligkeit (Cock et al. 2010). Typisch für die frühe Embryonalentwicklung mehrzelliger Tiere ist das *Blastula-Stadium*, in dem sich die Zellen in Form einer Kugelschale anordnen (Abb. 7.1a). Dieser Aufbau ist in der Evolution schon früh aufgetreten. Er sorgte für einen geschützten Innenraum, in dem sich eine Arbeitsteilung unter den Zellen ausbilden konnte. Blastulaähnliche Organismen existieren noch heute in Form der Grünalgengattung *Volvox* (Raven et al. 2003; Kirk 2005). Wie andere Vielzeller besitzt *Volvox* zwei Zelltypen, *Körperzellen* (somatische Zellen), die die Blastula bilden, und *Geschlechtszellen* im Inneren. Die Spezies *Volvox carteri* hat z. B. 2000 Körperzellen (mit jeweils zwei Flagellen) und 16 Geschlechtszellen. Sobald diese zur Geschlechtsreife herangewachsen sind, bricht die Blastula auf, gibt die Nachkommen frei und stirbt ab.

Einzellige eukaryotische Organismen vermehren sich durch normale Zellteilung und sind damit praktisch unsterblich. Die Körperzellen von Vielzellern können nur eine begrenzte Zahl von Zellteilungen durchführen, danach gehen sie zugrunde. Beim Menschen liegt diese sogenannte *Hayflick-Grenze* bei etwa 50 Zellteilungen. Sie wird durch die Verkürzungen von *Telomeren* verursacht, DNA-Abschnitten, die an den Chromosomen angehängt sind (Shay und Wright 2000). Geschlechtszellen und Tumorzellen unterliegen dieser Grenze nicht, ihre Unsterblichkeit wird durch das Enzym *Telomerase* erreicht, das die verkürzten Telomere immer wieder verlängert. Ein weiterer Prozess tritt erstmals bei der Mehrzelligkeit auf: der programmierte Zelltod (*Apoptose*). Durch eine Mutation bei einem bestimmten Gen kann z. B. bei Volvox dieses Zellsignal allerdings wieder aufgehoben werden (Gilbert 1997).

Ein nächster Schritt bei der Entwicklung zu höheren Lebensformen geschieht durch die *Gastrulation*. Die Blastula faltet sich nach Innen und bildet einen einfachen Darm, das *Archenteron*, sowie den Urmund (Abb. 7.1b). In einem späteren Stadium bricht vom Archenteron aus eine Öffnung zur anderen Seite durch, und bildet einen Verdauungstrakt mit neuem Mund und dem Anus. Die Außenschicht (Abb. 7.1c, hellgrau) nennt man *Ektoderm*, die das Archenteron

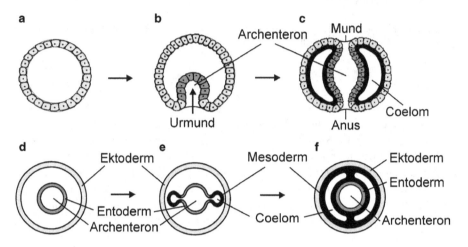

◘ Abb. 7.1 Die Entwicklung eines mehrzelligen Organismus. **a–c** Längsschnitte, **d–f** Querschnitte (modifiziert nach Campbell 1996)

umhüllende Einfaltung (dunkelgrau), *Entoderm*. In der Entwicklungslinie der *Deuterostomier* (Abb. 7.2), die zu den Wirbeltieren und dem Menschen führt, produzierte das Entoderm einander gegenüberliegende (*bilaterale*) Ausstülpungen und neben Ektoderm und Entoderm ein drittes Keimblatt, das *Mesoderm* (Abb. 7.1e, schwarz). Dieses expandierte und füllte schließlich das ganze Innere des Organismus aus: Es bildete sich das *Coelom*, eine echte Körperhöhle (Abb. 7.1f). Diese Entwicklungen der vielzelligen Organismen dauerten etwa 500 Mio. Jahre. Während dieses Zeitablaufs traten mehrere Verzweigungen auf, bei denen durch verschiedene alternative Entwicklungen schließlich eine große Vielfalt unterschiedlicher Lebensformen entstand (Abb. 7.2).

Das mit Flüssigkeit gefüllte Coelom erfüllt grundlegende Funktionen. Es wirkt als hydrostatisches Skelett, ermöglicht getrennte Aktivitäten des äußeren Körpers und des Verdauungstrakts, erlaubt Material-, Flüssigkeits- und Gaskreisläufe und bietet einen sicheren Raum für die Entwicklung und Erweiterung von Organen. Der wichtigste Fortschritt der Mehrzelligkeit ist aber die Spezialisierung der Zellen, die letztlich zu Organen führte. Aus dem Ektoderm bildeten sich die Haut, Drüsen, Haare, Federn, Schuppen sowie das Nervensystem und die Sinnesorgane. Das Mesoderm produzierte das Skelett, die Muskeln, das vaskuläre System (Blutgefäße), die Nieren und die Keimdrüsen. Aus dem Entoderm entstanden der Verdauungstrakt mit Leber, Bauchspeicheldrüse, Schilddrüse und Lunge.

Es gibt geologische und paläontologische Hinweise für diese Entwicklung. Im Ediacarium, vor 630–542 Mio. Jahren, tauchte plötzlich eine außerordentliche Vielzahl neuer Lebensformen auf. Ursache war, dass die Mehrzeller Master-Gene entwickelten, die den Aufbau der verschiedenen Körperteile getrennt steuern konnten. Dies führte zu einem hohen Grad an Variation, Spezialisierung und Adaption an die Umwelt. Solche *Homöobox*- oder *Hox-Gene* (Luke et al. 2003) wurden bei der Embryonalentwicklung der Fruchtfliege *Drosophila melanogaster* entdeckt. Sie kodieren Proteine, die den Zellen in den verschiedenen Segmenten des sich ent-

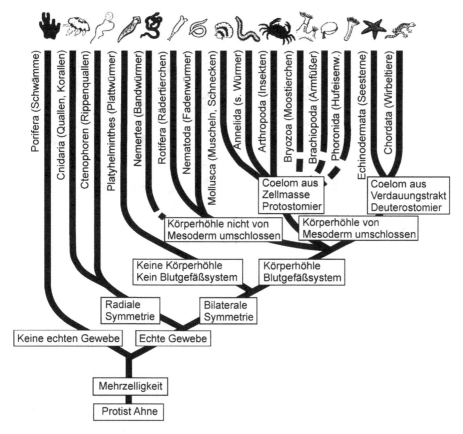

Abb. 7.2 Radiation der Tiere nach der Erfindung der Mehrzelligkeit (Campbell 1996)

wickelnden Embryos mitteilen, welche Strukturen sie ausbilden sollen: Antennen für den Kopf oder Beine für die drei Thoraxsegmente. Dies trug zu der in Abb. 7.2 gezeigten breiten Radiation der Tierarten bei.

Die Entwicklung zu den *Chordatieren* (Wirbeltiere, Schädellose, Manteltiere) und dem Menschen erfolgte durch das Auftreten der Chorda. Dieser schnurartige Stützstrang stellt den Vorläufer des Innengerüsts der Wirbeltiere (Abb. 7.3) dar. Vor über 520 Mio. Jahren, im Kambrium, und während des Ordoviziums (vor 488–444 Mio. Jahren) entwickelte sich zunächst die Wirbelsäule und später der Kiefer. Am Anfang des Silur (von 444–416 Mio. Jahren) traten die Knorpelfische (*Chondrichthyes*) und danach die Knochenfische (*Osteichthyes*) auf. Gleichzeitig entwickelten sich auch die ersten primitiven Landpflanzen und aus den *Protostomiern* – die sich von den Deuterostomiern durch die Art der Furchung, Coelombildung und Urmundentwicklung unterscheiden – die *Gliederfüßer* (*Arthropoden*). Letztere eroberten mit Tausendfüßern, Insekten und Spinnen das Land. Die ersten Amphibien erschienen zusammen mit den ersten Fluginsekten, im Devon, vor 416–359 Mio. Jahren.

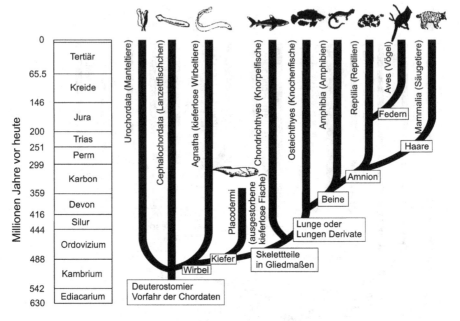

Abb. 7.3 Die Evolution der Chordatiere (Campbell 1996; Zeiten nach Rhode 2005)

7.2   Leben auf dem Land

Den Nachkommen der Bakterien gelang es erst im Ordovizium – nach 3,5 Mrd. Jahren des Lebens in den Ozeanen – das Land zu erobern, obwohl dieses ca. 30 % der Erdoberfläche umfasst und besonders günstige Lichtverhältnisse für die Photosynthese bietet. Die Hindernisse erwiesen sich als zu gewaltig. Die Mehrzelligkeit der Eukaryoten, mit ihrer Zellspezialisierung und der Entwicklung völlig neuer Organe und Körperteile, lieferte schließlich das Instrumentarium, um sich dieser Herausforderung zu stellen. Das Land war damals eine primordiale, dem Meer gänzlich fremde Umwelt, die aus Felsblöcken, Kies, Sand und Lehmböden bestand, durchzogen von mäandernden Flüssen, übersät mit Seen, von sporadischem und saisonalem Regen überschwemmt und wechselhaften austrocknenden Winden ausgesetzt.

Vier große Probleme mussten gemeistert werden. Das erste war die *Schwerkraft*, die im Wasser keine besondere Schwierigkeit bereitet. Das Gewicht eines Körpers kann hier durch den Auftrieb von luftgefüllten Hohlräumen (Schwimmblasen bei Fischen, Luftsäcke bei Braunalgen) kompensiert werden. Zweitens: Wie sollte man sich auf trockenen, steinigen und schroffen Böden *fortbewegen*? Pflanzen umgingen das Problem, indem sie ortsfest wurden. Aber wie konnten sie dabei die notwendige Versorgung mit *Wasser und Nährstoffen* sicherstellen? Als drittes Problem erwies sich die Gefahr der *Austrocknung* durch die Verdunstung. Schließlich verblieb noch die Schwierigkeit, wie sich Pflanzen und Tiere auf dem Land *fortpflanzen* konnten. Wie sollten die Geschlechtszellen der eukaryotischen sexuellen Organismen in Abwesenheit von Wasser zusammenkommen? Dieses Problem erwies sich als besonders schwierig. Die Evolution der Pflanzen von den Bryophyten (Moose) über die Gefäßsporenpflanzen (Farne), Gymnospermen (Nadelholzgewächse) bis zu den Angiospermen (Blütenpflanzen) ist die Geschichte einer ständigen Entwicklung hin zu größerer Unabhängigkeit vom Wasser und einer besseren Kontrolle der sexuellen Vermehrung. Das Gleiche gilt für die Evolution der Landtiere von den Amphibien über die Reptilien bis zu den Säugetieren.

7.3 Eroberung des Landes durch die Pflanzen

Die frühesten Lebensformen auf dem Land waren wahrscheinlich Bakterien, Algen und Flechten, die Seeufer und Flussränder besiedelten, lange bevor die ersten Landpflanzen auftraten. DNA-Sequenzierungen zeigen, dass die Vorfahren der Landpflanzen nicht, wie vielleicht zu erwarten wäre, seetangartige marine Algen waren, die in den Gezeitenzonen der Meere vorkommen, sondern kleine Süßwasseralgen, die eng mit den Grünalgen der Klasse *Charophyceae* verwandt sind und in Seen und Flüssen leben (Raven et al. 2003; Kenrick und Davis 2004). Der Grund für diese Süßwasserherkunft könnte sein, dass trocknendes Meerwasser Salzschichten hinterließ, die durch Osmose dem frühen Pflanzengewebe Wasser entzogen.

Im Mittleren Ordovizium, vor etwa 475 Mio. Jahren, finden sich Mikrofossilien der ersten *Sporen*, mikroskopisch kleine luftgetragene Zellen, die charakteristisch für echte Landpflanzen sind. Es handelt sich um Ansammlungen von in der Regel 1–4 haploiden Zellen (Abschn. 6.6), die wegen ihrer mikroskopischen Größe leicht vom Wind über weite Strecken verteilt werden können. Aufgrund ihrer robusten Bauweise und Häufigkeit sind Sporen ideale Kandidaten für Versteinerungen: ihre frühen fossilen Formen stammen wahrscheinlich von den Vorfahren der Bryophyten (Moose, Lebermoose, Hornmoose) ab, von denen nur spärliche Überbleibsel gefunden wurden (Wellman et al. 2003).

Der erste Schritt bei der Eroberung des Landes bestand offenbar darin, im Kampf gegen die Schwerkraft an der winzigen Größe festzuhalten sowie gegen die Austrocknung robuste Sporen zu bilden. Für die Bryophyten – ähnlich wie bei den Grünalgen – war Wasser erforderlich, damit ihre Spermien die Eizellen erreichten. Es bestand also eine enge Bindung der ersten Landpflanzen an das Wasser. Diese Tendenz ist auch noch bei den modernen Moosen zu erkennen, die an feuchten Standorten in Wäldern oder entlang der Ränder von Bächen und Feuchtgebieten (Sümpfe, Marschländer, Moore) wachsen.

Ein weiterer Schritt im Kampf gegen die Schwerkraft war die Bildung von stabilen Schösslingen und die Entwicklung eines Kapillarsystems für Flüssigkeiten, das durch Verdampfung an den Stängelspitzen angetrieben wurde. Eine der frühesten Gefäßsporenpflanzen (*Pteridophyta*: Bärlappgewächse, Schachtelhalme, Farne) mit aufrechten, sich allmählich verjüngenden Trieben und Sporangien an der Spitze, war *Cooksonia*. Von dieser nur etwa 2 cm hohen Pflanze aus dem Silur (vor ca. 420 Mio. Jahren, Abb. 7.4a), werden weltweit Fossilien gefunden. Weitere gut dokumentierte Gefäßsporenpflanzen sind in den berühmten *Rhynie-Cherts* (Kieselschiefern aus dem frühen Devon in Schottland) entdeckt worden. Diese etwa 410 Mio. Jahre alten Gesteine wurden von heißen Quellen produziert, die in regelmäßigen Abständen ihre Umwelt mit kieselsäurehaltigem Wasser überfluteten. Die ausfallende Kieselsäure fossilisierte die interne Struktur von Pflanzen und Tieren sowie deren dreidimensionale Form in situ und exquisitem Detail.

Vergleichbar mit *Cooksonia* waren frühe Landpflanzen wie *Aglaophyton* (Abb. 7.4b), *Rhynia* oder *Psilophyton* einzelne sprossenartige Organismen, mit sich gabelnden blattlosen Stängeln, die *Telome* genannt werden und von waagrechten Stängeln (*Rhizomen*) aus in die Höhe wuchsen. Bis zum Mittleren Devon (vor ca. 390 Mio. Jahren) erreichten die höchsten Pflanzen kaum Kniehöhe, die meisten waren viel kleiner. Einige hatten jetzt Stängel mit winzigen Härchen,

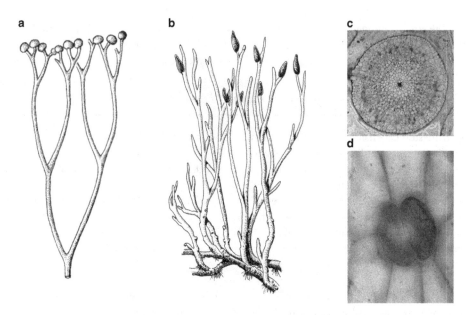

a   b   c

d

■ **Abb. 7.4**   Frühe Landpflanzen. **a** *Cooksonia*, **b** *Aglaophyton* wuchs aus waagrechten Stängeln, **c** Stängelquerschnitt von *Rhynia* mit Leitungs- und normalen Zellen (hell). **d** Stomata an den Stängeloberflächen (Raven et al. 2003; Kenrick und Davies 2004)

■ **Abb. 7.5**   Die ersten Landpflanzen im Unteren Devon (Schaarschmidt 1968)

andere – wie die älteste Bärlapppflanze *Asteroxylon* – sogar kleine Blättchen. Die größeren Pflanzen besaßen im Kern des Stängels ein Leitungssystem für den Wassertransport (Abb. 7.4c) sowie Spaltöffnungen (Stomata, Abb. 7.4d). Mit den Letzteren wurde Kohlendioxid für die Photosynthese aufgenommen und die Verdampfung des Wassers reguliert, das aus dem Rhizom nach oben gezogen wurde. Die Stängelspitzen hatten Sporensäcke (Sporangien), die den Wind zur Verbreitung der Sporen benutzten. Die ersten Landpflanzen im Unteren Devon, die in der Nähe von Süßwasser wuchsen, zeigt Abb. 7.5.

7.3.1 Die Devonische Revolution

Keine andere Zeit zeigte solch große Veränderungen in der Evolution von Pflanzen wie das Devon; zu Recht als Devonische Revolution bezeichnet. Zu Beginn fanden sich Moose und einfache Gefäßsporenpflanzen. Aus horizontalen Stängeln (Rhizomen) mit Haaren, die der Wasseraufnahme dienten (Abb. 7.4b), gelagert in unfruchtbaren sandigen Böden in der Nähe von Gewässern, wuchsen Pflanzen bis zu 10 cm Höhe (Abb. 7.5). Am Ende des Devons und im darauffolgenden Karbon (359–299 Mio. Jahre) gab es dagegen ausgedehnte Wälder mit Baldachine bildenden Bärlappppflanzen (*Lycopodiaceae*) und Samenpflanzen mit Baumhöhen bis zu 40 m.

7.3.2 Wurzeln und Nahrungsbedarf

Verankerung und Senkrechthaltung der Pflanze stellen wichtige Funktionen der Wurzeln dar. Ihre Hauptaufgabe besteht aber in der Aufnahme von Wasser und Nährstoffen. Welche Nährstoffe brauchen Pflanzen? Außer Kohlenstoff (C), Wasserstoff (H) und Sauerstoff (O), die in Form von Kohlendioxid (CO_2) und Wasser (H_2O) für die Photosynthese erforderlich sind, werden sechs Hauptnährelemente (Abschn. 4.2) in großen Mengen benötigt: Stickstoff (N), Phosphor (P), Kalium (K), Calcium (Ca), Magnesium (Mg) und Schwefel (S). Während N, S und P essenzielle chemische Elemente für Proteine und Nukleinsäuren darstellen, sind Mg, Ca und K unerlässlich für das Chlorophyll (das Hauptmolekül für die Photosynthese) sowie zusammen mit Natrium (Na) und Chlor (Cl) für die Zellfunktion. Unverzichtbar ist zudem eine Vielzahl von Spurenelementen. Viele dieser Nährstoffe werden durch Spaltung und Verwitterung von Gesteinen, Auflösen von verwesendem organischem Material oder mithilfe von Mikroben und symbiotischen Pilzen an den Wurzeln gewonnen. Letztendlich verwandelten Wurzeln durch Umgraben und Mischen des Bodens, chemische Prozesse, Absterben und Zerfall den Standort Land von einer unfruchtbaren Anhäufung von Sand und Ton in fruchtbare pflanzengeeignete Böden.

7.3.3 Leitungssysteme

Wie bereits erwähnt, bestand eines der frühesten Probleme der Landpflanzen im effizienten Transport von Wasser und Nährstoffen im Körper. Gelöst wurde dies durch die Entwicklung von flüssigkeitsleitenden Geweben, *Xylem* und *Phloem* genannt (Abb. 7.4c). Das Xylem besteht aus Zellen, die ihre Wände mit der stabilen organischen Substanz *Lignin* verstärken. Wenn sie absterben, bleibt eine leere Röhre zurück. Diese hat die doppelte Funktion, Wasser und anorganische Nährstoffe nach oben zu leiten und dem Organismus die Steifigkeit für das Wachstum zu liefern. Das Phloem ist ein System lebender Zellen, die sich auf den Transport von intern hergestellten organischen Verbindungen in beide Richtungen spezialisiert haben. Derartige Gewebe erlaubten den Pflanzen nicht nur Blätter zu entwickeln, um effizienter Licht aufzusammeln, sondern auch zu großen Höhen zu wachsen – ein Vorteil im Wettbewerb mit den Nachbarn. Dieser Prozess wird auch als Kolonisierung der Atmosphäre bezeichnet. Der Küstenmammutbaum (*Sequoia sempervirens*) im Nordwesten der USA erreicht, begrenzt durch den Wasserdruck im Leitungssystem, maximale Höhen der Baumkronen von etwa 113 m.

7.3.4 Stämme

Ein Zunehmen der Pflanzenhöhe verlangt wegen der Standsicherheit einen immer größeren Durchmesser des Stamms. Um Biomasse zu sparen, wurden verschiedene Konstruktionsvarianten ausprobiert. Frühe Bärlapppflanzen entwickelten einen harten äußeren Zylinder, der ein weicheres Innengewebe umschloss. Baumschachtelhalme hatten aus hohlen Röhren bestehende Stämme; Baumfarne waren aus mehreren dünnen Strängen zusammengebunden. Ein massesparendes schnelles Stammwachstum war zwar vorteilhaft für den Wettbewerb um das Licht, doch knickten solche Stämme unter den Windkräften leicht um und konnten deshalb keine umfangreichen Baumkronen tragen. Samenpflanzen wie Koniferen entwickelten deshalb feste Stämme. Der ausgestorbene Bärlappbaum *Lepidodendron* erreichte z. B. Höhen von über 30 m. Am schlanken Stamm begann die Verzweigung erst 5 m vor der Oberkante der Krone, die einen Durchmesser von nur 6 m aufwies. Aufgrund der geringen Ausdehnung der Kronen und der langen Wachstumszeit, in der die Pflanzen nur aus einem sprossenden Stängel bestanden, unterschieden sich Lichtverhältnisse und Baumdichte in den Wäldern des Devon und Karbon grundlegend von unseren heutigen Wäldern. Während man heute ca. 1–2 Bäume pro Ar (10×10 m^2) findet, erlaubten die Lichtverhältnisse in den Karbonwäldern 10–20 Bäume.

7.4   Die Radiation der Landpflanzen

Eine – auch für Tiere und Mensch – nützliche Veränderung bei den Pflanzen war die Entwicklung von Samen, Blüten und Früchten im Rahmen der Fortpflanzung. Während man heute etwa 28.000 Arten von Bryophyten (meist Moose) und Gefäßsporenpflanzen (Bärlappe, Schachtelhalme, Farne) sowie 800 Arten von Gymnospermen (Koniferen, Cycadeen, Ginkgo) zählt, sind ca. 235.000 Arten von Angiospermen (Blütenpflanzen) bekannt (Abb. 7.6).

7.4.1 Moose und Gefäßsporenpflanzen

Die frühesten Landpflanzen, Moose und Gefäßsporenpflanzen, weisen einen Lebenszyklus mit einer alternierenden Folge von diploiden und haploiden Generationen auf (Abschn. 6.6), die als Sporophyten bzw. Gametophyten oft individuelle Pflanzen darstellen und sich im Aussehen wesentlich unterscheiden (Abb. 7.7a, b). In diesem Lebenszyklus, der bereits bei ihren Vorfahren, den Grünalgen, vorhanden war, betonten die Moose den Gametophyten, während bei den Farnen der Sporophyt die dominierende Generation wurde (Abb. 7.7a, b).

7.4.2 Nacktsamige Pflanzen (Gymnospermen)

Dieser Lebenszyklus ist bei den Samenpflanzen dahin gehend geändert, dass bei den *Gymnospermen* die männlichen und weiblichen Sporangien in der Regel auf der gleichen Pflanze auftreten, wobei die weiblichen haploiden Organismen (Gametophyten) in der sehr stark geförderten diploiden Pflanze (Sporophyt) „versteckt" sind. In den männlichen Sporangien entwickeln sich *Pollenkörner*, die den Sporen von Moosen und Farnen entsprechen, und vom Wind ausgebreitet werden. In den weiblichen Sporangien entstehen Samenanlagen mit Gametophyten, die eine oder mehrere Eizellen enthalten. An der Spitze der Samenanlage befindet sich eine

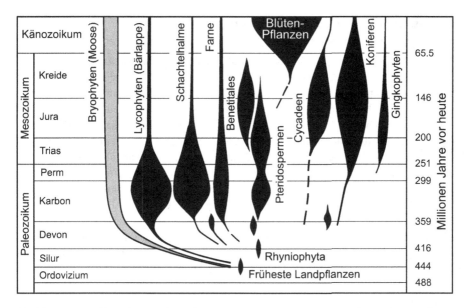

Abb. 7.6 Entwicklung der Anzahl der Pflanzenarten (Phyla) seit der Eroberung des Landes im Ordovizium (modifiziert nach Skelton et al. 2003; Raven et al. 2003, Bryophyten hinzugefügt; Zeiten nach Rhode 2005)

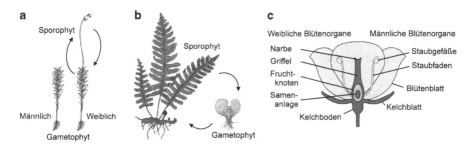

Abb. 7.7 Alternierende diploide (Sporophyt) und haploide (Gametophyt) Pflanzengenerationen. **a** Moos *Polytrichum*, der Sporophyt wächst auf der Spitze des weiblichen Gametophyten, **b** Farn, **c** Blüte

Lücke in der Hüllschicht. Hier lagert sich der Pollen an; ein Pollenschlauch wächst in die Samenanlage hinein und liefert die Spermien ohne großen Wasserbedarf zur Eizelle. Nach der Befruchtung bildet die Hüllschicht eine robuste Abdeckung: der Samen entwickelt sich, wird freigesetzt und durch den Wind ausgebreitet. Aufgrund der geringen Abhängigkeit von Wasser, dem größeren Schutz des Gametophyten und dessen gesicherter Ernährung, erwies sich diese neue Art der Fortpflanzung als überaus erfolgreich. Sie führte zu einer herausragenden Rolle der Gymnospermen im Mesozoikum (vor 251–65 Mio. Jahren, Abb. 7.6), die noch heute im großen Umfang der Nadelwälder in den mittleren Breiten und subarktischen Klimazonen zu sehen ist.

7.4.3 Blütenpflanzen (Angiospermen)

Obwohl *Angiospermen* wegen ihrer Blüten und Früchte besonders auffallen, erfolgt die Reproduktion im Prinzip ähnlich wie bei den Gymnospermen. Die männlichen und weiblichen Sporangien sind jetzt in einer Blüte konzentriert (Abb. 7.7c), bestehend aus bunten Blütenblättern, die von Kelchblättern geschützt sind. Staubblätter (mit Staubbeuteln und Staubfäden) bilden die männlichen Teile, während die Fruchtblätter (mit Narbe, Griffel und Fruchtknoten) die weiblichen Teile der Blüte darstellen. Die Staubbeutel enthalten den Blütenstaub, d. h. die Pollen, die verbreitet werden. Wenn ein Pollenkorn auf die Narbe fällt, wächst ein Pollenschlauch durch den Griffel und den Fruchtknoten zur Samenanlage, durch den die Spermien zur Eizelle geliefert werden – wiederum ohne viel Bedarf an Wasser. Während die Samenanlage und ihre Hüllschicht einen Samen bilden, entwickelt sich die Blüte zur Frucht. An ihr ist auch der Fruchtknoten, der sich vergrößert, beteiligt.

Der entscheidende Unterschied zwischen Angiospermen und Gymnospermen besteht in ihrem Umgang mit dem Pollen und den Samen. Während sich Gymnospermen zur Ausbreitung ihrer Pollenkörner und Samen in der Regel den Wind zunutze machen, entwickelten die Angiospermen, zusammen mit Tieren, eine für beide Parteien vorteilhafte (mutualistische) Beziehung. Die Schwierigkeit, solche symbiotische Beziehungen zu etablieren, dürfte der Grund dafür sein, warum Angiospermen erst vor etwa 140 Mio. Jahren, also 220 Mio. Jahren später als die Gymnospermen, auftraten (Abb. 7.6). Blütenblätter, die Nektar als Belohnung versprechen, sind Signaleinrichtungen, die Insekten und Vögel zur Übertragung von Pollen anlocken. Ebenso bieten reife Früchte ein attraktives Lockmittel. Vögel, Säugetiere und andere Tiere verzehren sie und tragen zur Ausbreitung der Samen bei. Der überwältigende Erfolg dieser Strategie zeigt sich in der enormen Anzahl unterschiedlichster Arten von Angiospermen (Gräser, Bäume, Sträucher, Kräuter, bis zu Kakteen) in allen Klimazonen der Erde.

7.5   Die Eroberung des Landes durch Tiere

In den erwähnten *Rhynie-Cherts* des frühen Devons wurden neben den Pflanzen mehrere Gruppen von Gliederfüßern wie Spinnen, Milben und Tausendfüßer gefunden. Sie waren Fleischfresser und Destruenten (die sich von toten und verfallenden Pflanzenteilen ernähren) aber keine Pflanzenfresser (die sich von lebendem Pflanzengewebe ernähren). Anders als bei den frühen Landpflanzen, die Organe und Gewebe neu entwickeln mussten, glichen die frühen Landtiere stark ihren aquatischen Vorfahren. Während ihrer unterschiedlichen Eroberungsepisoden des Landes behielten die meisten ihre komplexen Organe bei, wenn auch in modifizierter Form. Sie hatten jedoch mit ähnlichen Problemen zu kämpfen: *Schwerkraft, Bewegung auf unebenem Boden, Atmung, Austrocknung* und *Reproduktion*.

Zur Fortbewegung und Stützung gegen die Schwerkraft musste der Körperbau der Gliederfüßer dank stabiler Chitinpanzer und vorhandener Gliedmaßen nur wenig modifiziert werden. Hauptsächlich waren die Probleme der Atmung und Austrocknung zu lösen. Bei den Wirbeltieren hingegen waren substanzielle Änderungen der Anatomie für das Leben auf dem Land erforderlich. Zur Stütze gegen die Schwerkraft mussten drei wichtige Instrumente entwickelt werden: Beine, Beckengürtel und ein tragendes Rückgrat.

Bei Fischen dient die Wirbelsäule im Wesentlichen dem Zusammenhalt des Körpers und wirkt bei wellenförmigen Schwimmbewegungen wie eine gespannte Feder (Abb. 7.8). Auf dem

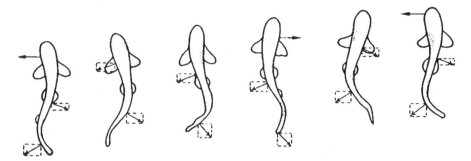

□ **Abb. 7.8** Die wellenartige Bewegung eines Fisches (Campbell 1996)

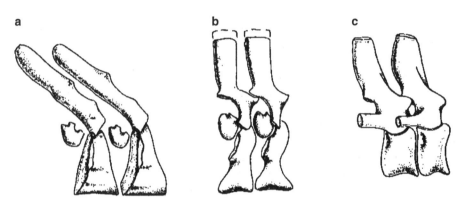

□ **Abb. 7.9** **a** Das Rückgrat eines Fisches (*Crossopterygier*), **b** eines primitiven (*Ichtyostega*) und **c** eines entwickelten Amphibiums (*Mastodonsaurus*) (Romer 1974)

Land hingegen musste dieses Rückgrat zusätzlich die Funktion eines *Tragebalkens* einnehmen, der den gesamten Körper trug. Während das Rückgrat der Fische für die wellenförmige Bewegung gut angepasst war, wurde bei Amphibien eine Tragefunktion der Wirbelsäule durch die gegenseitige Unterstützung der einzelnen Wirbel erreicht (Abb. 7.9). Zusätzlich musste das Rückgrat in Auflagern verankert werden, die von kräftigen Beinen unterstützt wurden und nach dem Prinzip der Gartenschaukel funktionierten (Abb. 7.10c). Offensichtlich waren die Flossen bei den Fischen nicht stark genug, das Körpergewicht zu tragen. Sie reichten gerade noch zum Schieben über kurze Strecken aus, mit dem ein Crossopterygier aus einer austrocknenden Lagune über Land ins Meer entkommen konnte.

Weitere notwendige Änderungen für Gliederfüßer und Wirbeltiere betrafen die Atmung: Kiemen wurden durch Lungen ersetzt. Gleichzeitig erfolgten substanzielle Modifikationen der Haut gegen die Austrocknung. Das betraf auch die Eier und die Nahrungsversorgung der geschlüpften Jungtiere. Amphibien (Frösche, Salamander) umgingen diese Probleme, indem sie sowohl ihre Eier wie die Entwicklung ihrer Larven im Wasser beließen. Die ältesten Fossilien der Amphibien, die den *Fisch-Tetrapoden-Übergang* (Landwirbeltiere mit vier Gliedmaßen) zeigen, reichen bis in das Obere Devon zurück (vor 370–360 Mio. Jahren) (Clark 2004).

a   b   c

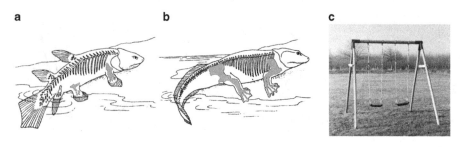

□ **Abb. 7.10**   Unterschiedliche Anatomien eines Fisches, *Crossopterygier* (**a**) und eines Amphibiums (**b**) (Campbell 1996). Stützmechanismus einer Gartenschaukel (**c**)

Vor ca. 320 Mio. Jahren im mittleren Karbon gelang mit der Entwicklung des *amniotischen Eies*, das auf dem Land gelegt werden konnte, ein weiterer grundlegender Entwicklungsschritt. In diesem schwamm der Embryo in einem mit Fruchtwasser gefüllten Sack (Amnion), der von einer Kalkschale umhüllt, eine Embryonalentwicklung unabhängig vom offenen Wasser ermöglichte. Diese Amnioten spalteten sich gegen Ende des Karbons vor ca. 300 Mio. Jahren in zwei Klassen auf, die *Sauropsiden* und *Synapsiden*. Mit ihren zwei hinter den Augen liegenden Öffnungen im Schädel sind die Sauropsiden die Vorfahren der Reptilien und Vögel, während die Synapsiden, die Ahnen der Säugetiere, nur ein einziges Hinteraugenloch besitzen. Das amniotische Ei erlaubte den Reptilien (Eidechsen, Schlangen, Schildkröten, Krokodile) und den Ahnen der Säugetiere, auch weit vom Meer entferntes Land zu erobern. Während Krokodile nahe am Wasser blieben, wagten Eidechsen und Schlangen sich selbst in die trockensten Wüstengebiete vor. Die Reptilien waren die dominierenden Tiere zu Land und im Meer während des Perm (299–251 Mio. Jahre), der Trias (251–200 Mio. Jahre) und dem Jura (200–146 Mio. Jahren) bis hin in die Kreide (145–65 Mio. Jahre). Von der Trias an herrschten die Dinosaurier. Reptilien waren auch die ersten Wirbeltiere, die den Luftraum eroberten. Die frühesten Vögel erschienen im Jura; dass sie von coelurosaurierartigen Dinosauriern aus der Unterordnung der *Theropoda* abstammen, die zur Ordnung *Saurischia* (Echsenbeckensaurier) der Dinosaurier gehören, gilt heute als gesichert. Vögel können daher als überlebende saurischiaartige Dinosaurier angesehen werden (Padian und Chiappe 1998; Norell und Xu 2005).

Ein weiterer entscheidender Fortschritt bei den Vögeln und den Säugetieren (Kap. 8) war die *Endothermie*. Dies bedeutet, dass diese Tiere im Körperinnern eine hohe konstante Temperatur aufrechterhalten können, wobei bei den Vögeln Federn und den Säugetieren ein Haarkleid als Wärmeisolierung gegen die Auskühlung des Körpers entwickelt wurden. Die hohe Körpertemperatur erlaubt den Tieren, trotz stark schwankender täglicher Außentemperaturen, biochemische Prozesse und Sinneswahrnehmung optimal ablaufen zu lassen sowie schnell zu reagieren. Da bei großen Dinosauriern die Körperoberfläche im Vergleich zum Körpervolumen vergleichsweise klein war, fiel der Energieverlust über die Oberfläche nicht besonders ins Gewicht. Somit konnten sie trotz nackter Haut ein sehr aktives Leben führen. Anders war die Situation bei Kleintieren, wo sich der Strahlungsverlust und die Wärmeleitung vom Körper besonders stark bemerkbar machten. Aus diesem Grund waren die Vögel und ihre Vorfahren sowie kleine Säugetiere die ersten, die eine Wärmeisolierung entwickelten.

Literatur

Bengtson S et al (2007) The Paleoproterozoic megascopic Stirling biota. Paleobiology 33:351

Campbell NA (1996) Biology, 4. Aufl. Benjamin Cumming, Menlo Park

Clark JA (2004) From fins to fingers. Science 304:57

Cock JM et al (2010) The Ectocarpus genome and the independent evolution of multicellularity in brown algae. Nature 465:617

Gilbert SF (1997) Developmental Biology, 5. Aufl. Sinauer Ass, Sunderland, S 18

Kenrick P, Davis P (2004) Fossil plants. Smithsonian, Washington

Kirk DL (2005) A twelve-step program for evolving multicellularity and a division of labor. BioEssays 27:299

Luke GN et al (2003) Dispersal of NK homeobox gene clusters in amphioxus and humans. PNAS 100:5292

Norell MA, Xu X (2005) Feathered dinosaurs. Ann Rev Earth Planet Sci 33:277

Padian K, Chiappe LM (1998) Der Ursprung der Vögel und ihres Fluges. Spektrum der Wissenschaft Apr:38

Raven PH.et al (2003) Biology of plants, 6. Aufl. Freeman, New York

Rhode RA (2005) Geowhen database of the stratigraphy organization, http://www.stratigraphy.org/geowhen/timelinestages.html

Romer AS (1974) Vertebrate paleontology, 3. Aufl. University Chicago Press

Schaarschmidt F (1968) Paläobotanik I Bibliographisches Institut, Mannheim

Shay JW, Wright WE (2000) Hayflick, his limit, and cellular ageing, Nature Rev Molec Cell Biol 1:72

Skelton PW et al (2003) The Cretaceous World. Cambridge University Press

Wellman CH et al (2003) Fragments of the earliest land plants. Nature 425:282

Säugetiere und Intelligenz

P. Ulmschneider, Vom Urknall zum modernen Menschen, DOI 10.1007/978-3-642-29926-1_8,
© Springer-Verlag Berlin Heidelberg 2014

Säugetiere gehören zu den am höchsten entwickelten Landwirbeltieren, den Tetrapoden. Zu diesen zählen auch Amphibien, Reptilien und Vögel. Bei den Tetrapoden trat eine breite Entwicklung der *Intelligenz* auf, die sich nach dem großen Massensterben am Ende der Kreidezeit besonders bei den höheren Säugetieren und den Vögeln bemerkbar machte. Dieses Verhalten beruht auf durch Erfahrung gewonnenem Wissen und lässt sich am Werkzeuggebrauch und der Qualität der Kommunikation ablesen. Die intelligentesten Tiere gebrauchen Werkzeuge, stellen darüber hinaus solche selbst her und zeigen Spiegelselbsterkenntnis. Der Gipfel dieser Intelligenzentwicklung wurde beim Menschen erreicht, der mit Händen ausgestattet ist, die auf Werkzeuggebrauch und -herstellung spezialisiert sind, sowie der Sprache, einem einzigartigen, unübertroffenen Mittel der Kommunikation (Kap. 9).

8.1　Geschichte der Säugetiere

Gegen Ende des Karbons (vor ca. 300 Mio. Jahren), spalteten sich die Amnioten in *Sauropsiden* und *Synapsiden*; Letztere wurden die Ahnen der Säugetiere (Abschn. 7.5). Ihre heutigen Nachfahren besitzen als charakteristische Eigenschaften die Endothermie – d. h. sie können ihre Körperwärme selbst produzieren –, haben ein Haarkleid und ernähren ihre Nachkommen mit Milch.

Zu den frühesten Synapsiden gehörten die Pelycosaurier – zum Beispiel *Dimetrodon*, bei dem die Endothermie noch nicht entwickelt war, dessen durchblutete Rückensegel jedoch die schnelle Erwärmung bzw. Regulierung der Körpertemperatur erlaubte (Abb. 8.1a) – sowie die *Therapsiden*, früher als säugetierähnliche Reptilien bezeichnet. Zu ihnen zählten – vom mittleren Perm (vor 270 Mio. Jahren) an – die durch ein hundeartiges Gebiss gekennzeichneten *Cynodontier* (Abb. 8.1b). Sie überlebten trotz zweier katastrophaler Ereignisse mit Massensterben (an den Perm-Trias (P/Tr)- sowie Trias-Jura (Tr/J)-Grenzen) und des harten Wettbewerbs mit den Dinosauriern bis in die untere Kreidezeit.

Aus einer der vielen Cynodontierarten entstanden in der oberen Trias (vor ca. 220 Mio. Jahren) die ersten echten Säugetiere, die Klasse *Mammalia*. Sie treten in drei Unterklassen auf: den Eier legenden *Kloakentieren* (Prototheria bzw. Monotremata – heute noch durch Schnabeltier und Ameisenigel vertreten), den lebenden Nachwuchs zur Welt bringenden *Beuteltieren* (Metatheria bzw. Marsupialia) und *Plazentatieren* (Eutheria, auch höhere Säugetiere genannt). Während die Abspaltung der Meta- und Eutheria von den Prototheria viel weiter zurückliegt, fand die Trennung zwischen den beiden Ersteren vor ca. 160 Mio. Jahren im mittleren Jura statt (Luo et al. 2011). Die modernen Ordnungen der Plazentatiere entwickelten sich jedoch offensichtlich erst nach dem extremen Massenaussterben, dem K/T (Kreide/Tertiär)-Ereignis (Abschn. 8.2) vor 65,5 Mio. Jahren (O'Leary et al. 2013; Abb. 8.2).

Es besteht ein zunehmender Konsens, die Plazentatiere in vier Überordnungen einzuteilen (Wible et al. 2007; Kriegs et al. 2006): den in Südamerika beheimateten *Xenarthra* (Gürtel-

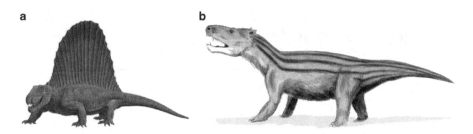

☐ Abb. 8.1 **a** Dimetrodon, ein 0,9–4 m großer Pelycosaurier aus dem unteren Perm, **b** Cynodont, ein ratten- bis wolfsgroßer Therapside (Natl. Geogr. Soc.)

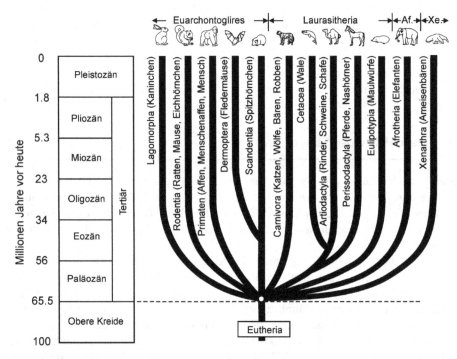

☐ Abb. 8.2 Ordnungen der plazentalen Säugetiere gegliedert in vier Überordnungen (Af. = Afrotheria, Xe. = Xenarthra) (Condie und Sloan 1998, modifiziert nach O'Leary et al. 2013)

tiere, Ameisenbären, Faultiere), den aus Afrika stammenden *Afrotheria* (Tenreks, Erdferkel, Seekühe, Elefanten), den *Laurasiatheria* aus Eurasien und Nordamerika (Fledertiere, Raubtiere, Unpaarhufer, Paarhufer und Wale) sowie den aus Eurasien stammenden *Euarchontoglires*, zu denen Euarchonta (Spitzhörnchen, Riesengleiter, Primaten) und Glires (Nagetiere, Hasen) zählen. Die Paarhufer (*Artiodactyla*) umfassen Schweine, Flusspferde, Kamele, Giraffen, Hirsche, Rinder und Ziegen, während zu den Unpaarhufern (*Perissodactyla*) Pferde, Nashörner und Tapire gehören (Abb. 8.2).

Während man vor Kurzem noch annahm, dass mehrere Ahnen aller vier Überordnungen der plazentalen Säugetiere das K/T-Ereignis überstehen konnten (Meredith et al. 2011), geht man neuerdings davon aus, dass vielleicht nur *ein* gemeinsamer Ahne, zusammen mit denen der Prototheria und Metatheria dieser Katastrophe entgangen ist (O'Leary et al. 2013; Abb. 8.2). Wie darf man sich diesen Vorfahren vorstellen? Früher dachte man, dass die heutigen Säugetiere aus einer Ordnung Insektenfresser (*Insectivora*) hervorgegangen sind. Genvergleiche ergaben jedoch, dass dies nicht zutrifft. Eine Erinnerung an diese Vorstellung bleibt jedoch erhalten, weil die insektenfressenden Klassen der Tenreks (Afrotheria), Maulwürfe (Laurasiatheria) und Spitzhörnchen (Euarchontoglires) auf denselben Ahnentyp hinweisen, der bei der K/T-Katastrophe unter der Erde bzw. bodennah lebte (Abb. 8.5). Neben fast allen Ordnungen der Eutheria gingen auch die meisten Ordnungen der Vögel außer den Ahnen dreier Typen moderner Vögel beim K/T-Ereignis zugrunde (Longrich et al. 2011).

8.2 Das große Massensterben an der K/T-Grenze

Das K/T-Ereignis markiert den Beginn des Tertiärs, das sich über die Zeit von vor 65,5–2,6 Mio. Jahre erstreckte. Die Bezeichnung Tertiär wurde im Jahr 2000 durch die Bezeichnungen Paläogen (für die Epochen Paläozän, Eozän und Oligozän, von 65,5–23,03 Mio. Jahren) und Neogen (für die Epochen Miozän und Pliozän, von 23,03–2,588 Mio. Jahren) ersetzt. Der Literatur folgend wird in diesem Buch meist die alte Bezeichnung verwendet.

Nach jüngsten Untersuchungen führte das K/T-Ereignis zur Auslöschung von 40–75 % aller Tierarten. Ein vergleichbar einschneidendes Ereignis ist an der Trias-Jura-Grenze (Tr/J) aufgetreten, bei dem vor 200 Mio. Jahren zwischen 25 und 50 % aller Tierarten ausstarben (Schmieder et al. 2010; Schoene et al. 2010; Whiteside et al. 2010a, 2010b). Weitere große Massensterben ereigneten sich im Ordovizium-Silur (O/S), vor etwa 450–440 Mio. Jahren, und im Ober-Devon, vor etwa 360–375 Mio. Jahren. Das größte der fünf Massensterben der letzten 500 Mio. Jahre war jedoch das P/Tr-Ereignis an der Perm-Trias-Grenze vor 252 Mio. Jahren, bei dem zwischen 60 und 95 % aller Tierarten ausstarben. Während das K/T-Ereignis ziemlich sicher durch den Einschlag eines Kometen oder Asteroiden verursacht wurde (Schulte 2010), ist die Ursache für die anderen Ereignisse noch nicht sicher bekannt (Whiteside et al. 2007). Für das P/Tr- wie auch das Tr/J-Massensterben wurden wegen ihres extrem kurzzeitigen Verlaufs ebenfalls Asteroideneinschläge (Becker et al. 2004; Schmieder et al. 2010) als Ursache vorgeschlagen.

Es überrascht, dass sowohl bei dem K/T- als auch P/Tr- und Tr/J-Ereignis zeitgleich extremer Vulkanismus auftrat. Er erstreckte sich jedoch in allen Fällen über wesentlich längere Zeiträume, weshalb es schwierig bleibt, das plötzliche Aussterben der Arten damit zu erklären. Das K/T-Massensterben ist in eine Periode von gewaltigem Vulkanismus eingebettet, der zur Bildung der *Deccan Traps* führte, einer umfangreichen Bergregion im Südwesten Indiens, die mehr als 2 km mächtig, eine Fläche von 500.000 km^2 bedeckt. Der über 1 Mio. Jahre andauernde Überflutungsvulkanismus wurde offenbar von dem Réunion Hotspot bei der Wanderung des Subkontinents nach Norden erzeugt.

Auch das P/Tr-Ereignis trat während einer Serie enormer Vulkanausbrüche auf. Über 1 Mio. Jahre bildeten sich die nördlich von Krasnojarsk im Osten Russlands gelegenen *Siberian Traps*, eine ca. 1 Mio. km^2 große Flutbasaltregion mit bis zu 4 Mio. km^3 Lava. Das Massensterben weist eine gute Synchronität mit dem beginnenden Vulkanismus auf und dauerte weniger als 200.000 Jahre. Es wurde vielleicht von einem plötzlichen Anstieg von CO_2 und Methan in der

a   **b**

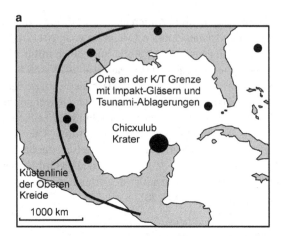

> **Abb. 8.3** **a** Tsunamischäden beim K/T-Ereignis (Claeys 1996), **b** Schichten an der K/T-Grenze bei Biarritz in der Bucht von Biskaya (Rocchia 1996)

Atmosphäre verursacht, der zu einem rapide ansteigenden Treibhauseffekt und globalen Waldbränden führte (Shen et al. 2011).

Ähnliches kann vom Tr/J-Ereignis gesagt werden, das mit einem ca. 600.000 Jahre dauernden mächtigen Vulkanismus zusammenfällt (Whiteside et al. 2010a, 2010b), der die Flutbasalte der *Zentral-Atlantischen-Magmatischen-Provinz* (CAMP) schuf. Er produzierte ein Gesteinsvolumen von mehr als 2,5 Mio. km^3, verteilt über eine Fläche von mehr als 7 Mio. km^2. Diese Flutregion erstreckte sich im Zentrum des auseinanderbrechenden Superkontinents Pangäa und ist in seinen Bruchstücken Zentralbrasilien, Nordafrika (Marokko), dem östlichen Nordamerika und Europa erhalten.

Wie erwähnt, wird das K/T-Ereignis auf den Einfall eines großen Kometen oder Asteroiden vor 65,5 Mio. Jahren im Gebiet der heutigen Yucatánhalbinsel in Mexiko zurückgeführt (Abb. 8.3). Einschlagort war der Chicxulub-Krater für den seismische- und Mikrogravitationsmessungen einen Durchmesser von ca. 180 km ermittelten (Morgan 1997). Das macht diesen Krater nicht nur zum größten bekannten Einschlagkrater auf der Erde, sondern auch zum größten auf einem Planeten oder Mond des Sonnensystems seit dem Ende des späten schweren Bombardements (LHB) vor 3,9 Mrd. Jahren (Abschn. 3.1.2). Der Krater, zur Hälfte unter Yucatán, die andere unter dem Meer begraben, zeigt mehrere Ringe. Er umfasste ursprünglich eine Tiefe von 15–20 km; die Kraterwände brachen jedoch anschließend zusammen. Heute liegt er 300–1000 m unterhalb von Land und Meer.

Die Einschlagenergie des Boliden wird auf 3×10^8–3×10^9 Megatonnen TNT geschätzt (1 Megatonne TNT entspricht dem 50-Fachen der Hiroshimabombe). Sein Durchmesser betrug zwischen 9 und 17 km, die Geschwindigkeit zwischen 15 und 30 km/s. Der Einschlag produzierte einen gigantischen Tsunami mit einer Höhe von etwa 1 km. Die Flutwelle raste über den Ozean und ist in Ablagerungen von Schichten aus Sand und Schutt von 2–3 m Mächtigkeit in einem 3000 km weiten Kreis, von Alabama bis Guatemala, nachweisbar (Abb. 8.3a).

Geologisch findet sich die K/T-Grenze in den Sedimenten der Weltmeere über die ganze Erde verteilt. Die weißen Kalkfelsen an einem Standort in der Nähe von Biarritz werden plötzlich durch eine ca. 20 cm mächtige rote und schwarze Lehmschicht unterbrochen, in der die

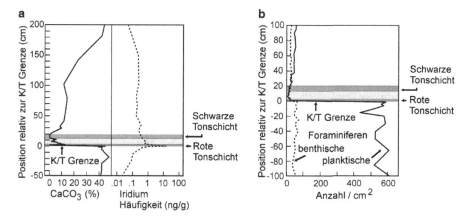

○ Abb. 8.4 **a** Die Carbonat- und Iridiumkonzentrationen an der K/T-Grenze (Rocchia 1996), **b** Niedergang und Aufschwung der Foraminiferen (Smit 1996)

○ Abb. 8.5 *Purgatorius* illustriert den Typ des plazentalen Säugetiers, der das K/T-Ereignis überlebte (Natl. Geogr. Soc.)

Konzentration von Carbonat abrupt von 40 % auf 0–10 % abfällt (Abb. 8.3b; 8.4a, durchgezogen). In derselben Schicht findet ein plötzlicher Sprung in der Iridiumhäufigkeit auf einen 100-mal höheren Wert statt (Abb. 8.4a, punktiert), was auf einen Kometen hinweist. Dies deutet sich auch durch die Anwesenheit von ungewöhnlichen Aminosäuren in der gleichen Schicht an. Die mächtigen Kreidefelsen bestehen aus Calciumskeletten abgestorbener einzelliger Organismen (von nahe der Oberfläche lebenden planktischen und am Ozeanboden wohnenden benthischen Foraminiferen). Abgelagert auf den Böden der Ozeane, wachsen diese Schichten in der Regel mit einer Geschwindigkeit von 2 cm pro Jahrtausend.

Folgender Zeitablauf der Ereignisse konnte rekonstruiert werden: Der Kometeneinschlag schleuderte eine zehnfach größere Menge an Material als seine Masse in die Atmosphäre, die sich über den gesamten Globus verteilte. Das Zurückstürzen des Materials erzeugte große Hitze, die zu ausgedehnten Waldbränden führte. Enorme Mengen von Staub blockierten anschließend das Sonnenlicht; die Erdoberfläche wurde für viele Monate oder vielleicht Jahre dunkel und kalt; der einfallende Schutt dürfte die unterste ca. 15 cm mächtige Schicht erzeugt haben, die auch die rote Tonschicht an der K/T-Grenze enthält (Abb. 8.4). Die darüber liegende 5 cm mächtige schwarze Tonschicht wird der stark reduzierten Bevölkerung überlebender Foraminiferen in den Jahrtausenden nach dem K/T-Ereignis zugeschrieben.

Die Ökosysteme wurden auf unterschiedliche Weise betroffen. *An Land* überlebten kleine Tiere, die ihren Körper mit Fell oder Federn gegen die Kälte schützen konnten. Ebenso Tiere, die in der Lage waren zu überwintern oder sich im Erdreich und in Höhlen zu schützen. Pflanzen verwelkten in der Dunkelheit. Nahrungsmangel und fehlende Kälteisolierung führten zu einem Massensterben großer Tiere (z. B. nackthäutige Dinosaurier). Die restlichen Landtiere überlebten, indem sie nach Würmern, im Boden lebenden Insekten, Samen und Pflanzenteilen suchten. Abgestorbenes und sich zersetzendes pflanzliches Material wurde durch Erosion in Flüsse geschwemmt, wo es wasserlebenden Tieren (Fischen, Schildkröten, Krokodilen) als Nahrung diente.

Im Ozean führte die Blockierung der Sonneneinstrahlung zu einem Massensterben der planktischen Foraminiferen (Abb. 8.4b, durchgezogen). Benthische Formen (Abb. 8.4b, punktiert) wurden nicht in gleicher Weise betroffen, da sie von den herabsinkenden toten Tieren leben, die sich am Ozeanboden sammelten. Der Tod des Planktons führte zu einem Sterben von Garnelen und Fischen, was wiederum ein Aussterben der großen maritimen Reptilien verursachte. An der Meeresoberfläche wurde die gesamte Nahrungskette zerstört.

8.3   Das Tertiär und die Evolution der Säugetiere

Zu Beginn des Tertiärs existierten keine großen Landtiere. Überlebende Amphibien, Reptilien, Säugetiere und Vögel fanden eine Landoberfläche mit einer Vielzahl von Blütenpflanzen und unzähligen Insekten vor. Wie bereits erwähnt, überlebte ein kleiner rattenähnlicher Vorfahr der Eutheria das katastrophale K/T-Ereignis. Er verzehrte Insekten, war nachtaktiv und bewohnte Bodenhöhlen, was z. B. durch die Spezies *Purgatorius* illustriert werden kann (Abb. 8.5; Bloch et al. 2007; O'Leary et al. 2013).

8.4   Evolution der Primaten

Heute existieren sechs Ordnungen nichtmenschlicher Primaten (Martin 1990): 1. Lemuren in Madagaskar, 2. Loris in Afrika, Süd-und Südostasien, 3. Koboldmakis auf bestimmten Inseln in Südostasien, 4. Neuweltaffen in Süd-und Mittelamerika, 5. Altweltaffen in Afrika, Süd- und Südostasien und 6. kleine und große Menschenaffen in Afrika, Süd-und Südostasien. Lemuren, Loris und Koboldmakis spalteten sich im Paläozän von den anderen Primaten ab (Abb. 8.6). Neu- und Altweltaffen trennten sich im frühen Oligozän; Letztere von den kleinen Menschenaffen (Gibbons) im Miozän, in dessen Verlauf sich schließlich auch die Menschenaffenlinie abspaltete. Die geographische Verteilung der heutigen Primaten (Abb. 8.7) fällt in etwa mit dem Tropengürtel (von 23,5° nördlicher bis 23,5° südlicher Breite, gepunktet) zusammen. Dieses warme und feuchte Klima mit Regenwald ist im Wesentlichen auch das Umfeld, in dem sich die baumbewohnenden Primaten aus ihren bodenbewohnenden Vorfahren entwickelt hatten.

Fast das ganze Tertiär über herrschten viel höhere Temperaturen als heute; die Tropenwälder waren ausgedehnter und erstreckten sich bis in höhere Breiten. Ableiten lässt sich dies aus den Isotopenverhältnissen von Sauerstoff, die aus den Kalkablagerungen der Foraminiferen stammen und aus Bohrkernen von tropischen Ozeanen gewonnen wurden (Abb. 8.8).

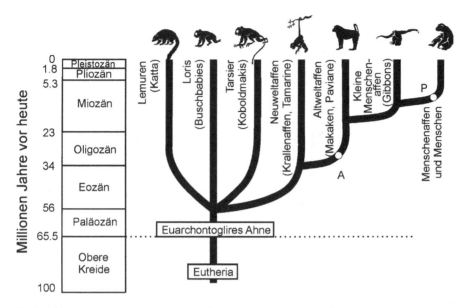

Abb. 8.6 Stammbaum der Primaten (modifiziert nach O'Leary et al. 2013; Meredith et al. 2011). A kennzeichnet die Aegyptopithecus-, P die Proconsul-Stufe

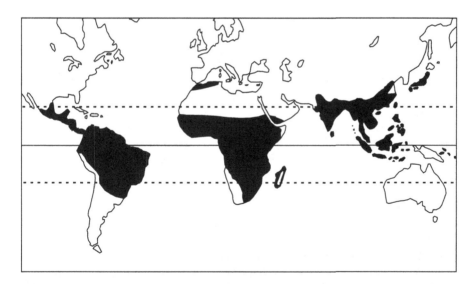

Abb. 8.7 Geographische Verteilung der lebenden nichtmenschlichen Primaten (Martin 1990)

Da Meerwasser (H_2O) mit dem leichteren Isotop ^{16}O schneller verdunstet als solches mit dem schwereren Isotop ^{18}O, lagert sich in den Polarregionen und im Hochgebirge vor allem Eis mit dem leichteren Isotop ab, während das zurückbleibende Meerwasser (in dem die Organismen ihre Skelette aufbauen) mit dem schwereren Sauerstoffisotop angereichert wird. Ein

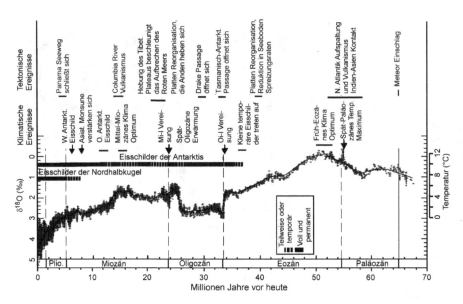

Abb. 8.8 Das $\delta^{18}O/^{16}O$-Isotopenverhältnis in Carbonatablagerungen von Tiefsee-Foraminiferen ist mit der Entwicklung von Gletschern und Eisschilden korreliert. Die Skala *rechts* zeigt den Temperaturanstieg im Vergleich zu heute (nach Zachos et al. 2001)

dauerhafter Anstieg des $^{18}O/^{16}O$-Verhältnisses vom frühen Eozän bis zum Pliozän (Abb. 8.8) weist daher auf eine zunehmende Vereisung und ständig sinkende Temperaturen während der Primatenevolution hin. Die gegenwärtige Ausdehnung des tropischen Regenwaldes stellt deshalb nur einen Bruchteil dessen dar, was im Eozän und Oligozän vorhanden war, als sich die umfangreichen Eismassen der Arktis und Antarktis noch nicht entwickelt hatten.

Die insektenfressenden Säugetiere verbrachten typischerweise ihr Leben auf und unter dem Boden. Die Vorfahren der Primaten begannen damit, ihre Nahrung auch in Bäumen zu suchen. Dort fanden sie neben Insekten eine große Fülle an pflanzlichen Nahrungsmitteln wie Blätter, Früchte und Nüsse.

Solche Samen und Früchte liefernden Bäume kamen nur spärlich und dazu noch an verschiedenen Standorten vor, was für sie eine optimale Ausbreitung durch Tiere sicherstellte. Der frühe Primat musste jedoch von Baum zu Baum gelangen, um ausreichend Nahrung zu finden. Der Waldboden war von hervorragend angepassten und getarnten Raubtieren bevölkert – jeweils den ganzen Baum hinunterzuklettern, um dann den nächsten zu erklimmen, stellte daher nicht nur ein mühsames, sondern auch gefährliches Unterfangen dar. Durch einen Sprung von Ast zu Ast waren die Primaten in der Lage, den Waldboden zu umgehen. Diese Entwicklung war dadurch möglich, dass das Primatengehirn durch die Umwelt des tropischen Regenwaldes zum Wachstum stimuliert wurde und sich damit die mentalen Fähigkeiten der Primaten erheblich verbesserten.

Zwei inzwischen ausgestorbene Primatenarten dienen als wichtige Beispiele für die weitere Entwicklung. Sie treten beim Abstammungsbaum in der Nähe von Verzweigungspunkten auf. Abbildung 8.9 zeigt die Flora und Fauna des tropischen Regenwaldes des frühen Oligozäns in Ägypten vor 35 Mio. Jahren. Hier lebte *Aegyptopithecus*, nahe der Verzweigung an der Eozän-Oligozän-Grenze, bei der sich die Altweltaffen von den Menschenaffen trennten (Punkt A in

⬛ **Abb. 8.9** Tropisches Wald- und Tierleben im Oligozän von Ägypten (vor 35 Mio. Jahren) mit *Aegyptopithecus* in der *linken unteren Ecke* (Simons 1992)

Abb. 8.6). Mit einem Gewicht von ca. 500 g, führte er das Leben eines typischen Baumbewohners.

In diesem Umfeld waren stereoskopisches Sehen und die Fähigkeit für fein abgestimmte Hand- und Fußbewegungen unerlässlich, da Fehleinschätzungen von Abstand und Aststärke oder ein ungenauer Griff beim Springen lebensbedrohlich waren. Ein perfektes stereoskopisches Sehen entstand durch das Verschieben der Augen von einer mehr seitlichen Position in den Vorderschädel, was eine größere Überlappung der Blickfelder ermöglichte. Die Fokussierung der Sicht nach vorne erhöhte jedoch die Gefährdung durch Raubtiere. In den Baumkronen war dies aber weit weniger gefährlich als beim Leben auf dem Waldboden.

Da die Bäume mit reifem Obst im Regenwald oft weit auseinander lagen, entwickelten die Primaten im Laufe der Zeit ein besseres räumliches und zeitliches Gedächtnis und die Fähigkeit zur präzisen Muster- und Farberkennung. Im Gegensatz zu den auf dem zweidimensionalen Boden lebenden Tieren, mussten sich die Affen in einer viel größeren dreidimensionalen Welt orientieren. Die höheren geistigen Fähigkeiten, die für den baumbewohnenden Lebensstil der Primaten erforderlich waren – wie auch für eine intensivere soziale Wechselwirkung untereinander – resultierten in der Entwicklung eines erheblich größeren Gehirns. Im Vergleich zu den anderen Säugetieren erreichte es bei gleichem Körpergewicht etwa die doppelte Größe (Abb. 8.12).

Eine andere wichtige Etappe markiert P in Abb. 8.6; sie ist durch *Proconsul* repräsentiert (Abb. 8.10a). Nach dieser Verzweigung im Miozän verließen die kleinen Menschenaffen (Gib-

a   **b**

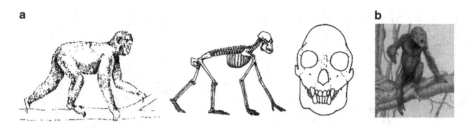

◘ **Abb. 8.10** **a** *Proconsul* (Kelley 1992), **b** *Pierolapithecus catalaunicus* (Culotta 2004) beide aus dem Miozän

bons) die Linie zu den Menschenaffen. Proconsul, ein Affe, der vor ca. 20 Mio. Jahren lebte (Begun 2010), stellt ein hilfreiches Modell für den gemeinsamen Vorfahren der Hominiden, d. h. der Menschenaffen und Menschen dar, zumal er bereits ein Gewicht von ca. 5 kg erworben hatte. Die Verzehnfachung des Gewichts erforderte einen ganz anderen Lebensstil als den des leichteren *Aegyptopithecus*. Wie der heutige Orang-Utan, bewegte und kletterte Proconsul auf stabileren Ästen und vermied das Springen in den Baumkronen, in denen die Zweige sein Gewicht nicht mehr tragen konnten. Dieser robustere Bewegungsmodus führte zum Verlust des Schwanzes, der bei kleineren Affen als Steuerruder beim Springen und als zusätzliche Greifhand diente. Es wurde zudem notwendig, dass *Proconsul* häufiger den Boden aufsuchte.

Entlang der evolutionären Linie, die zum Menschen führte, erlangte das Leben auf dem Boden deshalb zunehmend an Bedeutung, als die Menschenaffen schließlich das Gewicht der heutigen Orang-Utans, Gorillas und Schimpansen erreichten. Der kürzlich entdeckte *Pierolapithecus catalaunicus* (Moyà-Solà et al. 2004), ein 12,5–13 Mio. Jahre alter Affe des mittleren Miozäns, mit einer aufrechten Körperhaltung und schnauzenlosem Gesicht (Abb. 8.10b), stellt ein gutes Modell für den letzten gemeinsamen Vorfahren der großen Menschenaffen und des Menschen dar.

8.5   Gehirngrößen

Vergleicht man die Gehirne von Säugetieren und Mensch fällt der ähnliche Aufbau auf, der auf einer ähnlichen Organisation beruht (Abb. 8.11). Die Gehirngrößen müssen jedoch stets im Verhältnis zum Körpergewicht gesehen werden, wenn man z. B. das Gehirn eines Menschen von 65 kg Gewicht mit dem eines Gorillas von 125 kg oder eines Delfins von 500 kg vergleicht. Zudem muss noch die Lebensweise berücksichtigt werden. Während das Körpergewicht bei Delfinen kein Problem darstellt, da es vom Wasser mithilfe des Auftriebs kompensiert wird, muss der Elefant das Gewicht auf vier Beinen tragen. Bei Zweibeinern (Hominiden) muss das Gewicht minimiert werden, um eine effiziente Fortbewegung zu erlauben. Bei gegebenem Körpergewicht nimmt das Gehirngewicht von Reptilien, Amphibien und Fischen (offene Punkte und Dreiecke) zu Säugetieren (schwarze Punkte) und Primaten (offene Quadrate) hin stetig zu (Abb. 8.12). Erstaunlich ist dabei, dass sich das Gewicht der völlig anders aufgebauten Gehirne von Vögeln (schwarze Dreiecke) von denen der Säugetiere praktisch nicht unterscheidet. Vergleicht man das Gewicht der *Pallium* genannten Gehirnregion von Papageien und Krähen mit dem der Großhirnrinde der Primaten besteht auch hier im Vergleich zum Körpergewicht kein Unterschied (Cnotka et al. 2008).

◻ Abb. 8.11 Gehirngrößen des Menschen und verschiedener Säugetiere (modifiziert Univ. Wisconsin & Michigan State Univ., http://www.brainmuseum.org)

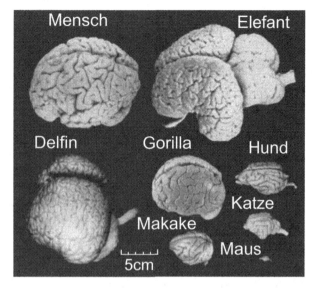

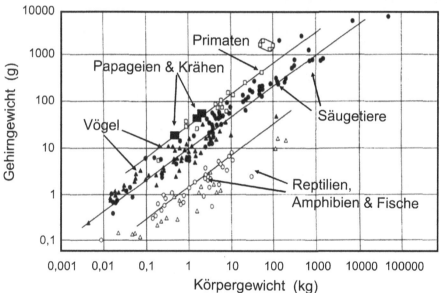

◻ Abb. 8.12 Gehirngewicht gegen Körpergewicht bei Wirbeltieren (O. Güntürkün 2012, Vortrag Deutsch-Amerikanisches Institut, Heidelberg)

8.6 Entwicklung der Intelligenz

Bei der Evolution der Säugetiere, aber auch generell bei der Entwicklung des Lebens, fällt das *Wachstum an Wissen* auf. Bereits bei den Bakterien wird es als in den Genen gespeichertes Know-how (z. B. Photosynthese) sichtbar. Bei den mehrzelligen Lebewesen zeigt es sich im

◻ **Abb. 8.13** Fische zeigen Fähigkeit zu kompliziertem räumlichem Verhalten

Vorhandensein von Organen und dem intelligenten Verhalten, das sich anhand der Entwicklung des Gehirns und Gedächtnisses verfolgen lässt. Da es keine Übereinstimmung darüber gibt, was *Intelligenz* oder *intelligentes Verhalten* genau bedeuten, wird sie hier als eine Fähigkeit oder ein Handeln verstanden, das sich auf durch Erfahrung erworbenes Wissen stützt. *Fische* zum Beispiel merken sich ihre Umgebung und speichern sie in eine räumliche Karte, die ihnen erlaubt, anhand von Orientierungspunkten sicher zu navigieren und schnell Unterschlupf zu finden, wenn sie bedroht werden (Abb. 8.13) (Braithwaite und Burt de Perera 2006). Dies weist auf die Entwicklung eines räumlichen, wie auch episodischen Gedächtnisses hin, in dem vergangene Ereignisse festgehalten werden. Dem Tintenfisch, dem intelligentesten der *Weichtiere* (*Mollusken*), wird außer der Fähigkeit zu räumlichem Lernen sogar Werkzeuggebrauch beim Bau von Behausungen zugeschrieben (Mather et al. 2010).

Die Eroberung des Landes durch *Knochenfische* (*Osteichthyes*) (Abschn. 7.5) schuf vor ca. 390 Mio. Jahren *Amphibien* wie den *Eryops*. (Abb. 8.14). Er besaß ein Gehirn, das die individuelle Steuerung der vier Beine zum Gehen über sehr unebene Böden auf dem Land sowie die freie Kopfbewegung ermöglichte. Eryops war damit erheblich intelligenter als Fische.

Noch weiter entwickelt waren Reptilien, wie etwa *Velociraptor* (Abb. 8.15), der ausgeklügelte Strategien für die Jagd in Gruppen besaß (Li et al. 2008). Durch sein erheblich weiter entwickeltes Gehirn, das eine Feinkontrolle von Muskeln erlaubte, war er in der Lage, sich effizient auf zwei Beinen zu bewegen (Bipedalismus), obwohl dies von der Mechanik her äußerst instabil ist. Nur eine Vielzahl zeitlich gestaffelter und im rechten Moment einsetzender gehirngesteuerter Muskelbewegungen macht es möglich, einen relativ schweren Körper auf zwei Beinen zu halten. Mithilfe ihrer gefiederten, flatternden Arme konnten diese Dinosaurier bei der Verfolgung von Beutetieren enge Richtungswechsel vollziehen, schnell angreifen und mit ihrer Sichelklaue töten. Im Gegensatz zu den Amphibien, die gewöhnlich ihre Brut in Gewässern weitgehend sich selbst überließen, pflegte und bebrütete *Velociraptor* seine auf dem Land ausgebrachten Eigelege.

▣ Abb. 8.14 *Eryops megacephalus*, ein urzeitlicher Lurch aus dem unteren Perm vor 295 Mio. Jahren (Muséum national d'Histoire naturelle, Paris)

a   b

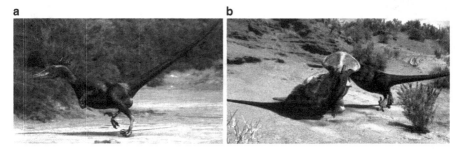

▣ Abb. 8.15 *Velociraptor*, ein schneller theropoder Dinosaurier aus der Oberen Kreide (**a**), der in Gruppen jagte mit *Protoceratops* (**b**) (BBC)

8.7   Die Spiegelselbsterkenntnis

Wie bereits erwähnt, führte das Leben im tropischen Regenwald bei den Primaten zu einem erheblichen Ausbau der Gehirnleistungen. Bei einigen erreichte die Gehirnentwicklung sogar die Stufe der *Spiegelselbsterkenntnis*, bei der sich Tiere in einem Spiegel selbst erkennen. Während bis 2002 diese Fähigkeit nur für Menschen und Menschenaffen (*Schimpanse* und *Orang-Utan*) nachgewiesen werden konnte, wird sie jetzt auch bei einer ganzen Reihe anderer Tiere beobachtet, etwa bei *Kapuzineraffen* (Abb. 8.16a), *Delfinen* (Abb. 8.16b) sowie *Elefanten* (Abb. 8.17) (Holden 2006). In Experimenten wurden unbemerkt Markierungen auf der Stirn der Tiere angebracht. Wenn sich die Tiere später im Spiegel sahen, drehten und wendeten sie sich immer wieder hin und her, um diese Markierungen zu studieren. Elefanten untersuchten sie mit ihrem Rüssel, wobei sie stets die richtige Seite ihres (im Spiegel seitenverkehrt dargestellten) Kopfes berührten.

Zusätzlich zur Spiegelselbsterkenntnis entwickelten sich noch weitere Gehirnleistungen, die sich in erhöhter Erkenntnisfähigkeit, sozialem Verhalten (gemeinsame Jagd, Babysitting,

a   b

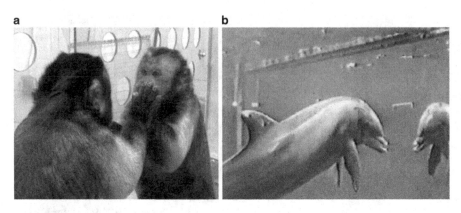

◘ Abb. 8.16   Ein *Kapuzineräffchen* (**a**) (de Waal et al. 2005) und ein *großer Tümmler* (**b**) (Reiss und Marino 2001) erkennen sich im Spiegel

a   b   c

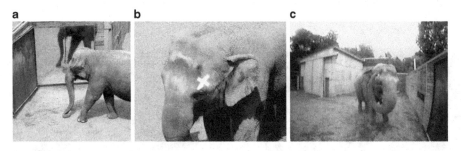

◘ Abb. 8.17   Ein Elefant betrachtet sich in einem großen Spiegel (**a**), Markierung an der linken Stirnseite (**b**), Untersuchung der Markierung (**c**), Plotnik et al. (2006)

Allianzenbildung), der Nutzung von Nachrichtensystemen und dem Werkzeuggebrauch zeigten (Conway-Morris 2003). Bemerkenswert an diesen Prozessen ist, dass sie eine konvergente Entwicklung der Intelligenz darstellen, d. h. eine *Parallelentwicklung* nicht verwandter Arten aufgrund von Anpassung an ähnliche Lebensräume. Denn Affen entwickelten sich im Regenwald aus insektenfressenden Euarchontoglires-Vorfahren, Elefanten gingen aus dem Zweig der Afrotheria hervor und Delfine stammen von paarhufigen Landsäugetieren der Laurasiatheria ab, die in die Ozeane gingen. Diese drei Abstammungslinien (Abb. 8.2) repräsentieren jeweils mehr als 60 Mio. Jahre separate Entwicklungsgeschichte (Marino 2002).

Ein bemerkenswertes Beispiel konvergenter Evolution der Intelligenz wurde bei *Rabenvögeln* (Krähen, Raben, Dohlen, Elstern, Eichelhäher) entdeckt (Emery und Clayton 2004). Zusätzlich zur Spiegelselbsterkenntnis besitzen sie eine den Primaten vergleichbare Intelligenz und nehmen offensichtlich ihre physikalische und soziale Umwelt vorzüglich wahr (Prior et al. 2008). In einem Experiment wurden an Fäden befestigte Fleischstückchen an Zweigen aufgehängt. Man beobachtete, dass die Vögel an das Fleisch gelangten, indem sie mit dem Schnabel wiederholt den Faden hochzogen. Dann traten sie auf ihn, damit er nicht wieder zurückfallen konnte. Da die Stammeslinien der Vögel als Nachfahren von theropoden Dinosauriern sich von denen der Säugetiere bereits im oberen Karbon (vor ca. 300 Mio. Jahren) trennten, ist die Entwicklung der verschieden aufgebauten Gehirne beider Tierarten ein besonders eindrucksvolles Beispiel von Konvergenz in der Evolution.

Schimpansen sind unsere engsten Verwandten und die intelligentesten aller Tiere. Sie gebrauchen nicht nur Werkzeuge (Stöcke, Zweige, Steine, Blattwerk), sondern sind sogar fähig, solche herzustellen, wie etwa Sonden, um Termiten aus ihrem Hügel herauszufischen (Abschn. 9.2.1). Zudem gibt es starke Hinweise, dass sie die Fähigkeit besitzen, Probleme durch Nachdenken zu lösen. Bei Schimpansen, die in Gehegen leben, wurde beobachtet, dass sie ohne vorherige Erfahrung Kisten aufeinander stapelten, um an unzugänglich aufgehängte Nahrungsmittel zu gelangen.

8.8 Künstliche Intelligenz und Robotik

Ein Zugang zum Phänomen der Intelligenz gelingt nicht nur über die *Evolutionsbiologie*, sondern auch über die *Neurophysiologie*, die in den letzten Jahren enorme Fortschritte erzielt hat (Kap. 9). Einen weiteren, sehr erfolgreichen Weg stellen die sich rapide entwickelnden Fächer der *Künstlichen Intelligenz* und *Robotik* dar, die den Bau von gehirnartigen Zentraleinheiten zum Ziel haben. Hier wird bereits von einer technischen Realisierung einzelner elementarer und höherer Gehirnfunktionen gesprochen. Als elementare Funktionen zählt man etwa die Wahrnehmung durch die fünf Sinne (Sehen, Hören, Riechen, Schmecken und Tasten), die durch die *visuellen, auditiven, olfaktorischen, gustatorischen* und *somatosensorischen Zentren* im biologischen Gehirn realisiert werden. Andere elementare Funktionen werden von *motorischen Zentren* bewerkstelligt, die die Bewegungen steuern und koordinieren, sowie von *Kurz-* und *Langzeitgedächtnissen*, die die Informationsspeicherung bewältigen, deren genauer molekularer Aufbau neurophysiologisch bisher noch nicht aufgeklärt werden konnte (Miyashita 2004).

8.8.1 Zentraleinheiten (CPUs), Mikro-Maus-Roboter

Angetrieben von Computerspielen wie industriellen und militärischen Anwendungen, schreitet die Entwicklung von intelligenten Robotern derzeit rapide voran. Die bei den jährlich stattfindenden internationalen *Mikro-Maus-Robot-Wettbewerben*[1] eingesetzten autonomen Maschinen zeigen bereits eine Art von Verstand. Solche energiemäßig autonomen Miniaturroboter (Abb. 8.18) haben das Ziel, selbstständig in einem ausgedehnten Labyrinth vom Rand aus zum Zentrum zu gelangen und wieder zurückzukehren. Sie sind in der Lage, ihre Umgebung (Wände, Wege, Abzweigungen) wahrzunehmen ohne sie zu berühren. Sie können feststellen, dass eine bestimmte Situation aus einer begrenzten Anzahl bekannter Möglichkeiten vorliegt, aus einem vorgegebenen Katalog von Antworten die zutreffende auswählen und entsprechend motorisch handeln. Außerdem ist der Roboter angewiesen, mithilfe der Speicherung der durchlaufenen Strecken im Gedächtnis, nach wenigen Testläufen den schnellsten Weg durch das Labyrinth zu finden.

Da die Funktionen eines Mikro-Maus-Roboters im Detail überschaubar sind, stellt er ein besonders geeignetes Hilfsmittel dar, sich dem Phänomen Intelligenz zu nähern. Die Roboter

---

[1] Videos zu Mikro-Maus-Robot-Wettbewerben: http://www.youtube.com/watch?v=bproY7G2t4o, http://www.youtube.com/watch?v=peEpkRIKDEs&feature=related, http://www.youtube.com/watch?v=NJ6mJICkfbM.

a

b

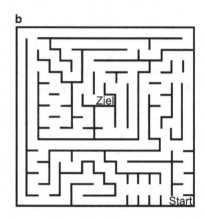

◧ Abb. 8.18 Mikro-Maus-Roboter (**a**) und Labyrinth (**b**) bei den Mikro-Maus-Robot-Wettbewerben (Sacramento State Univ.)

sind als Dreirad gebaut, mit einer vorderen Kugel und zwei hinteren Rädern, die individuell mit vor- und rückwärts laufenden Motoren angetrieben werden (Abb. 8.18). Letztere werden von einer zentralen Recheneinheit (CPU) und deren autonomen zielorientierten Entscheidungen gesteuert. In einem Gedächtnis wird eine Karte aufgebaut, in die die angetroffenen spezifischen Orte, die ausgewählten Richtungen und die Distanz der durchlaufenen Strecken eingetragen werden. Dies dient nicht nur dazu, den direkten Rückweg einzuschlagen und die Motorgeschwindigkeit den ermittelten Strecken anzupassen, sondern auch, die noch nicht untersuchten Abzweigungen zu erkennen, damit der kürzeste Weg durch das Labyrinth gefunden werden kann.

8.8.2 Reaktive Gehirnarchitektur

Derartige Roboter kann man sich als mit einer *reaktiven Gehirnarchitektur* ausgestattet vorstellen. Der Begriff vereinheitlicht eine Vielzahl von in der Literatur vorkommenden Bezeichnungen mit ähnlicher Bedeutung wie etwa „reaktives System" (Seabra Lopes et al. 2000), „primäres Bewusstsein" (Edelman 2003), „First-order embodiment (1E)" (Metzinger 2007), „auf Stimulation mit Routine-Schemata antwortend", „automatisch auf die augenblicklichen Umweltstimulationen antwortend" (Haggard 2008) oder „reaktive Architektur" (Marques und Holland 2009). Eine reaktive Gehirnarchitektur reagiert auf externe Stimulation mit einer automatischen Antwort, ohne dass dabei höhere Gehirnfunktionen involviert sind (Abb. 8.19a). Obwohl scheinbar eine der höchsten Gehirnfunktionen vorkommt, das zielorientierte (teleologische) Handeln, können fest eingebaute technische Instruktion nicht mit einer zielgerichteten Handlung verglichen werden, die aufgrund eines frei gewählten Zwecks erfolgt.

Ähnliche Wettbewerbe wie z. B. die DARPA-Great-Challenge werden mit Autos unternommen, die autonom einen Hunderte von km entfernten, vorgegebenen Zielpunkt in einer natürlichen Umwelt mit Straßen und Stadtgebieten ansteuern müssen. Solche „intelligenten" Maschinen (militärische- und Rettungsroboter, Robotdiener, autonome Haushaltsmaschinen, Robotfarmer, Spielroboter usw.) gewinnen rasant an Bedeutung.

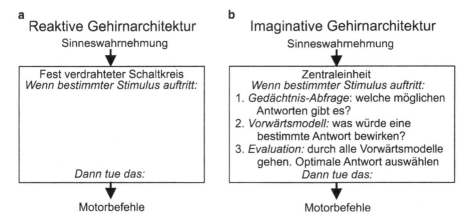

a
Reaktive Gehirnarchitektur
Sinneswahrnehmung

Fest verdrahteter Schaltkreis
Wenn bestimmter Stimulus auftritt:

Dann tue das:

Motorbefehle

b
Imaginative Gehirnarchitektur
Sinneswahrnehmung

Zentraleinheit
Wenn bestimmter Stimulus auftritt:
1. *Gedächtnis-Abfrage:* welche möglichen Antworten gibt es?
2. *Vorwärtsmodell:* was würde eine bestimmte Antwort bewirken?
3. *Evaluation:* durch alle Vorwärtsmodelle gehen. Optimale Antwort auswählen
Dann tue das:

Motorbefehle

▢ **Abb. 8.19   a** Eine *reaktive Gehirnarchitektur* gibt auf einen bestimmten Stimulus eine automatische Antwort, **b** Eine *imaginative Gehirnarchitektur* untersucht mögliche Antworten und wählt die optimale aus

8.8.3 Imaginative Gehirnarchitektur

Der nächste Schritt zu einer höheren Stufe von Intelligenz wird mithilfe von Computerzentraleinheiten (CPUs) erreicht, bei denen das Gedächtnis nicht nur für ein rein reaktives Verhalten benutzt wird, sondern eine simple Form „intelligenten" Handelns erlaubt. Dies geschieht durch die sogenannte *Imagination*, einer Fähigkeit des Gehirns, vergangene Bilder aus dem Gedächtnis zurückzurufen und mögliche Antworten und ihre Konsequenzen virtuell zu simulieren (Vorwärtsmodellierung) (Marques und Holland 2009). Eine „intelligentere" motorische Reaktion wird möglich, weil die virtuellen Antworten der Vorwärtsmodelle evaluiert und die optimale motorische Antwort ausgeführt werden kann. „Virtuell" bedeutet, dass diese Prozesse innerhalb der CPU ablaufen und nur die schließlich ausgewählte Antwort nach außen gegeben und motorisch realisiert wird.

Zur technischen Verwirklichung einer sogenannten *funktionellen Imagination* wurde ein autonomer Roboter konstruiert, der in seinem Gesichtsfeld in einiger Entfernung platzierte, unterschiedlich bestückte und farbcodierte Ladestationen wahrnehmen konnte (Marques und Holland 2009). Der Roboter war in der Lage, den Ladezustand seiner Batterie wie auch die der Stationen festzustellen. Als Ziel wurde ihm vorgegeben, sich bei ihnen wieder aufzuladen. Da die Stationen verschiedene Ladungen bereit hielten, musste der Roboter prüfen, welche für seine gewünschte Aufladung geeignet war. Erst nach dieser Evaluation setzt sich der Roboter zur optimalen Aufladung in Bewegung. Eine solche Vorgehensweise, die man einer *imaginativen Gehirnarchitektur* zuschreiben kann (Abb. 8.19b), hat offensichtlich einen großen evolutiven Vorteil gegenüber der reaktiven Gehirnarchitektur, bei der die Antwort auf Sinneswahrnehmungen nur aus stereotypen motorischen Handlungen besteht.

Die weitere Verwirklichung höherer Gehirnfunktionen gelingt durch die Konstruktion autonomer Maschinen, die *Selbstmodelle* generieren. An der Universität Cornell wurde ein vierbeiniger Roboter, *Starfish*, gebaut (Bongard et al. 2006), dessen Zentraleinheit mit einem genetischen Algorithmus programmiert war (Abb. 8.20a). Starfish besitzt einen quadratischen Körper, an dem vier Beine an horizontalen Gelenken befestigt sind. Die Beine haben ihrer-

a

b

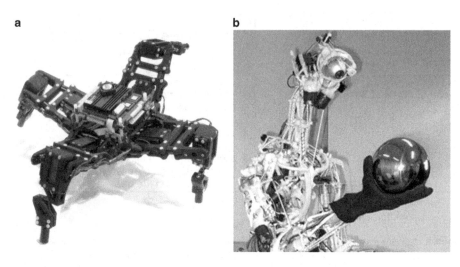

■ **Abb. 8.20**   „Intelligente" Roboter mit einem einfachen Maschinenbewusstsein: *Starfish,* Cornell Univ. (**a**) und *Cronos,*Univ. Bristol und Essex (**b**)

seits je zwei weitere, aufeinander senkrecht stehende Gelenke. Alle Gelenke können unter dem Kommando der autonomen CPU individuell bewegt werden. Durch Ausprobieren entwickelte der Roboter ein Selbstmodell, das ihm nach etlichen Versuchen erlaubte, sich mit vier Beinen effizient fortzubewegen. Auch kann sich die Maschine bei Verletzungen (Entfernung eines Beines) selbstständig auf die neue Situation einstellen und – wenn auch beschwerlicher – mit drei Beinen gehen (http://www.youtube.com/watch?v=ehno85yI-sA).

Ein weiterer Roboter, *Cronos,* wurde an den Universitäten Bristol und Essex entwickelt (Holland 2007). Mit einem Skelett, Muskeln, Sehnen und einem Auge ist er bewusst dem menschlichen Körper nachempfunden und besitzt ein Nervensystem sowie simple kognitive Fähigkeiten (Abb. 8.20b). Das Selbstmodell dieser Maschine ist durch die Vielzahl der sensorischen und motorischen Möglichkeiten wesentlich komplizierter. Cronos führt selbstständig koordinierte Kopf- und Armbewegungen aus; eine Version bewegt sich sogar auf zwei Beinen. Forschungsziel ist, herauszufinden, wie diese Vielfalt an Funktionen, die der Realität des menschlichen Organismus viel näher kommt, integriert und beherrscht werden kann.

8.9   Das Phänomen Bewusstsein

8.9.1 Was ist Bewusstsein?

Sich selbst im Spiegel zu erkennen bedeutet, dass wohl auch Tiere ein Selbstbewusstsein, d. h. ein „Ich-Konzept" besitzen. Was Bewusstsein genau bedeutet und wie es durch seinen Träger, das Gehirn, realisiert wird, sind Fragen, die noch nicht vollständig beantwortet werden können. Wie beim Leben, kann man für das Bewusstsein bisher nur eine phänomenologische, weitgehend auf den Menschen bezogene Beschreibung geben: „Bewusst ist jemand, der eine Art Ich-Konzept besitzt, diesen Zustand darzubieten vermag, aufgrund von Informationen (intelligent) reagieren, absichtlich handeln sowie verschiedene Arten von Informationen zusammenfügen und das Ergebnis nützen kann" (Chalmers 1995).

8.9.2 Das „leichte" und „harte" Problem des Bewusstseins

Vom amerikanischen Philosophen David Chalmers stammt auch die Unterteilung der Aspekte des Bewusstseins in den Kognitionswissenschaften in „leichte Probleme" und „harte Probleme" (Chalmers 1995). Als „leichte Probleme" werden Bewusstseinsaspekte bezeichnet, für die man einen erklärenden Mechanismus durch Computer- oder neurophysiologische Modelle angeben oder sogar technisch nachbauen kann. Es handelt sich um folgende Fähigkeiten: Umweltreize zu unterscheiden, sie einzuordnen und auf sie zu reagieren; Informationen durch ein kognitives System zu integrieren; über mentale Zustände berichten und auf eigene innere Zustände zugreifen zu können; die Aufmerksamkeit auf etwas zu richten; das Verhalten absichtlich zu steuern und zwischen Wachzustand und Schlaf zu unterscheiden. Solche „leichten Probleme" aufzuklären bleibt komplex, weil diese Aspekte des Bewusstseins bisher nur unvollständig verstanden sind. Auch dürfte das Ziel, derartige Phänomene mithilfe von Robotern zu simulieren, sicherlich auf absehbare Zeit nur für die „leichten" Formen geistiger Tätigkeiten gelingen.

Zu den „harten Problemen" des Bewusstseins gehören laut Chalmers die subjektive Wahrnehmungserfahrung („conscious experience"; „dass man bewusst überblicken kann, dass man empfindet"), auch *Qualia* genannt (der Rot-Eindruck einer Fläche, das Hitzeerlebnis eines Ofens, der Geruch von Mottenkugeln, die gefühlte Qualität von Emotionen). Allerdings wurde argumentiert, dass diese „harten Probleme" des Bewusstseins vielleicht eine Fiktion darstellen, denn – wären die „leichten Probleme" gelöst – hätte man wohl bereits eine vollständige wissenschaftliche Erklärung des subjektiven Erlebens (Lenzen 2004).

8.10 Höhere Gehirnfunktionen bei Tieren

Da sich das menschliche Gehirn im Laufe der Evolution aus tierischen Vorläufern entwickelt hat und dem unserer nächsten Verwandten im Tierreich im Aufbau ähnlich ist (Abb. 8.11), verwundert es nicht, dass höhere Gehirnfunktionen in unterschiedlichen Ausformungen bereits bei Tieren nachzuweisen sind (Petrides und Pandya 1994, 2002).

8.10.1 Gedächtnisse

Zu den elementaren Funktionen des Gehirns gehören die verschiedenen Formen der Gedächtnisse, die zwar computertechnisch gelöst, jedoch wie erwähnt, neurophysiologisch noch nicht verstanden sind (Miyashita 2004). Die von den Augen eingefangenen Sinnesreize werden im visuellen Cortex als Bild für wenige Sekunden in einem *Arbeitsgedächtnis* festgehalten (wie in einer Digitalkamera), um es mithilfe höherer Gehirnfunktionen nach interessanten Strukturen zu durchsuchen, während inzwischen weitere Bilder angeliefert werden (Harrison und Tong 2009). Die Informationen werden dann mit Bewertungen versehen und in verschiedene *Langzeitgedächtnisse* überführt, die auch durch Lernen erworbene Kenntnisse speichern.

Die Haupttypen der Langzeitgedächtnisse sind das unbewusst arbeitende *prozedurale Gedächtnis*, in dem Fertigkeiten wie etwa Laufen oder Schwimmen gespeichert werden, das *se-*

mantische Gedächtnis, in dem das bewusst zugängliche, erlernte Wissen über allgemeine Fakten verwahrt wird (z. B. wo Wasser und Nahrung zu finden sind) und das *episodische Gedächtnis*, das Ereignisse, Erfahrungen sowie Tatsachen des eigenen Lebens speichert. Das episodische Gedächtnis ist dabei eng an das Ich und die eigene Lebenszeit gekoppelt, während das semantische Gedächtnis meist keine Zeitdimension besitzt.

8.10.2 Analyse von Sinneswahrnehmungen

Durch Analysieren, Erkennen und Entscheiden zeigt der Mikro-Maus-Roboter bereits Anfänge *höherer Gehirnfunktionen* (Edelman 2003). Dazu gehört die Fähigkeit, eine große Zahl von Informationen zu verarbeiten und anspruchsvolle Analysen und Interpretationen der Sinneswahrnehmungen (Mustererkennung) vorzunehmen. Mithilfe des Gedächtnisses werden Objekte aus Bildern mit verschiedenem Hintergrund, aus Teilansichten und unter unterschiedlichen Blickwinkeln, als derselbe Gegenstand erkannt. Stereoskopisches Sehen und Hören erlauben, die Position und Orientierung von Objekten im Raum zu bestimmen.

8.10.3 Imagination, mentale Bilder, Vorwärtsmodelle

Ein weiterer Schritt zur Realisierung höherer Gehirnfunktionen besteht darin, *mentale Bilder* zu produzieren. Dies umfasst nicht nur innere Bilder, die momentan aufgrund der Sinnesorgane im Gehirn entstehen, sondern auch aus dem Gedächtnis abrufbare „Fotos" oder „Filme" vergangener Ereignisse. Solche mentalen Bilderserien erlauben, gegenwärtige, vergangene und zukünftige Vorgänge zu modellieren und vorherzusagen, d. h. *Vorwärtsmodelle* zu erstellen – auch „mentale Zeitreise" genannt. Mentale Bilder können verwendet werden, um in einer Situation die bestmögliche Reaktion auszuwählen oder eine erprobte Vorgehensweise erneut zu verwenden.

8.10.4 Aufmerksamkeit

Aufmerksamkeit (attention) bezeichnet die Fähigkeit des Gehirns, eine bestimmte Sache aus einer Vielzahl von Möglichkeiten auszuwählen und sich darauf intensiv zu konzentrieren. Man kann sie etwa an der Fokussierung der Augen höherer Lebewesen, beispielsweise einer Katze, auf einen spezifischen Gegenstand oder wie hier eine Maus, erkennen (Abb. 8.21). Sie dürfte mit der Zuteilung von beschränkten Ressourcen der Informationsverarbeitung zu tun haben. Aufmerksamkeit gilt nicht nur Objekten, sondern auch reinen Vorstellungen. Ein starker Reiz kann die Aufmerksamkeit jäh unterbrechen und auf sich ziehen.

8.10.5 Selbstbewusstsein, das „Ich"

Wie bereits erwähnt, gehört das *Selbstbewusstsein* zu den höchsten Gehirnfunktionen (Seth 2009). Selbstbewusstsein bezeichnet die Fähigkeit, die Aufmerksamkeit auf das „Ich", das persönliche Dasein in der Umwelt und den eigenen Körper zu konzentrieren. Die *Erste-Person-Perspektive* (1PP) beschreibt die Eigenschaft unseres Gehirns, die Welt und alle Vorgänge darin

◨ **Abb. 8.21** Aufmerksamkeit – sich intensiv auf eine Sache zu konzentrieren und alle anderen Informationen auszublenden – stellt eine höhere Gehirnfunktion dar

von der Warte des eigenen Ichs aus zu sehen und zu verstehen. Diese Bezeichnung entstammt der Literaturwissenschaft, die in einer Erzählung drei Personen unterscheidet: den Erzähler (Ich), den Leser und eine dritte Person, über die berichtet wird. Bei Computerspielen gibt es eine Erste-Person-Perspektive, bei der der Computerschirm das Auge des Spielers repräsentiert, der in die künstliche Welt blickt. Eine *Dritte-Person-Perspektive* (3PP) ergibt sich, wenn der Spieler durch einen *Avatar* (Computerfigur) in der künstlichen Welt repräsentiert wird, der nach seinen Anweisungen handelt.

Wenn im Gehirn eine virtuelle Umwelt simuliert wird, in der etwa eine tödliche Gefahr lauert, müssen Möglichkeiten der Gefahrenabwehr durchgespielt werden können. Deshalb ist es notwendig, dass in einer solchen Welt auch die eigene Person in einer Dritte-Person-Perspektive (3PP) repräsentiert ist. Die 3PP dürfte daher evolutionsbiologisch erheblich früher realisiert worden sein als eine 1PP. Das Phänomen der Spiegelselbsterkenntnis legt jedoch nahe, dass dazu fähige Tiere wahrscheinlich bereits eine Erste-Person-Perspektive bzw. ein Selbstbewusstsein besitzen.

8.10.6 Zweckbestimmtes Handeln

Zweckbestimmtes willentliches Handeln und *Zukunftsplanung* gehören ebenfalls zu den höchsten Gehirnfunktionen. Dies geht aus der Anzahl und Vielfalt der Arbeitsschritte bei der Verwirklichung von Zielplanungen hervor, die gewöhnlich beim zweckorientierten Handeln erforderlich sind (Haidle 2010). Schimpansen oder Rabenvögel, die sich geeignete Werkzeuge zum Erwerb von Beute herstellen, handeln sicherlich zweckbestimmt (Mulcahy und Call 2006). Rabenvögel legen geheime Vorratsspeicher an und verlagern sie, wenn sie vermuten, dass ihre Verstecke von anderen Mitgliedern der Gruppe entdeckt wurden und die Gefahr eines Diebstahls besteht (Emery und Clayton 2004).

8.10.7   Emotionalität

Emotionalität bezeichnet die Eigenschaft des Gehirns, Vorgängen und Sachen, die betrachtet werden, innere Einschätzungen und Bewertungen, wie etwa Gefühle und Stimmungen hinzuzufügen. So besitzen Haustiere zweifellos Emotionen (Wut, Zuneigung, Angst), wobei anthropomorphe Überinterpretationen vermieden werden sollten (Bolhuis und Wynne 2009).

8.10.8   Freier Wille

Freier Wille ist die Fähigkeit des Gehirns, aus inneren Beweggründen heraus, also nicht aufgrund von reaktiven Reflexen (Fluchtreflex) oder äußerem Zwang, Handlungen vorzunehmen und unabhängige Entscheidungen zu treffen. Die Existenz eines freien Willens beim Menschen wird in Abschn. 9.7.4 diskutiert. Dass Tiere eine Art freien Willen besitzen und nicht reine Zufallsentscheidungen fällen, kann nicht bestritten werden (Heisenberg 2009). Sozial lebende Tiere (Rabenvögel, Paviane) treffen gelegentlich dem freien Willen ähnliche Entscheidungen: „Soll ich der Gruppe ein gefundenes Stück wertvoller Nahrung melden, oder behalte ich es lieber für mich und verzehre es heimlich selbst" (Emery und Clayton 2004).

Das Leben in einer sozialen Gemeinschaft bringt Vorteile mit sich, nicht nur wegen des erhöhten Schutzes, sondern auch, weil z. B. ein bei der Nahrungssuche erfolgloses oder durch soziale Leistungen (Reproduktion) behindertes Mitglied am Erfolg der anderen Gruppenmitglieder teilnehmen kann. Das Prinzip der sozialen Gemeinschaft beruht darauf, dass sich die Mitglieder kooperativ verhalten; egoistisches Verhalten wird von der Gruppe (etwa durch Ausgrenzung) bestraft. Deshalb weiß das Tier, dass es sich kooperativ verhalten sollte. Es entscheidet sich aber in unvorhersagbarer Weise manchmal doch zu egoistischem Verhalten.

8.11   Materie, Geist und Information

Unser heutiges Denken ist oft noch geprägt von den Vorstellungen der klassischen Antike über einen fundamentalen Unterschied zwischen *Geist* und *Materie*. Unter Materie stellen wir uns meist feste Körper, Flüssigkeiten oder Gase vor, während bei Lebewesen, mit ihren aus organischem Material bestehenden Körpern, ihren selbstständigen Bewegungen und ihrem Bewusstsein noch eine andere, durch Geist beseelte Substanz beteiligt zu sein scheint. Seit der Antike herrscht die Vorstellung, dass beim Tod eines Lebewesens die *Seele*, also ein *lebendig machender Geist*, den Körper verlässt und nur noch Materie zurückbleibt. Die klassische Vorstellung des *Geist-Materie-Dualismus* wurde besonders klar von dem französischen Philosophen René Descartes formuliert: „Geist und Materie sind völlig verschiedene Substanzen, sie wirken zwar aufeinander ein, aber die Seele vergeht nicht, wenn der Körper stirbt" (Descartes 1641). Während die modernen Naturwissenschaften die eklatanten Unterschiede zwischen lebenden und nicht lebenden Objekten keineswegs verneinen, fassen sie doch den Begriff Materie viel weiter, sodass er die breite Vielfalt der Naturobjekte einschließt. In seinem Traktat *De Anima* identifiziert Aristoteles (384–322 v. Chr.) neben der Stufe der unbelebten Materie drei Stufen des Lebens (der Seele): vegetatives Leben (Pflanzen), sensitives Leben (Tiere) und bewusstes Leben (Menschen). Auch wenn wir heute die damals unbekannten Bakterien hinzuzählen und die Welt des Lebens in Eubakterien, Archaea und Eukaryoten einteilen (Abschn. 5.4.3), sowie die großen Unterschiede zwischen Pilzen,

Pflanzen und Tieren nur als eine Unterteilung der Eukaryoten begreifen, liegt unsere heutige Klassifikation der Naturobjekte nicht allzu weit entfernt von der vierstufigen Einteilung des Aristoteles.

Nach heutiger Vorstellung lassen sich die materiellen Naturobjekte ebenfalls in vier Stufen einordnen. *Erstens* die unbelebte *anorganische* und *organische Materie. Zweitens* das *einzellige Leben*, eingekapselt in eine Zellhülle, die einen Innen- und Außenraum definiert. Zu ihr tritt ein immaterielles Naturobjekt, die *Information* hinzu, gespeichert in einem Genom (der DNA), das bestimmt, wie der Zellmetabolismus und die Reproduktion ablaufen sollen. Zur Abwendung von Gefahren (Hitze, Acidität etc.) und der Wahrnehmung von Nahrung in der Umgebung sind solche Zellen mit einer einfachen reaktiven Informationsarchitektur ausgestattet. *Drittens* die *mehrzelligen Lebewesen*, die mit ihrer Blastulaphase eine innere Körperhöhle schaffen, in der sich hochspezialisierte Organe und Körperteile entwickeln. Bei Tieren führt dies zu einem Gehirn, bestehend aus einer Art Zentraleinheit und einer imaginativen Gehirnarchitektur. Das heißt es wird eine mentale Innenwelt geschaffen, in der Informationsverarbeitung vor sich geht und virtuelle Vorwärtsmodelle durchgespielt werden. Dies dient dazu optimale Entscheidungen zu treffen, bevor Handlungsbefehle an die Außenwelt zur Ausführung abgegeben werden. Zudem dürfte bereits ein Selbstmodell in Form einer Dritte-Person-Perspektive (3PP) vorkommen. Die *vierte* und höchste Stufe des Lebens wäre dann die Schaffung eines weiteren „Innenraums" im Gehirn: das *Selbstbewusstsein*, ein Bereich des bewussten Ichs (der Erste-Person-Perspektive, 1PP) der sich von einem „Außenraum" des weitgehend *unbewusst* arbeitenden Gehirns unterscheidet. Die Anführungszeichen sind hier gesetzt, weil es unbekannt ist, ob dieser „Innenraum" eine lokalisierte Struktur darstellt.

Diese vier Stufen zeigen sich auch in einen enormen Zuwachs an Komplexität. Während man bei der unbelebten Materie von ca. 2×10^7 chemischen Verbindungstypen ausgehen kann (Abschn. 4.3), erscheinen bei Einzellern Genome von etwa 10^7, bei mehrzelligen Lebewesen solche bis zu ca. 10^{11} Basenpaaren (Abschn. 5.4.5). Beim menschlichen Gehirn treten schließlich 10^{15} Synapsen (und vielleicht 10^{14} beim Schimpansen) auf, die eine funktionelle Rolle spielen (Abschn. 9.5). Die um vier Größenordnungen vermehrte Anzahl von Informationseinheiten (Synapsen versus Basenpaare) demonstriert die überragende Bedeutung der Informationsverarbeitung beim bewussten Leben.

Man kann sich an dieser Stelle natürlich fragen, ob in der Natur noch weitere derartige Stufen vorkommen, die auf der Erde bisher noch nicht realisiert wurden, aber möglicherweise in anderen Regionen unseres Universums existieren. Wenn man an die zeitliche Abfolge des Auftretens der gegenwärtigen Stufen denkt, könnte die Richtung, in der man nach weiteren Stufen suchen sollte, vielleicht eine zunehmende „Mentalisierung" sein (Ulmschneider 2006). Die Frage, wohin die Evolution des Lebens vermutlich geht, wird in Kap. 10 näher diskutiert.

Um die Natur solcher Lebensstufen zu verstehen, muss die Bedeutung der *Information* erörtert werden. Woher kommt sie und wie wird sie erzeugt? Der Roboter *Starfish* hatte zur effizienten Fortbewegung Information gewonnen, die in seinem Gedächtnis vorher nicht vorhanden war. Dies geschah mithilfe seiner Programmierung und durch Ausprobieren seiner Bewegungsmöglichkeiten. Ein solcher Informationserwerb ist auch beim *Mikro-Maus-Roboter* geschehen, der am Ende des Labyrinthexperiments die Kenntnis über den kürzesten Weg in seinem Gedächtnis besitzt.

Auch die im Genom gespeicherte Information über das erste Lebewesen stellt eine prozedurale Information dar, die durch „trial and error" erworben wurde, um in einer Zelle realisiert zu werden. Sie besteht aus einer Liste von Bausteinen, die für das Auftreten von Leben notwendig und hinreichend sind. Diese Information kann nicht geschaffen, sondern nur gefunden werden. Das in einer solchen Liste steckende Prinzip dürfte ein immer schon vorhandenes Naturgesetz für Leben im Universum darstellen.

8.12   Simulation der Evolution?

Wie bereits im Abschn. 6.2 erwähnt, ist die Evolution zu intelligentem Leben keineswegs ein Zufall, sondern das unausweichliche Resultat des Wirkens der Naturgesetze aufgrund der Darwin-Theorie. Da die Gerichtetheit der Evolution auf der natürlichen Selektion beruht und die Naturgesetze überall gelten, müsste es im Prinzip möglich sein, die Evolution für geeignete Umweltbedingungen mithilfe von modernen Computern zu simulieren. Mit einem solchen Computerprogramm wäre es dann möglich, Leben und Lebensformen auch auf anderen Planeten mit irdischen oder nichtirdischen Umweltbedingungen vorherzusagen. Dieses Ziel liegt jedoch noch in weiter Ferne.

Solche Simulationen, die auf den Naturgesetzen und einer gegebenen Umwelt basieren, sind bereits möglich für die Entwicklung des frühen Universums oder die Evolution der Sterne und Planeten (Kap. 1 und 2). Gegenüber einfachen Gaskugeln wie Sternen, die wegen ihres simplen Aufbaus relativ leicht berechnet werden können, stellen Lebewesen und die terrestrische Umwelt ungleich kompliziertere Objekte dar. Bei der Modellierung von Organismen steht man noch ganz am Anfang (Tomita 2001a, b; Endy und Brent 2001), obwohl bereits erste Versuche existieren, lebende Zellen zu simulieren. Derzeit ist noch nicht einmal die komplette Liste der Zellbausteine bekannt (Abschn. 5.6.2).

Die Umwelt (Meer, Land, Lufthülle, Biosphäre), in der sich die mutierten Organismen bewähren müssen, ist ebenfalls erheblich komplexer als die der Sterne, die abgesehen von ihren frühesten Entwicklungsphasen, stets in einem fast leeren Weltraum schweben und von ihrer Umgebung nicht beeinflusst werden. Trotzdem hat man bei der Simulation der terrestrischen Umwelt inzwischen erhebliche Fortschritte erzielt. Es gelingt neuerdings, die Entwicklung der Erdkruste und des Erdmantels komplett mit der Bildung der ozeanischen Lithosphäre, der Kontinente, dem Vulkanismus und der für die Gebirgsbildung verantwortlichen Plattentektonik über die gesamte Erdgeschichte hinweg mit Computern zu simulieren (Walzer und Hendel 2008, 2013). Darüber hinaus gibt es bereits weitreichende Simulationen der Erdatmosphäre und der Atmosphären anderer terrestrischer Planeten (Lammer et al. 2008; Pepin 2006; Kasting 1996).

Neben der Modellierung der sich dynamisch einwickelnden physischen Umwelt besteht noch eine weitere Komplikation für solche Simulationen. Die Lebewesen existieren keinesfalls allein, sondern sind Teil einer Biosphäre, in der eine Vielzahl von Organismen (Bakterien, Pflanzen, Tiere) in enger gegenseitiger Wechselwirkung und Abhängigkeit zusammenleben. Es gibt zwar autotrophe Lebewesen (Mikroorganismen, Pflanzen) die mithilfe von Sonnenlicht oder chemischen Prozessen ihre Körperbausteine ausschließlich aus anorganischen Stoffen aufbauen und damit eine gewisse Unabhängigkeit erreichen. Die meisten Bakterien, sowie Pilze, Tiere und Menschen sind jedoch heterotrophe Organismen, die als Pflanzen- und Fleischfresser oder Destruenten organische Nahrung benötigen. Auch für andere Lebensfunktionen wie etwa die Fortpflanzung bestehen enge Beziehungen zwischen den verschiedenen Lebewesen (Tiere und Blütenpflanzen), weshalb es für eine Simulation der Evolution nötig wäre, simultan die gegenseitigen Beziehungen zwischen Flora und Fauna zu modellieren.

Trotz dieser erheblichen Schwierigkeiten ist man in der Evolutionsbiologie der Überzeugung, dass es eines Tages gelingen dürfte, solche Simulationen mindestens bis zu der Entstehung des Menschen durchzuführen. Weil nach dem Auftreten von intelligenten Lebewesen die Evolution des Lebens auch vom freien Willen abhängt, dürfte eine Vorhersage der zukünftigen Stadien der Evolution des Lebens zunehmend problematischer werden (Kap. 9 und 10).

Literatur

Becker L et al (2004) Bedout: A possible end-permian impact crater offshore of Northwestern Australia. Science 304:1469

Begun DR(2010) Origins of the African apes and humans. Ann Rev Anthropol 39:67

Bloch JI et al (2007) New Paleocene skeletons and the relationship of plesiadapiforms tocrown-clade primates. PNAS 104:1159

Bolhuis JJ, Wynne, CDL(2009) Can evolution explain how minds work? Nature 458:832

Bongard, J et al (2006) Resilient machines through continuous self-modeling. Science 314:1118. http://ccsl.mae. cornell.edu/research/selfmodels/morepictures.htm, http://www.youtube.com/watch?v=ehno85yl-sA, http://www.youtube.com/watch?v=KaVJpN-OsU4&feature=response_watch

Braithwaite VA, Burt de Perera T(2006) Short-range orientation in fish: how fish map space. Marine and Freshwater Behaviour and Physiology 39:37

Chalmers DJ (1995) Facing up to the problem of consciousness. Journal of Consciousness Studies 2:200. http://www.imprint.co.uk/chalmers.html

Claeys P (1996) Chicxulub, le cratère idéal. Le chaînon manquant identifié dans le golfe du Mexique. La Recherche, Dec:60

Cnotka J et al (2008) Extraordinary large brains in tool-using New Caledonian crows (Corvus moneduloides). Neurosci Let 433:241

Condie KC, Sloan RE (1998) Origin and evolution of earth. Principles of historical geology. Prentice Hall, Upper Saddle River

Conway-Morri, S (2003) Life's solution. Inevitable humans in a lonely universe. Cambridge University Press

Culotta E (2004) Spanish fossil sheds new light on the oldest great apes. Science 306:1273

Descartes R (1641) Meditationes de prima philosophia

de Waal FBM et al (2005) The monkey in the mirror: hardly a stranger. PNAS 102:11140

Edelman GM (2003) Naturalizing consciousness: a theoretical framework. PNAS 100:5520

Emery NJ, Clayton NS (2004) The mentality of crows: convergent evolution of intelligence in corvids and apes. Science 306:1903

Endy D, Brent R (2001) Modelling cellular behaviour. Nature 409:391

Haggard P (2008) Human volition: towards a neuroscience of will. Nature Reviews Neuroscience 9:934

Haidle MN (2010) Working-memory capacity and the evolution of modern cognitive potential. implications from animal and early human tool use. Current Anthropology 51:149

Harrison SA, Tong F. (2009) Decoding reveals the contents of visual working memory in early visual areas. Nature 458:632

Heisenberg M (2009) Is free will an illusion? Nature 459:164

Holden C. (2006) Mirror, Mirror. Science 314:735

Holland O (2007) A strongly embodied approach to machine consciousness. J. Conscious Studies 14:97. http://cswww.essex.ac.uk/staff/owen/machine/cronos.html, http://www.cronosproject.net, http://www.youtube.com/watch?v=pWz9J0TTuDw

Kasting J (1996) Planetary atmosphere evolution: do other habitable planets exist and can we detect them? Astrophys Space Sci 241:3

Kelley J (1992) Evolution of apes. In: Jones S et al (Hrsg) The Cambridge Encyclopedia of Human Evolution. Cambridge University Press, S 223

Kriegs JO et al (2006) Retroposed elements as archives for the evolutionary history of placental mammals. Plos Biol 4:0537

Lammer H et al (2008) Atmospheric escape and evolution of terrestrial planets and satellites. Space Sci Rev 139:399

Lenzen W (2004) Grundzüge einer philosophischen Theorie der Gefühle. In: Herding K, Stumpfhaus B (Hrsg) Pathos Affekt Gefühl – Die Emotionen in den Künsten. de Gruyter, Berlin, S 80

Li R et al (2008) Behavioral and faunal implications of early cretaceous deinonychosaur trackways from China. Naturwissenschaften 95:185

Longrich NR et al (2011) Mass extinction of birds at the Cretaceous-Paleogene (K-Pg) boundary. PNAS 108:15253

Luo Z-X et al (2011) A Jurassic eutherian mammal and divergence of marsupials andplacentals. Nature 476:442

Marino L (2002) Convergence of complex cognitive. abilities in cetaceans and primates. Brain, Behavior and Evolution 59:21

Martin RD (1990) Primate origins and evolution. A phylogenetic reconstruction. Chapman & Hall, London

Marques HG, Holland O (2009) Architectures for functional imagination. Neurocomputing 72:743

Mather JA et al (2010) Octopus: The ocean's intelligent invertebrate. Timber Press, Portland

Meredith RW et al (2011) Impacts of the cretaceous terrestrial revolution and kpg extinction on mammal diversification. Science 334:521

Metzinger T (2007) http://www.scholarpedia.org/article/Self_models

Miyashita Y (2004) Cognitive memory: cellular and network machineries and their top-down control. Science 306:435

Morgan J et al (1997) Size and morphology of the Chicxulub impact crater. Nature 390:472

Moyà-Solà S et al (2004) Pierolapithecus catalaunicus, a new middle miocene great apefrom spain. Science 306:1339

Mulcahy NJ, Call J (2006) Apes save tools for future use. Science 312:1038

O'Leary MA et al (2013) The placental mammal ancestor and the post-k/pg radiation of placentals. Science 339:662

Pepin RO (2006) Atmospheres on the terrestrial planets: clues to origin and evolution. Earth and Planetary Sci Letters 252:1

Petrides M, Pandya DN (1994) Comparative architectonic analysis of the human and the macaque frontal cortex. In: Boller F, Grafman J (Hrsg) Handb Neuropsychology. Elsevier, London: S 17

Petrides M, Pandya DN (2002) Comparative cytoarchitectonic analysis of the human and the macaque ventrolateral prefrontal cortex. Eur J Neurosci 16:291

Plotnik JM et al (2006) Self-recognition in an Asian elephant. PNAS 103:17055

Prior H et al (2008) Mirror-induced behavior in the magpie (pica pica): evidence of self-recognition. PLoS Biol 6(8): e202

Reiss D, Marino L (2001) Mirror self-recognition in the bottlenose dolphin: a case of cognitive convergence. PNAS 98:5937

Rocchia R (1996) Naissance d'une théorie. D'une anomalie en iridium à la catastrophe cosmique, La Recherche, Dec:53

Schmieder M et al (2010) A Rhaetian 40Ar/39Ar age for the Rochechouart impact structure (France) and implications for the latest Triassic sedimentary record. Meteoritics & Planetary Science 45:1225

Schoene B et al (2010) Correlating the end-Triassic mass extinction and flood basalt volcanism at the 100 ka level. Geology 38:387

Schulte P et al (2010) The Chicxulub Asteroid Impact and Mass Extinction at the Cretaceous-Paleogene Boundary. Science 327:1214

Seabra Lopes L et al (2000) Intelligent Control and Decision-Making demonstrated on a Simple Compass-Guided Robot. Proc. IEEE International Conference on Systems, Man and Cybernetics. Nashville, Tennessee, S 2419

Seth A (2009) Explanatory correlates of consciousness: theoretical and computational challenges. Cognitive Computation 1:50

Shen S-Z et al (2011) Calibrating the End-Permian Mass Extinction. Science 334:1367

Simons E (1992) The fossil history of primates. In: Jones S, Martin R, Pilbeam D (Hrsg) The Cambridge encyclopedia of human evolution. Cambridge University Press, S199

Smit J (1996) Un épisode tragique: L'océan folamour. La brutalité des extinctions marines suggère une réduction soudaine de la luminosité. La Recherche, Dec:62

Tomita M (2001a) Whole cell simulation: a grand challenge of the 21st century. Trends in Biotechnology 19:205

Tomita M (2001b) towards computer aided design (CAD) of useful microorganisms. Bioinformatics 17:1091

Ulmschneider P (2006) Intelligent life in the universe. Springer, Heidelberg

Walzer U, Hendel R (2008) Mantle convection and evolution with growing continents. J Geophys Res 113, Sep doi:10.1029/2007JB005459

Walzer U, Hendel R (2013) Real episodic growth of continental crust or artefact of preservation? A 3-D geodynamic model. J Geophys Res (im Druck)

Whiteside JH et al (2007) Synchrony between the Central Atlantic magmatic province and the Triassic-Jurassic mass-extinction event? Palaeogeography, Palaeoclimatology, Palaeoecology 244:345

Whiteside J H et al (2010a) Compound-specific carbon isotopes from earth's largest flood basalt eruptions directly linked to the end-Triassic mass extinction. PNAS 107:6721

Whiteside JH et al (2010b) Pangean great lake paleoecology on the cusp of the end-Triassic extinction. Palaeogeography, Palaeoclimatology, Palaeoecology 301:1

Wible JR et al (2007) Cretaceous eutherians and laurasian origin for placental mammals near the K/T boundary. Nature 447:1003

Zachos J et al (2001) Trends, rhythms, and aberrations in global climate 65 Ma to present. Science 292:686

Der Moderne Mensch

P. Ulmschneider, Vom Urknall zum modernen Menschen, DOI 10.1007/978-3-642-29926-1_9,
© Springer-Verlag Berlin Heidelberg 2014

Als höchste Stufe des Lebens auf der Erde entwickelte sich mit den Hominiden der moderne Mensch. Zusammen mit dem aufrechten Gang, der Befreiung der Hände von der Fortbewegung sowie der Gehirnvergrößerung, die die *biologische Evolution* dokumentierten, fand eine *mentale Evolution* statt. Diese zeigte sich sowohl in einer *technologischen Entwicklung*, die die Beherrschung der Umwelt vorantrieb, als auch in einer *kulturellen Evolution,* die das Zusammenleben der Gesellschaft effizienter machte. Möglich wurde dies als Folge der Gehirnentwicklung, die eine Hierarchie von Zentren mit höchsten Funktionen ausbildete, die den freien Willen und zweckgerichtete Entscheidungen erlaubten, und das auf Sprache basierende logische Denken, das uns vom Tier unterscheidet.

9.1 Geschichte des modernen Menschen

9.1.1 Entwicklung der Hominiden

Die in Abschn. 8.4 behandelte Evolution der höheren Affen setzt sich mit der Entwicklung der *Hominiden* fort (Abb. 9.1). Von einem gemeinsamen Vorfahren des Menschen und der Menschenaffen spaltete sich vor ca. 14 Mio. Jahren der Orang-Utan ab. Jedoch könnte der Fund des *Pierolapithecus* aus dem Miozän (Abb. 8.10b) dieses Datum auf später verschieben (Abb. 9.1, gestrichelt). Der Gorilla trennte sich vor etwa 9 Mio. Jahren von der Menschenaffenlinie. Vor ca. 7 Mio. Jahren spaltete sich dann der Zweig, der zum Schimpansen führte, von der sogenannten *Homininilinie* ab, die über die Australopithecinen schließlich zum modernen Menschen (*Homo sapiens*) führte. Die Gruppe der Hominini zusammen mit den Schimpansen und Gorillas wird *Homininae* genannt. Kommt noch der Orang-Utan hinzu, nennt man die Gruppe *Hominidae* oder Hominiden.

Die Gattungen der Hominini vor *H. sapiens* sind nur fossil erhalten; die Länge der Striche in Abb. 9.1 kennzeichnet die Zeitspanne der gefundenen Fossilien. Ihre Entwicklungslinie begann mit den Australopithecinen, dem *Sahelanthropus tchadensis,* dem *Orrorin tugenensis* und dem *Ardipithecus ramidus kadabba*, die vor 7–5,7 Mio. Jahren lebten (Haile-Selassie 2001; Wolde Gabriel et al. 2001; Haile-Selassie et al. 2004; Brunet et al. 2002; Wood 2002). Es folgten der *Ardipithecus ramidus* vor ca. 4,4 Mio. (Gibbons 2009) und der *Australopithecus anamensis* vor 4,2 Mio. Jahren. Danach traten vor 3,9 Mio. Jahren der *Australopithecus afarensis* (Johanson und White 1979) (Abb. 9.3) und schließlich der *Australopithecus africanus* (Abb. 9.2a) auf, der vor etwa 3 Mio. Jahren lebte. Alle Australopithecinen waren Aufrechtgänger (Abb. 9.3 und 9.4).

Die ersten Menschen, die sich aus den Australopithecinen entwickelten und die man anhand der bei den Fossilien gefundenen Faustkeile als Homo definierte, waren vor 2,5 Mio. Jahren der *Homo rudolfensis* und der *Homo habilis* (Abb. 9.1). Vor etwa 2 Mio. Jahren tauchte dann ein besonders effizienter Aufrechtgänger auf, der *Homo erectus* (Abb. 9.2b, 9.3 und 9.4). Fossilienfunde auf Java in Indonesien zeigen, dass dieser Vorfahr, dessen Brust zur Verbesserung der

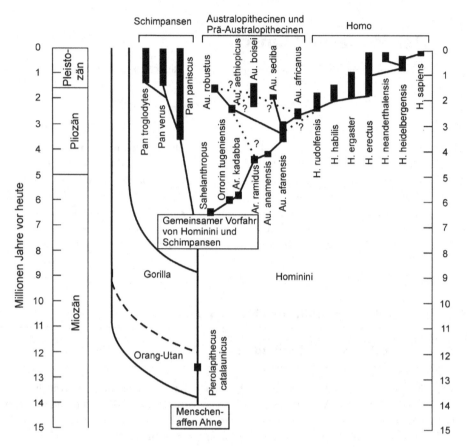

Abb. 9.1 Stammbaum der Hominiden, d. h. der großen Menschenaffen und des Menschen (González et al. 2008; Langergraber et al. 2012; zur Darstellung vor Homo s. Gibbons 2009; Moyà-Solà et al. 2004). Die Hominini umfassen die Gattungen *Australopithecus* und *Homo*

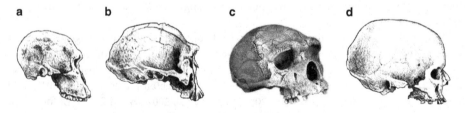

Abb. 9.2 Schädelformen. **a** *Australopithecus africanus*, **b** *Homo erectus*, **c** *Homo heidelbergensis* (Tautavel-Mann), **d** *Homo sapiens* (Campbell 1996; de Lumley 2001)

Atmung eine tonnenförmige Gestalt aufwies, möglicherweise noch vor 27.000 Jahren existierte (Swisher III et al. 1996). Vor 800.000–200.000 Jahren lebte der *Homo heidelbergensis* (Abb. 9.1 und 9.2c), auch archaischer *H. sapiens* genannt, von dem sowohl der *Neandertaler* (*Homo neanderthalensis*, vor mehr als 400.000 Jahren) als auch der *H. sapiens* (Abb. 9.2d, vor mehr als

Abb. 9.3 *A. afarensis, H. erectus* und *H. sapiens* im Vergleich (nach Gore 1997)

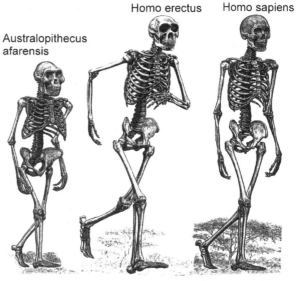

Australopithecus afarensis

Homo erectus

Homo sapiens

4 Millionen Jahre   2 Millionen Jahre   200 000 Jahre

Abb. 9.4 **a** Fußspuren von *Australopithecus afarensis*, entdeckt von Leakey (1979) bei Laetoli in Tansania, **b** nahezu vollständiges Skelett des „Turkana-Jungen", eines 1,6 Mio. Jahre alten *Homo erectus* (Tattersall 1997)

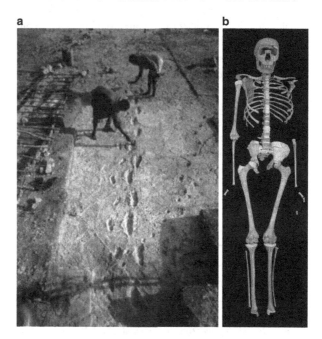

a

b

200.000 Jahren) abstammten (McDougall et al. 2005; Langergraber et al. 2012). Der Neandertaler repräsentierte eine Seitenlinie der menschlichen Evolution und lebte bis vor 30.000 Jahren in Europa, dem Nahen Osten und in Asien, wo er aufgrund der intensiven Konkurrenz mit dem modernen Menschen ausstarb, jedoch im Genom des *H. sapiens* Spuren hinterlassen hat (Mellars 2004).

9.1.2   Aufrechter Gang, Freilegung der Hände

Die Entwicklung der Hominini über 4 Mio. Jahre illustriert Abb. 9.3. Alle besaßen den aufrechten Gang, wobei die Australopithecinen nur etwa 1,30 m groß waren, während die *H. erectus* die Größe des modernen Menschen erreichte. Der aufrechte Gang war nicht nur ein Vorteil für das Leben auf dem Boden, sondern auch eine energieeffiziente Möglichkeit, große Entfernungen zu überwinden. Noch wichtiger war, dass Arme und Hände jetzt von der Fortbewegung befreit waren und für den Transport von Gütern, Lebensmitteln und Kindern sowie den Gebrauch bzw. die Herstellung von Werkzeugen und Errichtung von Bauten nutzbar wurden. Weitgehend auf dem Boden lebend, blieben die Hominini dennoch erfahrene Kletterer und zogen sich bei Gefahr oder zum Schlafen in die Bäume zurück.

Durch den aufrechten Gang waren im hohen Gras der Savannen und in buschiger Umgebung versteckte Feinde besser zu erkennen und pflanzliche Nahrung an hohen Ästen leichter erreichbar. Dies stützt die Theorie, dass unsere Vorfahren den dichten Regenwald verließen und die offeneren Randgebiete und großen Savannen besiedelten. Gorillas und Schimpansen, die sich normalerweise auf allen vier Extremitäten fortbewegen (Knöchelgang), blieben dagegen im sich zurückziehenden Regenwald, wo sie bis heute überleben.

Die Perfektion des aufrechten Gangs, der manchmal auch von Gorillas und Schimpansen ausgeübt wird, erforderte eine Reihe von wichtigen anatomischen Veränderungen (Abb. 9.3). Die Greifzehe wandelte sich in ein modifiziertes Beschleunigungshilfsmittel des Fußes um; die Beine wurden länger, begradigt und mehr unterhalb des Beckens positioniert. Dies unterstützte den Körper besser und führte zu Einsparung von Energie bei der Aufrechthaltung. Die langen, gebogenen Knochen von Fingern und Zehen, die auf das Klettern spezialisiert waren, veränderten sich zu den kurzen geraden, zur Bearbeitung von Materialien geeigneten Formen des modernen Menschen. Das Becken modifizierte sich für die geänderte Befestigung der Muskeln, die Wirbelsäule entwickelte eine S-Form als Stoßdämpfer für die Laufbewegung und der Kopf verschob sich von einer vorwärts geneigten Position an die Spitze des Körpers. Klare Hinweise für diese Entwicklung sind 3,7 Mio. Jahre alte Fußspuren eines *A. afarensis* in feuchter Asche nach einem Vulkanausbruch, die nach dem Trocknen eine zementartige Konsistenz annahmen (Abb. 9.4).

9.1.3   Gehirnentwicklung

Die Gehirnentwicklung lässt sich durch einen Vergleich der Schädelmorphologie verfolgen (Abb. 9.2). Der *A. afarensis* hatte einen kurzen Schädel, einen vorstehenden Oberkiefer, eine niedrige Stirn und schwache Überaugenwülste, während *H. erectus* einen länglichen Schädel, starke Überaugenwülste, einen wenig vorstehenden Oberkiefer sowie eine mittelhohe Stirn besaß. Der *H. heidelbergensis* wies starke Überaugenwülste und eine mittelhohe Stirn auf, aber keinen vorstehenden Oberkiefer. Der *H. sapiens* schließlich entwickelte einen großen Schädel und eine hohe Stirn, hatte jedoch keine Überaugenwülste mehr.

Abbildung 9.5 zeigt (gemittelt über männlich und weiblich) das Gehirnvolumen im Vergleich zum Körpergewicht einiger Hominiden. Neuere Abgüsse des Schädelinneren ergeben Volumina von ca. 450 cm^3 bei *A. afarensis*, 950 cm^3 bei *H. erectus*, 1150 cm^3 bei *H. heidelbergensis* (Tautavel-Mensch, Balter 2001) und 1450 cm^3 bei *H. sapiens*, was eine Verdreifachung des Hirnvolumens bedeutet, obwohl das Körpergewicht nur um etwa 30 % anstieg. Die erstaunli-

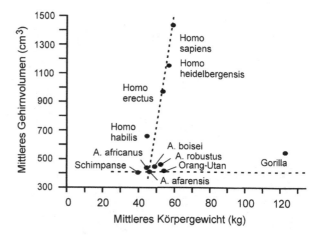

Abb. 9.5 Vergleich des durchschnittlichen Hirnvolumens und Körpergewichts bei den Hominiden (modifiziert, Lewin 1989)

che Entwicklung des Gehirnvolumens der Gattung Homo steht im Gegensatz zum Stillstand bei den Australopithecinen und großen Menschenaffen. Vom frühen zum späten *H. erectus* fand übrigens eine Vergrößerung des Gehirnvolumens von ca. 850 bis auf 1100 cm³ statt, während die mittleren Werte für den Neandertaler identisch mit denen des *H. sapiens* sind. (Zum generellen Zusammenhang von Gehirngröße und Körpergewicht siehe Abschn. 8.5 und Abb. 8.12).

9.2 Technologische Evolution

Parallel zur *biologischen Evolution*, die sich in der Gehirnentwicklung, dem aufrechten Gang und der Freilegung der Hände von der Fortbewegung zeigte, fand eine *mentale Evolution* der Hominini statt, die sich auf *technologischer* und *kultureller* Ebene vollzog.

9.2.1 Werkzeuggebrauch bei den Menschenaffen

Der Unterschied zwischen Werkzeugbenutzer und Werkzeughersteller galt lange als Trennlinie zwischen Tier und Mensch. Umfassende Feldstudien haben dies in Frage gestellt und es ist inzwischen nachgewiesen, dass Schimpansen, Gorillas und Orang-Utans nicht nur Werkzeuge benutzen, sondern auch herstellen.

Menschenaffen benutzen gerne Stöcke und Steine als Werkzeuge (Abb. 9.6). Dabei werden diese Geräte oft erst für ihre Funktion angepasst. Schimpansen wurden beobachtet, wie sie mit Stöckchen in Termitenhügeln und Ameisenhaufen nach Insekten fischen. Das funktioniert etwa so: Kratze ein Loch in den Termitenhügel, wähle einen geeigneten Zweig, entferne Blätter und Seitenzweige, stecke das resultierende Stöckchen tief genug in das Loch, rüttle an ihm, damit die verteidigenden Termiten zubeißen, ziehe den Zweig vorsichtig heraus, ohne die daran Festgebissenen zu verlieren (Tomasello 1994). Bei der Jagd nach Ameisen wird die Menge der am Stöckchen hängenden Tiere mit der Hand schnell abgestreift, in einen Ball geformt und sogleich zerkaut, um etwaigen schmerzhaften Bissen im Mund zu entgehen. Das Knacken von Nüssen mithilfe von Steinen kommt sowohl bei Gorillas wie Schimpansen vor (Abb. 9.6c, f). Dabei werden Steine oft Hunderte von Metern herangetragen, wenn es sie vor Ort nicht gibt.

◘ Abb. 9.6 Werkzeuggebrauch bei Menschenaffen. **a** Fische speerender Orang-Utan, **b** Gorilla lotet die Tiefe eines Sees mit einem Stock aus, **c** Gorilla benutzt einen Stein zum Nussknacken, **d** Schimpanse fischt mit Stöckchen nach Insekten, **e** festgebissene Insekten werden in den Mund gestreift, **f** Schimpansen knacken Nüsse mit Steinen (Tomasello 1994, Natl. Geogr. Soc.)

9.2.2 Werkzeuggebrauch der Hominini

Abbildung 9.7 zeigt den Lebensraum früher Hominini vor ca. 4 Mio. Jahren. Mit ihrer vergleichsweise schmächtigen Gestalt sowie dem Fehlen von kräftigen Gebissen und starken Muskeln, konnten sie den Raubtieren wie Löwen, Leoparden und Krokodilen nichts Körperliches entgegensetzen. Zudem war es ihnen unmöglich, Hyänen und Geiern die von Löwen geschlagene Beute wegzunehmen oder gar große Tiere wie Antilopen oder Elefanten zu jagen. Übrig blieb das Sammeln von Früchten, Pflanzen, Wurzeln, Eiern und Kleinlebewesen, wobei ihnen die von ihren Vorfahren ererbten vorzüglichen Kletterkünste zugute kamen.

Die Armfreiheit brachte den Hominini Vorteile beim Gebrauch von Werkzeugen, für die Holz, Horn, Haut und vor allem Steine benutzt wurden. Durch geschickte Schläge konnten scharfkantige Steinklingen und Keile geschaffen werden, die sich vorzüglich als Werkzeuge und auch Waffen eigneten. Sie erlaubten es Knochen zu zertrümmern, um an das Knochenmark zu gelangen, was sogar die gewaltigen Zähne der Hyänen nicht schafften. Dazu entwickelten die Hominini eine Jagdstrategie, um speziell Leoparden ihre Beute abzujagen. Zur Sicherung vor Löwen und Hyänenrudeln schafften Leoparden ihre Jagdbeute in die Baumkronen (Abb. 9.7), wo sie vor dem Zugriff des Kletterns unkundiger Konkurrenten geschützt waren. Selbst Geier wagten sich aus Furcht vor Flügelverletzungen kaum zu solchen Verstecken. Bäume waren indes das angestammte Habitat der Hominini, und so konnten sie mit ihren scharfen Faustkeilen wertvolle Teile dieser Beute abschneiden und stehlen. Dass dieses Szenario wirklich zutraf, wurde kürzlich durch die Entdeckung von Schlag- und Schneidespuren an 3,4 Mio. Jahre alten Knochen in Äthiopien nachgewiesen, die sogar auf den *A. afarensis* zurückgehen könnten

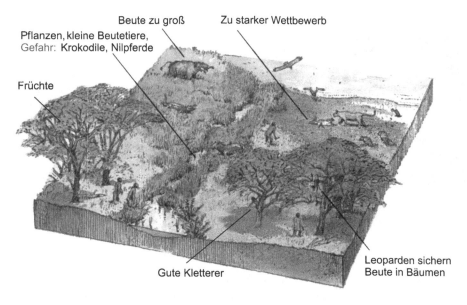

Beute zu groß   Zu starker Wettbewerb

Pflanzen, kleine Beutetiere,
Gefahr: **Krokodile, Nilpferde**

Früchte

Leoparden sichern
Beute in Bäumen

Gute Kletterer

☐ **Abb. 9.7** Leben der frühen Hominini vor ca. 4 Mio. Jahren (Natl. Geogr. Soc.)

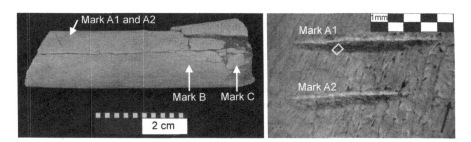

Mark A1 and A2

Mark A1

Mark A2

1 mm

Mark B   Mark C

2 cm

☐ **Abb. 9.8** Schlachtspuren von Steinwerkzeugen auf einem 3,4 Mio. Jahren alten Knochen von Dikika, Äthiopien (McPherron et al. 2010)

(Abb. 9.8) (Domínguez-Rodrigo et al. 2010; McPherron et al. 2010). Offensichtlich machte die *mentale Evolution* mit systematischer Anwendung von immer mehr Wissen, die Hominini zu zunehmend mächtigeren Wettbewerbern im Überlebenskampf mit den Raubtieren.

9.2.3 Steinwerkzeuge

Steinwerkzeuge sind für die Erforschung der Lebensweise der frühen Menschen deshalb so aussagekräftig, weil sie sich besonders gut erhalten haben (Abb. 9.9). Nach ihrer Form unterscheidet man zunächst die von 2,5–1,4 Mio. Jahre dauernde *Olduwankultur*, die ihren Namen der berühmten prähistorischen Fundstätte, der Olduvaischlucht in Ostafrika verdankt. Die ältesten dieser Werkzeuge wurden in Äthiopien entdeckt (Ambrose 2001). Sie bestehen aus sehr

Abb. 9.9 Steinwerkzeuge. **a** Einfacher Faustkeil der Olduwankultur. Aus der Acheuléenkultur stammen: **b** Faustkeil, **c** Spaltkeil, **d** Schaber (Ashmolean Museum, Oxford)

einfachen Faustkeilen (Abb. 9.9a) und Abschlägen (Flakes), die leicht durch Zusammenschlagen zweier Steinbrocken hergestellt werden konnten. Von normalen Steinen unterscheiden sie sich durch ihre Form, ihre Fundhäufigkeit, ihr ungewöhnliches Material (z. B. Feuerstein) sowie ihre Perfektion. Als Hammer, Beil, Schaber und Messer dienend, wurden sie über eine Million Jahre benutzt und während dieser Zeit kaum verbessert.

Darauf folgte vor 1,4 Mio.–120.000 Jahren die nach dem nordfranzösischen Ort Saint-Acheul benannte *Acheuléenkultur*, in der sorgfältig bearbeitete und hoch spezialisierte Steinwerkzeuge aus ausgewählten Materialien (Flint) benutzt wurden (Abb. 9.9b–d). Sie erlaubten, neue Arten von Lebensmitteln zu erschließen, Tiere zu zerlegen und Häute zu zerschneiden. Darüber hinaus ließen sich Steinäxte und Steinspitzen als Waffen verwenden. In der frühen, mittleren und späten Altsteinzeit, ab etwa 100.000 Jahren, verfeinerte sich die Steinwerkzeugindustrie zunehmend und führte zur Herstellung von äußerst professionell ausgeführten Feuersteinklingen und Pfeilspitzen.

9.2.4 Speere

Eine vergleichbare Werkzeugentwicklung fand mit Horn, Knochen und Holz statt. Nur in seltenen Fällen sind Holzwerkzeuge erhalten, so die acht ca. 400.000 Jahre alten rund zwei Meter langen *Wurfspeere* (Thieme 2007b), die 1994 im Braunkohlentagebau von Schöningen, Niedersachsen, zusammen mit den Überresten von 20 Wildpferden entdeckt wurden (Abb. 9.10). Sie werden dem *H. heidelbergensis* zugeschrieben und waren aus dem besonders harten Holz junger Fichten gearbeitet, was eine enge Vertrautheit mit den speziellen Eigenschaften der Pflanzen bezeugt. Nachbildungen bewiesen die ausgezeichneten Wurf- und Treffeigenschaften der Speere; selbst große Wildtiere ließen sich bis auf 30 m Entfernung erlegen. Da die Jagd auf ein einzelnes Tier zur Flucht der gesamten Herde geführt hätte, ist anzunehmen, dass eine Jagdgruppe die Tiere simultan angriff. Das Zurücklassen solcher aufgrund des großen Arbeitsaufwands sehr wertvoller Speere bei den Beuteresten dürfte auf kultische bzw. religiöse Hintergründe verweisen.

Abb. 9.10 Im Braunkohle-tagebau bei Schöningen in Niedersachsen gefundene ca. 400.000 Jahre alte Wurfspeere, die vom *Homo heidelbergensis* stammen. **a** Speer in Fundposition, **b** geschliffene Speerspitze (Thieme 2007a)

9.2.5 Feuer, Kochen

Neben dem Gebrauch von Steinwerkzeugen stellt die *Nutzung des Feuers* wohl die wichtigste Erfindung unserer Ahnen dar. Sie lässt sich bereits beim *H. erectus* durch vom Feuer geschwärzte Steine nachweisen. In der Swartkranshöhle in Südafrika, wie auch in Ostafrika, wurden 1,5 Mio. Jahre alte Brandspuren gefunden, deren genaue Datierung und Ursprung allerdings umstritten ist (Brain und Sillen 1988). Unangefochten sind die Brandspuren bzw. Kochstellen von Wonderwerk Cave, Südafrika und Gesher Benot Ya'aqov, Israel, die auf 1 Mio. bzw. 790.000 Jahre datiert und ebenfalls dem *H. erectus* zugeschrieben werden (Berna et al. 2012; Alperson-Afil et al. 2009; Goren-Inbar et al. 2004). Neuerdings wird eine frühe Nutzung des Feuers durch *H. erectus* auch in anderen Untersuchungen nahegelegt. Feuer erlaubte, die Nahrung zu kochen, was deren Verdauung äußerst erleichterte und kalorienmäßig wertvoller machte (Wrangham 2009). Dies hatte weitreichende Konsequenzen – es musste weniger häufig nach Nahrung gesucht werden, und im Rohzustand ungenießbare oder sogar toxische Pflanzen- und Tierprodukte ließen sich nutzbar machen. Eine Untersuchung des Zeitaufwands für den Nahrungserwerb bei einer großen Zahl heutiger Primaten zeigte einen engen Zusammenhang zwischen dem Körpergewicht und dem Bruchteil des Tages, der für die Nahrungsbeschaffung verwandt werden muss. Statt 48 % der Tageszeit, die ein Mensch aufgrund seines Körpergewichts eigentlich zur Nahrungssuche hätte aufwenden müssen, wurden nur 4,7 % seiner Zeit benötigt (Organ et al. 2011).

Zusätzlich fand bei den Hominini nach der Abspaltung von den Schimpansen eine Vergrößerung der Backenzähne statt, die streng mit dem Körpergewicht korreliert war – so bei den Australopithecinen bis hin zu *H. rudolfensis* und *H. habilis*. Dagegen traten vor 1,9 Mio. Jahren bei *H. erectus* sowie später bei *H. neanderthalensis* und *H. sapiens* viel kleinere Backenzähne auf. Diese Abweichung wurde ebenfalls auf die Nutzung des Feuers zurückgeführt, da die gekochte Nahrung weniger gekaut werden musste und daher der Kiefer wie der Verdauungsapparat erheblich verkleinert werden konnten (Organ et al. 2011).

Die Feuernutzung führte zu einem profunderen Wissen über Pflanzen- und Tierprodukte und ihre Verwendung als Nahrung und Medizin. Ein weiterer evolutiver Vorteil bestand darin, dass der Versammlungsort um den Herd zu engeren sozialen Kontakten und Kommunikation

(Sprache) führte. Die Verwendung von Feuer erlaubte es schließlich auch, dass unsere Vorfahren von Afrika aus in die kalten Gebiete der Erde nach Europa und Asien vordringen konnten, in denen es eine bisher ungenutzte reiche Tier- und Pflanzenwelt gab.

9.2.6   Arbeitsteilung, Unterricht, Monogamie

Die Entwicklung von Technologien und die Kenntnis der Umwelt resultierte in einer enormen Fülle an Wissen, das erlernt und weitergegeben werden musste, was zu tiefgreifenden Veränderungen im Sozialleben und kooperativen Verhalten der Gruppe und sogar zu anatomischen Veränderungen des Körpers führte. Australopithecinen wie der *A. afarensis* bildeten kleine Gruppen und zeigten einen beträchtlichen Gewichts- und Größenunterschied unter den Geschlechtern, was auf die Existenz einer haremartigen Gesellschaft, ähnlich wie bei den heutigen Gorillas, hindeutet.

Der *H. erectus* mit seinem erheblich größeren Gehirn war ein viel versierterer Werkzeugbenutzer. Seine perfektionierte Gehfähigkeit (Abb. 9.3) erlaubte es ihm, in einer ausgedehnteren Region Futter zu sammeln, wobei er in Jagdgruppen auch zunehmend größere Tiere erbeuten konnte. Das höhere Gehirnvolumen verursachte aber auch Probleme. Bei der Geburt erforderte der größere Kopf des Kindes einen breiteren Geburtskanal. Da aber das Becken nicht beliebig vergrößert werden konnte, ohne seine Funktion als grundlegende Plattform für den aufrechten Gang zu beeinträchtigen, wurde *H. erectus* früher geboren. Der Säugling befand sich also in einem weniger entwickelten Zustand, der ihn abhängiger von der elterlichen Pflege machte.

Eine intensivere Kindespflege machte eine engere Bindung zwischen den Eltern notwendig, die durch die Erhöhung der gegenseitigen sexuellen Attraktivität mittels anatomischer Änderungen (große Brüste, nichtsaisonale sexuelle Bereitschaft) wie auch durch mentale Anreize (intensivere Partnerbindung, Monogamie) geschaffen wurde (Gavrilets 2012). Die größere Abhängigkeit und relative Ortsgebundenheit des Nachwuchses führte sicherlich auch zu einer stärkeren Arbeitsteilung: das Sammeln von Nahrung auf kurze Distanzen, Aufzucht und Unterrichtung fiel den Frauen zu; Jagen, Nahrungserwerb über große Entfernungen und Kämpfen war Aufgabe der Männer.

9.2.7   Bauten, Siedlungen

Eine Sensation war 1969 die Entdeckung einer vorzüglich erhaltenen ca. 370.000 Jahre alten Siedlung bei Bilzingsleben im nördlichen Thüringen, die das Leben des *H. heidelbergensis* in großem Detail zeigte (Mania 2004). Sie bestand aus drei Hütten mit davor liegenden Arbeitsflächen, auf dem Schwemmfächer eines Baches gelegen, der in einen breiten See mündete (Abb. 9.11). Der Ort wurde konserviert, weil der See allmählich anstieg und die Bewohner vertrieb. Drei kreisförmige Steinsetzungen mit ca. 4 m Durchmesser und Aussparungen (Eingängen) zur windabgewandten Seite stellen die Reste einfacher Hütten dar, die vermutlich aus Zweigen geflochtene Wände besaßen, die am Boden mit schweren Steinen und Knochen stabilisiert waren.

Rund um die Hütten, in denen 20–25 Personen gewohnt haben dürften, waren größere Gerätschaften aus Stein, Knochen, Geweih und Holz abgelagert – Letzteres schlecht erhalten. Vor den Eingängen fanden sich Feuerstellen mit Geröll: Hitzespuren zeigten, dass die Bewohner mit heißen Steinen Lebensmittel dünsteten. Um die Hütten erstreckte sich im Halbkreis eine

Abb. 9.11 Eine ca. 370.000 Jahre alte Siedlung mit Hütten und Werkzonen, die dem *Homo heidelbergensis* zugeschrieben wird (Mania 2004)

etwa 8 m breite „Werkstattzone", in der Werkzeuge aus Feuerstein, Geröll, Knochen und Geweih hergestellt wurden. Ein weiterer Arbeitsbereich, der sich über mehrere Meter direkt am See entlang zog, diente vermutlich dem Zerlegen von Tieren und als Abfallhalde, wie an Skelettresten und Schabern zu erkennen war.

Als eigentümlich erwies sich ein annähernd rundes Areal von ca. 9 m Durchmesser am südöstlichen Teil der Siedlung, das dicht mit Steinen und flachen Knochenstücken gepflastert war, jedoch im Gegensatz zu den Werkplätzen weder Abfall noch größere Geräte aufwies. In der Mitte fand man Steinplatten und einen Travertinblock, alle mit Brandrissen. Ein Quarzitblock diente als Amboss, auf dem Knochen zerschlagen wurden. Er steckte zwischen den Hörnern eines in das Pflaster eingelassenen Wisentschädels, in dessen Nähe menschliche Überreste gefunden wurden. Von Westen her erstreckte sich eine gerade, 5 m lange Steinreihe aus großen Brocken, an deren Anfang und Ende sich zwei Elefantenstoßzähne befanden, die einst aufrecht standen. Dies alles deutet auf eine kultische Nutzung des Areals sowie eine mit Bestattungen verbundene Funktion.

Die Gruppe lebte in einer Phase des mittleren Pleistozäns, in der ein wärmeres, trockeneres Klima herrschte als heute. Unter den tonnenweisen Funden von zerschlagenen Knochen machte Großwild (Wald- und Steppennashörner, Hirsche, Wildrinder, Wildpferde, Bären, Waldelefanten) 60 % der Jagdbeute aus. An Niederwild wurden auffallend viele Biber erlegt, seltener Wölfe, Füchse, Dachse und Wildkatzen, die zu jagen sich wohl nicht lohnte. Wildschweine und Löwen fanden sich kaum – sie waren den Jägern wohl zu gefährlich.

Bei der Herstellung von Werkzeugen und anderer Gebrauchsgegenstände zeigten die Bewohner von Bilzingsleben hohe Professionalität. Von eiszeitlichen Gletschern herangebracht, war das Steinmaterial (Feuerstein, Geröll und Quarzit) in der weiteren Umgebung des Lagers zu finden. Zur Feinbearbeitung von Feuerstein wurden kleine, höchstens 6 cm lange Schlagsteine aus Quarzgeröllen und für steinerne Schaber, Messer oder Bohrer hartes, sprödes Gestein benutzt, das scharfkantig splitterte. Viele fein gearbeitete Bohrer dokumentieren, dass an Holz, Horn und Häuten gearbeitet wurde.

Die zahlreichen Überreste von Tieren könnten nahelegen, dass sich die Siedlungsbewohner damals vor allem von Fleisch ernährten. Dies ist wohl nicht der Fall und man darf davon ausgehen, dass vielerlei Pflanzenprodukte (Nüsse, Eicheln, Obst, Beeren, Pilze, Sprossen, Knollen, Wurzeln, Blätter) und Eier genutzt wurden. Das Lager in Bilzingsleben war kein permanenter

Siedlungsplatz; die damaligen Menschen sind offensichtlich nur bedingt sesshaft gewesen und dürften zeitweise in kleineren Außenlagern gelebt haben.

9.2.8   Kommunikation, Sprache

Die akustische Kommunikation ist eine weitere wichtige technologische Entwicklung der Hominini. Die komplexen sozialen Wechselwirkungen beim Leben in der Gruppe haben sicherlich dazu geführt, aus einer ursprünglichen akustischen Signalsprache und einer Gebärdensprache eine verbale Sprache zu entwickeln. Es gibt gesicherte Indizien dafür, dass eine solche Sprache bereits vor 400.000 Jahren beim *H. heidelbergensis*, wie auch bei seinem Nachkommen, dem *Neandertaler*, vorhanden war (Johansson 2011). Die deutlichsten Hinweise erhielt man durch die Entdeckung von fossilen Zungenbeinen, beim *H. heidelbergensis* in der Fundstätte Sima de los Huesos in Atapuerca, Spanien, und beim *Neandertaler* in der Kebarahöhle in Israel. Beim Zungenbein handelt es sich um einen kleinen U-förmigen Knochen an der Zungenwurzel im vorderen Hals, der nur mit Muskeln und Bändern am restlichen Skelett befestigt ist. Es ermöglicht eine außerordentlich feine und schnelle Kontrolle der Zungenbewegung, die zusammen mit einem tiefer gelegten Larynx für die Lautvielfalt der menschlichen Sprache wesentlich ist.

Die überragende Bedeutung der Kommunikation für den modernen Menschen lässt sich auch anhand hochspezialisierter Gehirnregionen belegen. In Abschn. 9.6.2 und Abb. 9.21 wird gezeigt, dass das Gesicht wie auch die Lippen im *somatosensorischen Cortex* und im *motorischen Cortex* des Gehirns einen ungewöhnlich ausgedehnten Raum einnehmen. Da sich das menschliche Gehirn seit den Zeiten des *H. heidelbergensis* nicht wesentlich verändert hat, dürften diese Spezialisierungen auf ältere, nichtverbale Vorläufer der Sprache durch Blick, Mundbewegungen, Mimik und Handbewegungen hindeuten, die von *H. erectus* bereits beherrscht wurden. Die Überlappung der Broca- und Wernicke-Sprachzentren (Abschn. 9.6.3) mit für Fingerbewegungen und Gesichtsausdrücke zuständigen Gebieten könnte die Entwicklung der verbalen Sprache aus nichtverbalen Sprachsystemen erklären (Holden 2004).

Eine weitere, seit der Schimpansen/Hominini-Trennung aufgetretene Besonderheit, stellt das auch „Sprachgen" genannte *FoxP2-Gen* dar, das bei der Spracherlernung, der Artikulation und den grammatikalischen Fähigkeiten eine wichtige Rolle spielt (Konopka et al. 2009). Dieses bei Säugetieren (wie Menschenaffen oder Mäusen) weit verbreitete Gen, das für feinmotorische Fähigkeiten und Muskelkoordination verantwortlich ist, unterscheidet sich beim Menschen in nur zwei Mutationen und führt bei Störungen im Gen zu schweren Sprachstörungen.

9.2.9   Ötzi

1991 wurde im Gletschereis der Hochalpen der Leichnam eines knapp 50 Jahre alten, 1,58 m großen Mannes entdeckt, der zusammen mit seiner beachtlichen Ausrüstung, nahezu unversehrt und vollständig geborgen werden konnte (Abb. 9.12). Der nach dem Fundort in den Ötztaler Alpen genannte *Ötzi* lebte in der späten Jungsteinzeit (etwa 3200 v. Chr.) und führte eine erstaunliche Zahl von hochentwickelten Werkzeugen und für das Hochgebirge geeigneten Ausrüstungsgegenständen mit sich. Dieser Fund illustriert in eindrucksvoller Weise, wie der Mensch vor der Nutzung der Schrift in Hunderttausende Jahre alter mündlicher Tradition Wissen zu vermitteln vermochte.

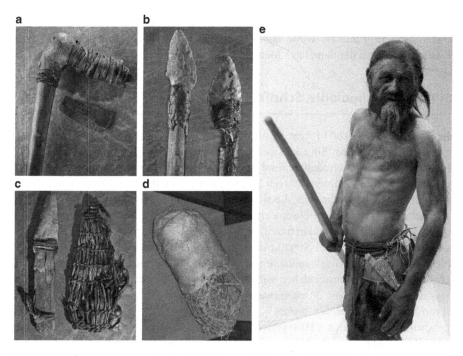

◘ Abb. 9.12 Ötzi, der Mann aus der Jungsteinzeit um ca. 3200 v. Chr. mit Ausrüstung. **a** Beil, **b** Pfeilspitzen, **c** Dolch mit Scheide, **d** Schuh (rekonstruiert), **e** Ötzi, Rekonstruktion (Südtiroler Archäologiemuseum, Bozen)

Ötzi war mit einer Jacke aus braunen und weißen, mit Tiersehnen zusammengenähten Ziegenfellstreifen bekleidet und trug anstatt einer Hose Beinlinge aus Ziegenfellstücken sowie einen bis zum Knie reichenden Lendenschurz, der in einem Kalbsledergürtel eingehängt war (Abb. 9.12e). Seine Schuhe hatten Bärenfellsohlen, das Obermaterial bestand aus Hirschfell und der Innenschuh besaß zur Festigung ein Netz von verdrillten Grasfasern, um das nach außen Polster- und Isolierschichten aus Heu gelegt waren (Abb. 9.12d). Als Kopfbedeckung diente eine Mütze aus Bärenfell.

Die Gerätschaften bestanden aus einem Beil mit Klinge, die zu 99 % aus Kupfer bestand und an einem Holzschaft befestigt war (Abb. 9.12a). Mit seinem 1,80 m langen Bogen aus Eibenholz konnte Ötzi Pfeile verschießen, deren Schäfte aus dem Holz des Wolligen Schneeballs bestanden. Die Pfeilspitzen aus Feuerstein waren mit Pflanzenfasern und Birkenteer an den Schäften befestigt (Abb. 9.12b); damit konnte Wild wie etwa Hirsche, Gämsen oder Wildschweine noch auf 30–50 m Entfernung erlegt werden. Moderne Rekonstruktionen zeigen, dass solche Pfeile bis zu 180 m weit flogen. Ötzi besaß auch einen Dolch aus Feuerstein mit einem Griff aus Eschenholz, der in einer etuiförmigen Scheide steckte (Abb. 9.12c). Zudem hatte er eine Rückentrage bei sich, in der sich ein Glutbehälter aus Birkenrinde verbarg, eine Gürteltasche, in der sich Klingenkratzer, Bohrer und eine Ahle befanden, wie auch Zunder und Pyrit als Bestandteile eines damals üblichen Feuerzeugs.

Detaillierte Untersuchungen von DNA, Haut, Zähnen, Mageninhalt und Haarresten sowie der Ausrüstung brachten eine Fülle von Erkenntnissen über Ötzis Lebensweise (Orte seiner Wanderungen, Kenntnisse über Tiere, Pflanzen, Jagdmethoden, Kleidung, Waffen, Werkzeuge, Medizin, Lebensmittel und Sozialverhalten). Bedenkt man, dass all dieses Wissen ohne den Gebrauch der Schrift tradiert wurde, lässt sich ermessen, wie intensiv und organisiert das soziale Zusammenleben der damaligen Menschen gewesen sein muss.

9.2.10 Hochtechnologie, Schrift

In den vergangenen 200.000 Jahren ist die *biologische Evolution* beim *H. sapiens* weitgehend zum Stillstand gekommen. Ein Gegenbeispiel dazu ist die weiße Hautfarbe, die eine bessere Bildung von Vitamin D ermöglicht, und sich bei den aus Afrika eingewanderten, sicherlich dunkelhäutigen Ahnen, in den höheren geographischen Breiten gebildet hat. Oder auch die Laktosetoleranz bei Erwachsenen, die sich in den letzten ca. 8000 Jahren als Anpassung an die Tierhaltung im nördlichen Europa entwickelte (Curry 2013). Was uns von unseren ähnlich gebauten Vorfahren vor allem trennt, ist das spektakuläre Wachstum des Wissens und die Präzisierung der Sprache. Das damals nur im menschlichen Gedächtnis gespeicherte Wissen wurde in einer langen Lehrzeit an die jüngere Generation übermittelt. Gewährleistet war dies durch das intensive Zusammenleben von verschiedenen Generationen in ca. 20 Individuen umfassende Gruppen sowie durch verwandtschaftliche Beziehungen zu einer beträchtlichen Zahl von Nachbargruppen der Region.

Landwirtschaft ist seit ca. 13.000 Jahren nachweisbar; nur wenige Tausend Jahre später entwickelte sie sich zu einer voll etablierten Lebensweise (Pringle 1998). Sie erlaubte die Arbeitsteilung im großen Stil und versetzte antike Gesellschaften in die Lage, spektakuläre Bauten wie die Pyramiden zu errichten. Es war jedoch die revolutionäre Erfindung der Schrift durch die Sumerer vor über 5000 Jahren, die ein besonders schnelles Wachstum des Wissens ermöglichte, das nun unabhängig vom jeweiligen Lehrer aufgezeichnet, präzisiert, gesammelt sowie über die Jahrhunderte hinweg tradiert und gespeichert werden konnte.

Die rasante *Wissensevolution* kann man besonders in jüngster Zeit beobachten. Man denke an die Erfindung des Rades um 3500 v. Chr., der Dampfmaschine (Newcomen 1721) sowie der Elektrizität, die die Entwicklung des elektrischen Motors (Faraday 1821), des Hörfunks (Edison 1877) und Fernsehens (1935) ermöglichte. Meilensteine sind die Erfindung der Fotografie (Daguerre 1839), des Autos (Benz 1885) und des Flugzeugs (Wright Brüder 1903). Epochale Errungenschaften (Abb. 9.13) waren schließlich die Mondlandung 1969 und die Erfindung des Computers (Zuse 1941, IBM-PC 1981).

9.3 Kulturelle Evolution

Im Einklang mit der *biologischen Evolution*, fand wie erwähnt eine *mentale Evolution* statt, die sich in einer *technologischen* und einer *kulturellen Evolution* äußerte. Erstere stellte die Entwicklung von immer leistungsfähigeren Werkzeugen zur Beherrschung der physischen Welt dar (Geräte- und Waffengebrauch, Feuernutzung, Sprache), während Letztere Geistesprodukte hervorbrachte, die das Zusammenleben der Gesellschaft bereicherten und effizienter machten (Wissenschaft, Wirtschaft, Moral, Recht, Religion, Kunst). In der Verhaltensbiologie wurde von *E.O. Wilson* eine eigene Fachrichtung „Soziobiologie" begründet (Wilson 1975), die sich mit den evolutionären Grundlagen des Verhaltens von sozialen Lebensgemeinschaften (Ameisen, Nacktmulle, Paviane, Menschen) befasst.

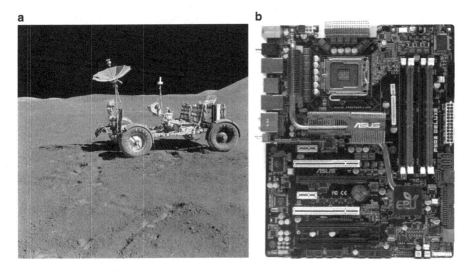

Abb. 9.13 Hochtechnologieprodukte. **a** Moon-Buggy von Apollo 15–17, **b** moderne Computerplatine (NASA, ASUS)

9.3.1 Recht

Ein grundlegendes, zur *kulturellen Evolution* gehörendes Geistesprodukt stellt das *Recht* dar, das im Laufe der Geschichte für das Zusammenleben in der menschlichen Gesellschaft zunehmend an Bedeutung gewonnen hat. Weniger sichtbar als der technische Fortschritt und mit vielen Irrwegen verbunden, äußerte sich die Entwicklung des Rechts in der Etablierung *rechtmäßiger Regierungsgewalten, Kodifizierungen, Rechtsystemen* und *Staatsverfassungen* etc.

Das Konzept der Gleichheit aller Menschen, verwirklicht in einer demokratischen Gesellschaft wie im antiken Athen, war ein großer Fortschritt im 5. Jahrhundert v. Chr. Allerdings galt es nur für Bürger und nicht für Frauen oder die riesige Zahl der damaligen Sklaven. Im Mittelalter sicherte die Feudalordnung standesbezogene Rechte zu. Im 18. Jahrhundert belebte dann die Entstehung von demokratischen Staaten nach der französischen Revolution erneut die Idee der Gleichheit von Personen und die Vorstellung, dass Jedermann bestimmte natürliche, unveräußerliche Rechte besitze, die ihm nicht weggenommen werden können. In der Einleitung der amerikanischen Unabhängigkeitserklärung 1776 heißt es: „ *all men are created equal... they are endowed by their Creator with certain unalienable Rights... among these are Life, Liberty and the pursuit of Happiness"*. Diese kodifizierten Grundsätze verbesserten in hohem Maße die gesetzliche Stellung des Einzelnen in der Gesellschaft, auch wenn die Sklaverei erst im 19. Jahrhundert abgeschafft wurde. Ähnliche Entwicklungen fanden in den europäischen Staaten statt.

Während die Entwicklung des kodifizierten Rechts im Laufe der Zeit im Prinzip in der eindrucksvollen Menschenrechtsgesetzgebung unserer modernen Staaten kulminierte (Doehring 2004, § 20), kann nicht bestritten werden, dass dieses Ideal im Laufe der Zeiten immer wieder gebrochen wurde. Demokratische Staatsformen kollabierten plötzlich und verwandelten sich in Zwangsherrschaften, auch im 20. Jahrhundert, wo während des Nationalsozialismus, der

Landwirtschaftlichen Kollektivierung oder der Kulturrevolution in China natürliche Rechte der Bürger im Wesentlichen abgeschafft wurden.

9.3.2   Religion

Eine weitere für das Sozialverhalten des Menschen bedeutsame Entwicklung der *kulturellen Evolution* ist die *Religion*, die offenkundig im Laufe der Geschichte entscheidende Vorteile im Wettbewerb mit anderen Gruppen verschaffte (Wilson 1978). Das Phänomen ist mindestens seit dem *H. heidelbergensis*, dem Vorfahr sowohl des Neandertalers als auch des modernen Menschen, bei allen Menschengruppen und Kulturen nachweisbar. Über die Ursachen und etwaigen evolutionsbiologischen Gründe für dieses soziobiologische Phänomen fanden in neuerer Zeit intensive Untersuchungen statt (Wilson 1978; Voland und Schiefenhövel 2009).

Ursprung der Religion   Der bislang früheste Hinweis findet sich in der Fundstelle Sima de los Huesos des Ausgrabungsgeländes Atapuerca (http://atapuerca.evoluciona.org) in Nordspanien, wo ca. 400.000 Jahre alte Fossilien vom *H. heidelbergensis* gefunden wurden. Unter einem dieser Skelette entdeckte man einen noch nicht vollendeten Faustkeil, der vom Material und der Herstellungsdauer her äußerst wertvoll gewesen sein muss. Auf dem ausgedehnten Ausgrabungsgelände, das bis zu 800.000 Jahre alte Fossilien liefert, ist dieses Gesteinsmaterial sonst nirgends nachweisbar. Alles spricht für eine Grabbeigabe, die darauf hindeutet, dass sich der damalige Mensch bereits mit den Fragen nach dem Tod und einem Leben im Jenseits auseinandergesetzt hat. Ähnliche Hinweise wurden bereits bei den Schöninger Speeren und dem Kultplatz von Bilzingsleben erwähnt (Abschn. 9.2.4 und 9.2.7), die ungefähr gleich alt sind.

Auch die etwa 95.000 Jahre alte Fundstätte von Qafzeh, Israel (Culotta 2009) förderte verschiedene Grabbeigaben zutage. Im Oberen Paläolithikum von Europa vor ca. 40.000–24.000 Jahren fand man eine Vielzahl von Skulpturen und Höhlenmalereien, die offensichtlich Götter, Mischwesen und Schamanen darstellen (Abb. 9.14). Dass die Entdeckungsreisenden der frühen Neuzeit in allen Regionen der Erde auf die unterschiedlichsten Kulte bzw. Religionen stießen und auch heute solche Gemeinschaften weltweit existieren, braucht nicht betont zu werden.

Erkenntnisentwicklung und Religion   Was sind die Ursachen für Religion als menschliches Sozialverhalten? Verhaltensbiologische Untersuchungen an Kindern unter 5 Jahren ergaben, dass bei der Entwicklung ihrer Fähigkeit, die Umwelt zu erkennen, bereits eine natürliche Veranlagung für eine Art Religion vorhanden ist (Voland 2009): Sie besitzen noch eine unvollständige „Theory of mind", d. h. eine reduzierte Vorstellung davon, was andere denken. Erwachsene sind für sie allwissend. Die Kinder bevorzugen einfache Erklärungen und Zweckgründe, d. h. teleologische Vorstellungen: „Es regnet, damit Blumen wachsen", und verwenden ein dualistisches Körper/Geist-Denken: „Was ist mit einem toten Menschen? Er ist woanders".

Um den Gefahren der natürlichen Umwelt zu begegnen (Abb. 9.15), hat das Gehirn (Vaas 2009) (und wahrscheinlich bereits das Tiergehirn) Erkenntnisstrategien entwickelt, so etwa den *hypersensitiven Feindererkennungsapparat* (hypersensitive agency detection device, HADD). Empfangene Reize werden von unseren fünf Sinnen ständig nach Feinden und Gefahren abgesucht. Ein Jäger hört Geräusche oder sieht verdächtige Bewegungen und der HADD schlägt an. Er funktioniert nach dem Rauchmelderprinzip: sensitiv beim geringsten Verdacht, jedoch

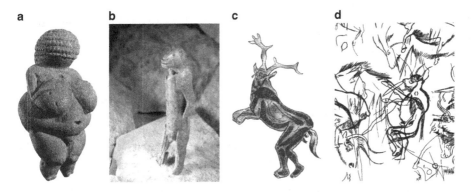

Abb. 9.14 Götter, Mischwesen, Schamanen. **a** Willendorf, **b** Hohlenstein-Stadel, **c** Les Trois Frères, **d** Les Trois Frères (Natl. Geogr. Soc.)

Abb. 9.15 Lauernde Gefahren, Urwald mit Tiger und Jägern, von Henri Rousseau (Univ. Mainz, Heidelberg)

nicht zu sensitiv, da sonst zu viele belanglose Ereignisse gemeldet und die wichtigen möglicherweise übersehen werden.

Wie schon bei der imaginativen Gehirnarchitektur erwähnt (Abschn. 8.8.3), analysiert das Gehirn die Information und konstruiert Vorwärtsmodelle: „Was bedeutet diese Meldung, kann sie gefährlich werden, wie kann ich der Gefahr am besten begegnen?" Die Antworten müssen schnell gefunden werden. Gelingt dies nicht, konstruiert das Gehirn plausible Möglichkeiten, die richtig aber auch falsch sein können. Auf diese Weise könnte es zur Idee eines mächtigen, verborgenen Wesens (Geist, Dämon, Gott) gekommen sein, das die gemeldete Gefahr verursacht. Soll man Religion als ein unbedeutendes Nebenprodukt der Erkenntnisentwicklung ansehen (Boyer 2001), oder repräsentiert sie eine evolutive Adaption für das Überleben (Voland 2009)? – Diese Frage ist in der Soziobiologie derzeit heftig umstritten.

Religion und Spiritualität Mit spirituellen Techniken lassen sich besondere mentale Zustände wie Meditation, Hypnose, Trance und Ekstase erzeugen. Geübten Personen gelingt es, etwa die Wahrnehmung von Schmerz zu reduzieren, Körpertemperaturen zu regulieren, Immunfunktionen zu unterstützen, den Blutverlust zu vermindern oder die Auswirkungen von psychischen Störungen zu mildern. Hierher gehören auch die oft erstaunlich erfolgreichen Placebo-Behandlungen. Patienten können nach einer Placebooperation wieder laufen, teure Placebos wirken besser (Frey 2009). Derartige Erfahrungen, die leicht zum *Transzendentalen* führen können, werden von Schamanen benutzt (Abb. 9.14), die unter dem Einsatz bestimmter Formeln und ritueller Handlungen einen Trancezustand herbeiführen können, um einen „Kontakt zur Götter- und Geisterwelt" herzustellen. Der therapeutische Erfolg führte zur Akzeptanz des Schamanismus. Da mit ihm die Gläubigen besser mit Angst, Stress und Schmerz fertig wurden, dürfte Spiritualität in ihren verschiedenen Spielarten (Mystik u. a.) eine hilfreiche evolutive Adaption darstellen.

Zusammenhalt und Kooperation der Gemeinschaft Wie im Tier- und Pflanzenreich findet beim Menschen ein ständiger Wettbewerb von Gruppen um Ressourcen und Territorien statt. Der Kampf ist dabei umso erfolgreicher, je enger die Mitglieder einer Gruppe kooperieren. Hier kann Religion z. B. durch *Mythen*, die eine gemeinsame Identität erzeugen, oder *Riten* zu einem mächtigen Band der Gemeinsamkeit werden. Soziale Gemeinschaften funktionieren nur, wenn Regeln aufgestellt und eingehalten werden (Moral). Eigeninteressen wirken dem oft entgegen, weshalb gesellschaftliche Kontrollen nötig sind, um diese Regeln durchzusetzen. Wie weit sollen Kontrollen gehen und wer sollte sie durchführen? Um dieses „Trittbrettfahrer-Problem 2. Ordnung" (Panchanathan und Boyd 2004; Vaas 2009) genannte Dilemma zu umgehen, bietet Religion eine geniale Lösung: ein „Gott", der allgegenwärtig ist und alles sieht, kann zu moralischem Verhalten bewegen. Der Moralaspekt mit seiner Kontrollfunktion dürfte deshalb eine besonders erfolgreiche evolutive Adaption der Religion darstellen. Hierbei ist es übrigens nicht wichtig, ob ein „Gott" wirklich existiert, denn der erwünschte Kontrolleffekt tritt auch dann ein, wenn „Gott" eine fest geglaubte Fiktion darstellt (zur „Gotthypothese" siehe Abschn. 10.6).

Gefahren und Aberrationen So vorteilhaft Religion für eine menschliche Gemeinschaft sein kann, so gefährlich wird sie, wenn sich aus ihr fanatische und fundamentalistische Ideologien entwickeln. Kennzeichen des Fundamentalismus sind Irrationalität, Ideologisierung, Dogmatismus, Indoktrination und Intoleranz, die selbst vor extremen Gewalttaten nicht zurückschreckt. Ähnliches gilt für eine manipulativ angewendete Spiritualität, die Angst und Besessenheit erzeugen und zu Massenpsychosen führen kann. Solche Aberrationen können zu einer deutlich geringeren Überlebenschance der Gruppe führen.

9.4   Die Biologie des Gehirns

Das Gehirn ist nicht nur das wichtigste Organ des Menschen, sondern auch das komplizierteste und am wenigsten verstandene Gebilde. Es verbraucht mehr als 20 % der gesamten Energie, die im menschlichen Körper zur Verfügung steht (Magistretti 2009). Um Aufbau und Funktion zu verstehen, nähert man sich ihm von ganz unterschiedlichen Seiten. In den Abschn. 8.6 und 8.7 wurde bereits der *evolutionsbiologische Weg* zur Intelligenz von den einzelligen Anfängen bis zur Spiegelselbsterkenntnis und den höchsten Bewusstseinsstufen bei Tieren besprochen. Ein zweiter, in Abschn. 8.8 erwähnter Weg, führt über die *Robotik* und *künstliche Intelligenz*, also die technischen Nachbauten von Gehirnfunktionen. Neuronale Systeme werden konstruiert, die eine große Zahl von sensorischen Reizen verarbeiten und motorische Antworten produzieren können. Es wird eine *reaktive* und *imaginative Gehirnarchitektur* geschaffen, wobei Letztere die Fähigkeit besitzt, zukünftige Szenen (Vorwärtsmodelle) zu erarbeiten und bestmögliche Reaktionen auszuwählen. Der direkte Weg wird jedoch von der *kognitiven Neurophysiologie* beschritten, die sich schon seit dem 18. Jahrhundert intensiv mit den Funktionen des Gehirns befasst. Fortschritte auf diesem Gebiet dokumentieren sich in vorzüglichen Lehrbüchern (z. B. Gazzaniga et al. 2009; Karnath und Thier 2006).

9.5 Neurophysiologische Untersuchungsmethoden

Die wichtigsten Bausteine des Gehirns sind die Nervenzellen (Neuronen) (Abb. 9.16a). Mit ihrem Zellkern (Nukleus) und Zellkörper (Soma) besitzen sie zwei Typen von Fortsätzen: erstens eine große Zahl von *Dendriten*, durch die Zellen Informationen von anderen empfangen und zweitens ein langes *Axon*. Durch das in einem Axonterminal endende Axon wird Information in Form elektrischer Impulse weitergeleitet. Durch *Myelinscheiden* der Schwannzellen oder Oligodendrozyten vom Außenraum isoliert, kann sich das Axon von wenigen µm bis über 1 m Länge erstrecken. An den Enden der Dendriten und des Axonterminals sitzen *Synapsen*, die Kontaktstellen zu den anderen Zellen. In ihnen fließt die Information via chemischer Botenstoffe von der Präsynapse der einen, in Richtung der Postsynapse der anderen Zelle.

Das menschliche Gehirn verfügt über etwa 10^{11} Neuronen mit im Mittel je ca. 10.000 Synapsen, d. h. ca. 10^{15} Synapsen. Mit modernen bildgebenden Verfahren gelingt es, im lebenden Menschen bis zu 1 mm und mit hochauflösenden Verfahren wie der *Multiphotonenmikroskopie* in Experimenten an lebendem Nervengewebe sogar bis zum Bereich einzelner Synapsen (weniger als 1 µm) vorzudringen. Noch höher auflösende Verfahren wie die *STED-Mikroskopie* erlauben es, neuronale Strukturen sogar bis zu wenigen Nanometern aufzulösen, wodurch die Bildgebung die molekulare Ebene erreicht (Cyranoski 2009; Lee et al. 2006). Abbildung 9.16b zeigt einen Dendriten einer lebenden Nervenzelle mit herausragenden Dornfortsätzen, die in Postsynapsen enden (Abbott 2009; Nägerl et al. 2009). In den letzten Jahrzehnten ist durch solche hochauflösende bildgebende Verfahren sowie minimale und nichtinvasive Experimentiertechniken und Färbemethoden sozusagen ein „goldenes Zeitalter" der Gehirnforschung angebrochen.

Ein Indiz dafür, dass die Funktionen des menschlichen Gehirns in absehbarer Zeit erheblich besser verstanden werden dürften, wird von der Genetik geliefert. Das Genom des Menschen besitzt die begrenzte Zahl von ca. 21.000 Genen (Service 2008; Dunham et al. 2012) sowie eine

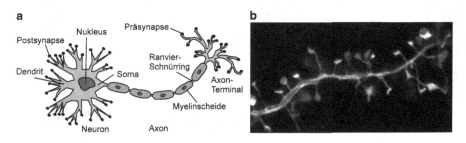

a

Postsynapse
Nukleus
Präsynapse
Dendrit
Soma
Ranvier-Schnürring
Axon-Terminal
Myelinscheide
Neuron
Axon

b

🔲 **Abb. 9.16 a** Aufbau einer Nervenzelle, **b** STED Bild eines Dendriten mit Dornfortsätzen von 0,2–2 µm (Nägerl et al. 2009) vielleicht hundertmal größere Anzahl von epigenetischen Schaltern, die diese Gene steuern (Thurman et al. 2012). Eine Teilmenge dieser Informationsträger stellt den Konstruktionsplan des menschlichen Gehirns in Form von Bauanweisungen und Blaupausen für Bausteine dar. Da die Anzahl der Gene und Schalter überschaubar ist, besteht die begründete Hoffnung, dass man den Konstruktionsplan des Gehirns, sowie des gesamten Körpers, in nicht zu ferner Zeit enträtseln kann.

9.5.1   Magnetresonanztomographie (MRT)

Die seit den frühen 1980er Jahren verwendete Magnetresonanztomographie (MRT, MRI) gilt als größter Fortschritt bei bildgebenden Verfahren in der Medizin seit der Erfindung der Röntgenaufnahme (Nobelpreis 2003 für P.C. Lauterbur und P. Mansfield). Die Atomkerne des im Körpergewebe reichlich vorhandenen Wasserstoffs stellen kleine Elementarmagnete dar. Durch Anlegen eines starken statischen Magnetfeldes und den Einsatz eines hochfrequenten Radiopulses lassen sich diese Elementarmagnete (Spins) aus der Richtung des statischen Feldes momentan und kollektiv auslenken (kippen). Dies führt zu ihrer Rotation um die Feldrichtung und wird als Radiosignal in einer Empfängerspule gemessen. Diese Synchronisation der Spins nach dem Radiopuls klingt anschließend in den jeweiligen Gewebearten mit charakteristischen Relaxationszeiten verschieden schnell ab.

Stellt man diese Abklingzeiten als Signale bildlich dar, so kann man die Gewebesorten (graue und weiße Hirnsubstanz, Knochen, Muskeln) als unterschiedliche Graustufen mit hohem Bildkontrast und hoher Ortsauflösung (Bildpunkte kleiner als 0,2 mm) sichtbar machen. Durch verschieden platzierte Radioempfänger und mit einem kleinen überlagerten Magnetfeldgradienten lassen sich nichtinvasiv, d. h. ohne in den Körper eindringen zu müssen, Gewebeschnitte der Testperson gewinnen (Abb. 9.17). Als Endprodukt ist es möglich, rechnerisch aus Serien solcher Schnitte dreidimensionale Modelle des Gehirns zu erstellen (Abb. 9.18).

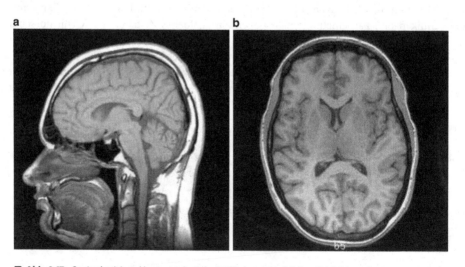

◘ Abb. 9.17 Sagittaler (**a**) und horizontaler Schnitt (**b**) des menschlichen Schädels, aufgenommen mit dem MRT-Verfahren (Harv. Univ.)

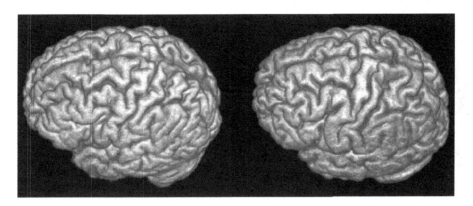

◘ Abb. 9.18 Dreidimensionale Rekonstruktion des Faltungsmusters der Gehirnoberfläche zweier Personen aufgrund einer Serie von MRT-Schnitten (Kruggel et al. 1997)

9.5.2 Funktionelle Magnetresonanztomographie (fMRI)

Eine entscheidende Weiterentwicklung des MRT-Verfahrens stellte 1990 die *funktionelle Magnetresonanztomographie* (fMRI) dar. Hierbei macht man sich zunutze, dass es in aktiven Gehirnarealen zu einer Steigerung des Blutflusses und Sauerstoffverbrauchs kommt, was im MRT nachgewiesen werden kann. Dieser sogenannte BOLD-Effekt beruht auf dem unterschiedlichen magnetischen Verhalten von sauerstoffreichem und -armem Blut und lässt sich als Veränderung der Relaxationszeiten nachweisen. Mit Aufnahmen im aktivierten und nichtaktiven Zustand lässt sich die Differenz bildlich darstellen. Die modernsten MRT-Geräte mit magnetischen Feldstärken von bis zu 9 Tesla, erlauben es selbst feinste Blutgefäße zu studieren, die Neuronen am Ort des Geschehens versorgen. Eine Schwachstelle des fMRI-Verfahrens stellt indes die *geringe Zeitauflösung* dar, weil typische Zeitabläufe im Gehirn in 1–100 ms geschehen, während die Auswirkung auf den Blutfluss sich erst nach Sekunden zeigt. Ein anderer Nachteil besteht darin, dass das BOLD-Signal schwach ist und durch wiederholte Messungen und besondere statistische Verfahren gegen den nichtaktiven Zustand nachgewiesen werden muss (Logothetis 2008).

Abbildung 9.19a zeigt das fMRI-Verfahren angewandt bei einer Patientin, die seit einem Verkehrsunfall im Wachkoma liegt. Ihre erheblichen Verletzungen im Stirnbereich sind deutlich erkennbar. Da die Patientin keinerlei äußere Reaktionen auf Fragen der Experimentatoren zeigt, jedoch eindeutige Gehirnaktivitäten auftreten, stellt sich die Frage, ob sie noch ein Bewusstsein besitzt oder diese Gehirnreaktionen auf automatisch ablaufende unterbewusste Prozesse zurückzuführen sind.

9.5.3 Positronen-Emissions-Tomographie (PET) und andere Verfahren

Beim *Positronen-Emissions-Tomographie*-Verfahren (PET) bestehen solche Differenzprobleme nicht, dafür muss man sich mit einer deutlich geringeren räumlichen Auflösung der Stoffwechselvorgänge begnügen. Dem Patienten wird eine Substanz verabreicht, in die ein radioaktives

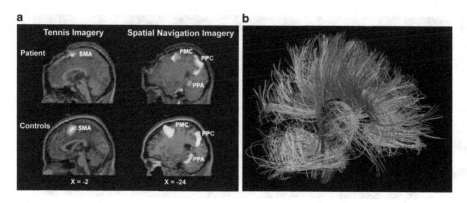

☐ **Abb. 9.19** **a** Funktionelle Magnetresonanztomographie (fMRI) einer im Wachkoma liegenden Patientin (oben) im Vergleich zu gesunden Vergleichspersonen (unten) (Owen et al. 2006), **b** Diffusions-Tensor-Bildgebung (DTI) von Nervenfasern, die Gehirnregionen verbinden (Human Connectome Project: http://www.humanconnectomeproject.org/about)

Isotop eingebaut ist (z. B. ^{18}F). Das zu untersuchende Organ nimmt diese Substanz auf, sie reichert sich im Gewebe an und ^{18}F zerfällt dort unter Aussendung eines Positrons mit einer Halbwertszeit von 110 min in das Isotop ^{18}O. Das Positron trifft sogleich auf ein Elektron der Umgebung und erleidet eine Paarvernichtung unter Aussendung zweier Photonen (Abschn. 1.10), deren Ursprungsort man mit Detektoren räumlich lokalisiert. Die besten Bilder erhält man, wenn MRT- und PET-Verfahren kombiniert werden. Neben der direkten *Elektrostimulation* unter Benutzung feiner Elektroden stehen neuerdings eine ganze Reihe von weiteren minimal und nichtinvasiven experimentellen Methoden zur Untersuchung lebender Gehirnregionen zur Verfügung. Bei Tierexperimenten kann man dünne Hirnschnitte lange am Leben erhalten und winzige Prozesse in den Nervenfasern mit speziellen *Färbemethoden* studieren. Sensitive Messungen der Hirnströme mithilfe der *Elektroenzephalographie* (EEG) sowie Experimente mit *transkranieller Magnetstimulation* (TMS) und neuerdings mit *hochlokalisierten akustischen Reizungen*, stellen ein weites experimentelles Betätigungsfeld dar.

9.6   Zentren des Gehirns

9.6.1   Die verschiedenen Gehirnareale

Beim derzeitigen Verständnis der Gehirnzentren muss man sich vielfach mit phänomenologischen Beschreibungen ihrer Funktionen begnügen. Man teilt das Gehirn grob ein: in das *Großhirn* mit den vier Bereichen *Frontal-, Parietal-, Occipital-* und *Temporallappen*, das *Kleinhirn (Cerebellum)* und den *Hirnstamm*, der in das *Rückenmark* übergeht (Abb. 9.20). Das Großhirn ist durch die *Fissura longitudinalis* in eine *rechte und linke Hemisphäre* geteilt. Die Oberflächen des Großhirns und des Cerebellums zeigen zum Zweck der Flächenvergrößerung starke Faltenbildungen mit Erhebungen (*Gyri*) und Furchen (*Sulci*), die in Grenzen variieren (Abb. 9.18). Die bekanntesten Sulci, der *Sulcus lateralis* (*Sylvische Fissur*), der *Sulcus centralis* und der *Sulcus parieto-occipitalis* trennen die Bereiche der erwähnten vier Gehirnlappen (Abb. 9.20). Durch

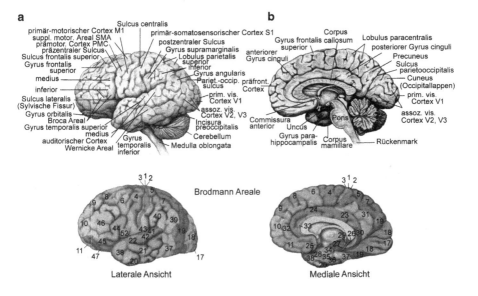

a

primär-motorischer Cortex M1
suppl. motor. Areal SMA
prämotor. Cortex PMC
präzentraler Sulcus
Sulcus frontalis superior
Gyrus frontalis
superior
medius
inferior
Sulcus lateralis
(Sylvische Fissur)
Gyrus orbitalis
Broca Areal
Gyrus temporalis superior
medius
auditorischer Cortex
Wernicke Areal

Sulcus centralis

primär-somatosensorischer Cortex S1
postzentraler Sulcus
Gyrus supramarginalis
Lobulus parietalis
superior
inferior
Gyrus angularis
Pariet.-occip. sulcus
prim. vis.
Cortex V1
assoz. vis.
Cortex V2, V3
Incisura
preoccipitalis
Cerebellum
Medulla oblongata

Gyrus
temporalis
inferior

b

Corpus
callosum
Gyrus frontalis
superior
anteriorer
Gyrus cinguli
präfront.
Cortex

Commissura
anterior
Uncus
Gyrus para-
hippocampalis

Lobulus paracentralis
posteriorer Gyrus cinguli
Precuneus
Sulcus
parietooccipitalis
Cuneus
(Occipitallappen)
prim. vis.
Cortex V1
assoz. vis.
Cortex V2, V3

Pons

Corpus
mamillare

Rückenmark

Brodmann Areale

Laterale Ansicht

Mediale Ansicht

Abb. 9.20 Anatomische Strukturen des Gehirns. **a** Lateralansicht, **b** Medialansicht. Unten: die nach K. Brodmann aufgrund zytologischer Merkmale definierten Gehirnareale, http://spot.colorado.edu/ \protect\unhbox\voidb@x\penalty\@M\dubin/talks/brodmann/brodmann.html

detailliertes Studium des Zellgewebes der verschiedenen Gehirnregionen erstellte der deutsche Neuroanatom und Psychiater Korbinian Brodmann im Jahr 1909 eine noch heute benutzte Kartierung der Großhirnoberfläche (Abb. 9.20).

Bei Hirnschnitten und MRT-Bildern (Abb. 9.17b) erkennt man, dass die ca. 2200 cm^2 große und 3–5 mm dicke Oberflächenschicht des Großhirns, die sogenannte *Großhirnrinde* (*cerebraler Cortex*), einige tiefer im Gehirn liegende Regionen sowie das *Cerebellum* und das Zentrum des Rückenmarks aus der sogenannten *grauen Substanz* bestehen. Die verbleibenden Gehirnteile sind aus der *weißen Substanz* aufgebaut. Während die graue Substanz sich weitgehend aus den Zellkörpern von Neuronen (den Schaltzentralen) zusammensetzt, besteht die weiße Substanz hauptsächlich aus Axonen, den Leitungsnetzen. Die Vernetzung der Gehirnzentren wird durch Färbemethoden und neuerdings durch *Diffusions-Tensor-Bildgebung* (DTI, Abb. 9.19b) geklärt. Letztere ist eine Variante des MRT-Verfahrens, bei der mithilfe verschiedener variabler Magnetfeldgradienten die Diffusionsrichtung von H$_2$O-Molekülen entlang der Axone der weißen Substanz ermittelt wird. Damit lassen sich die Nervenverbindungen innerhalb des Gehirns und vom Großhirn über das Rückenmark bis zu den Körperteilen verfolgen.

9.6.2 Somatosensorischer und motorischer Cortex

Beträchtliche Fortschritte bei der Entzifferung der Mechanismen der Sinneswahrnehmung und -verarbeitung wurden im visuellen, auditorischen und somatosensorischen System erzielt, ebenso bei der Einleitung von motorischen Befehlen. Dafür verantwortliche Gebiete sind

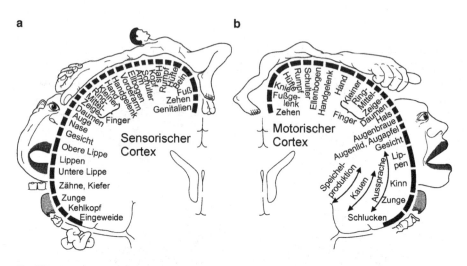

a   **b**

Sensorischer Cortex

Motorischer Cortex

■ Abb. 9.21 **a** Querschnitt des menschlichen Gehirns beim (somato-) sensorischen Cortex S1, **b** beim Motorischen Cortex M1, überlagert mit den Körperteilen, die die jeweiligen Hirnareale kontrollieren (Taylor et al. 1997)

der hinter dem Sulcus centralis gelegene *primäre somatosensorische Cortex* (S1) und der davor liegende *primäre motorische Cortex* (M1), die durch die Brodmann-Areale BA 1, 2 und 3 bzw. BA 4 markiert sind (Abb. 9.20). Diese Areale, als Steuerstationen für die Tastwahrnehmung und die Bewegungen verantwortlich, zeigen eine genaue Abbildung aller Körperregionen auf die Gehirnoberfläche. Für die Wahrnehmung und das Handeln wichtige Körperteile nehmen dabei wesentlich größere Gehirnflächen ein als andere. Zeichnet man die jeweiligen Körperteile über die zugeordneten Hirnareale erhält man eine als *Homunkulus* bezeichnete verzerrte Abbildung des menschlichen Körpers (Abb. 9.21).

Die starke Betonung des Mundes, des Gesichts und der Hände dokumentieren die wichtige Spezialisierung des Menschen auf Kommunikation und Werkzeugbenutzung. Als die Sprachfähigkeit noch nicht ihr heutiges Niveau erreicht hatte, spielte das Gesicht eine wichtige Rolle in der korrekten Vermittlung nichtverbaler Kommunikation (Freude, Trauer, Aggression, Zustimmung, Schmerz usw.).

9.6.3   Visueller und auditorischer Cortex

In ähnlicher Weise ist es gelungen, die elementare Verarbeitung des Sehens im primären und sekundären *visuellen Cortex* V1, V2 des Occipitallappens aufzuklären, des Hörens im primären und sekundären *auditorischen Cortex* (*Wernicke-Zentrum* im Temporallappen und *Broca-Zentrum* im Frontallappen) sowie des Riechens (Abb. 9.20). Die Broca- und Wernicke-Zentren spielen eine besondere Rolle bei Produktion und Verständnis der Sprache und ihrer Grammatik.

9.6.4   Hypothalamus, Hippocampus, Thalamus und Kleinhirn

Auch die Funktionen von tiefer im Gehirn liegenden Zentren sind heute besser bekannt. Unter diesen repräsentiert das *Corpus callosum*, das ganz aus Axonen besteht, die bedeutendste Verbindung zwischen den beiden Hirnhemisphären. Der *Hippocampus* ist eine zentrale Schaltstation des sogenannten *limbischen Systems*, das von der Geschichte der Säugetiere her alte Strukturen umfasst, die mit Emotionen, Triebverhalten und dem Langzeitgedächtnis verbunden sind (Abb. 9.20). Verantwortlich ist der Hippocampus für die Überführung von Gedächtnisinhalten aus dem Kurzzeit- ins Langzeitgedächtnis sowie für die Erstellung mentaler Karten für die Bewegung im Raum.

Im *Thalamus* laufen die Signale von Sinnesorganen zusammen und werden von dort an das Großhirn weitergegeben. Der Thalamus fungiert als Filter, der mittels einer primitiven Informationsverarbeitung entscheidet, was für den Organismus im Moment wichtig ist und an die Großhirnrinde weitergeleitet werden muss (Aufmerksamkeit). Umgekehrt leitet er auch die von der Großhirnrinde kommenden motorischen Signale weiter. Der *Hypothalamus* stellt die wohl wichtigste Steuerzentrale des *vegetativen Nervensystems* dar, das seinen biologischen Ursprung wahrscheinlich im Hirnstamm und Rückenmark hat. Geringste Störungen dieses Hirnareals wirken sich auf die Lebensfähigkeit des Individuums aus. Das vegetative Nervensystem hat grundlegende Aufgaben: Temperatur und Blutdruck aufrechtzuerhalten sowie Hunger, Durst, sexuelle Erregung und den Tag-Nacht-Rhythmus zu steuern. Dies geschieht unter anderem durch vom Hypothalamus produzierte und ausgesandte Steuerhormone. Der Modus der Hormonsteuerung (Stresshormone) wird auch von der *Amygdala* benutzt, die besonders bei Angstzuständen vegetative Reaktionen wie Immobilität, schnellen Herzschlag und erhöhte Atmung auslöst.

Das *Kleinhirn (Cerebellum)*, das trotz seines Namens und seiner geringeren Größe über etwa 50 % aller Neuronen des zentralen Nervensystems (Gehirn, Rückenmark) verfügt, überwacht die Motorik. Ein solches Steuerungsorgan ist nötig, da bei den typischen Bewegungen etwa der Gesichtsmuskeln, beim Stehen und Gehen oder bei Handbewegungen zum Werkzeuggebrauch oft Hunderte von Muskeln bewegt werden müssen. Dabei kommt es auf die genaue Reihenfolge, den zeitlichen Ablauf, die Koordination und die Feinabstimmung an. Der *Hirnstamm* schließlich, zu dem weitere Regionen wie *Pons* und das verlängerte Rückenmark gehören, ist Umschalt- und Durchgangsstation für Verbindungen vom Großhirn zum Kleinhirn und Rückenmark. In dieser Region liegt auch das Atemzentrum, das das unbewusste Ein- und Ausatmen regelt.

9.7   Die höchsten Gehirnfunktionen beim Menschen

Die Liste von Gehirnzentren sollte nicht darüber hinweg täuschen, dass unser Wissen selbst bei elementaren Prozessen der Sinneswahrnehmung und der motorischen Steuerung bisher noch am Anfang eines präzisen Verständnisses steht. Nachev et al. (2008) bemerkten in ihrem Überblick über die supplementär-motorischen Areale (SMA, pre-SMA): *„Ever since they were first identified, the regions that comprise the supplementary motor complex (SMC) have remained, in large part, a mystery"*. Dies gilt im besonderen Maße für die höchsten Funktionen des menschlichen Gehirns wie Gedächtnis, Imagination, Aufmerksamkeit, Selbstbewusstsein oder zielgerichtetes Handeln, deren tierische Vorläufer bereits besprochen wurden (Abschn. 8.10). In der Neurophysiologie sucht man nach Gehirnarealen oder Ansammlungen von Neuronen, auch *NCCs (neural correlates of consciousness)* genannt, die an solchen höchsten Gehirnfunktionen beteiligt sind. Die neuen nichtinvasiven experimentellen Methoden wie fMRI erweisen sich hier als besonders geeignet.

9.7.1   Bewusstsein

In Abschn. 8.9 wurde bereits eine auf David Chalmers zurückgehende phänomenologische Definition von *Bewusstsein* erwähnt (Chalmers 1995). Wie wird das vom Wachzustand, zum Schlaf, zur Narkose bis hin zum Wachkoma (persistenter vegetativer Zustand) zunehmend schwindende Bewusstsein im Gehirn erzeugt? Im letzten Fall hat man das Bewusstsein von sich und der Umwelt vermutlich vollständig verloren. Der Name leitet sich aus dem klinischen Befund her, dass wohl nur noch das vegetative Nervensystem arbeitet, das die elementaren Lebensfunktionen wie Atmung, Kreislauf und Verdauung aufrechterhält.

Wie kann man den persistenten vegetativen Zustand bei einem Patienten diagnostizieren? In Abb. 9.19a wurde der Fall einer nach einer Gehirnverletzung im Wachkoma liegenden Patientin gezeigt (Owen et al. 2006). Das Problem ist zu entscheiden, ob trotz allen ausbleibenden äußeren Reaktionen noch ein verbleibendes Bewusstsein vorhanden ist, das die Außenwelt möglicherweise noch wahrnimmt, mit ihr aber nicht mehr kommunizieren kann. Obwohl die Patientin auf verbale oder taktile Stimulationen keinerlei Antworten gab, konnte man in ihrem Fall mittels fMRI Reaktionen beobachten. Nach einer verbalen Aufforderung sich vorzustellen, *Tennis zu spielen*, leuchtet bei ihr das gleiche supplementär-motorische Areal (SMA) auf wie bei gesunden Kontrollpersonen. Diese mentale Reaktion ist erstaunlich, denn sie zeigt, dass eine ganze Reihe höherer Gehirnfunktionen noch einwandfrei funktionieren. Die Patientin hört die Worte des Experimentators, sie versteht diese, erinnert sich an die Bedeutung von „Tennis spielen" und initiiert eine motorische Antwort, die durch das Aufleuchten des SMA demonstriert wird. Von dieser Gehirnregion werden vermutlich aus eigenem Antrieb kommende motorische sequenzielle Handlungen vorbereitet (Akkal et al. 2007). Vom SMA aus sollte die Reaktion eigentlich an den primären Motor Cortex M1 (BA 4) weitergeleitet werden, das Anweisungszentrum zur Durchführung motorischer Handlungen, das bei elektrischer Stimulation Muskelbewegungen erzeugt. Beim Experiment traten jedoch keine äußeren Reaktionen der Patientin auf.

Bat man die Patientin hingegen sich vorzustellen, *ihr Haus zu betreten und darin umherzugehen*, leuchteten ganz andere Gebiete auf (Abb. 9.19a), nämlich der prämotorische Cortex (PMC), der hintere (posteriore) parietale Cortex (PPC) und der Parahippocampus (PPA). Der PMC befindet sich im lateralen Teil von BA 6 und wird als Areal angesehen, in dem die reaktive Ausführung motorischer Handlungen geplant und zum M1-Bereich zur Durchführung gesandt wird. Im PPC werden bestimmte motorische Handlungspläne ausgewählt, die von dort zum PMC gelangen (Coulthard et al. 2008). Das PPA spielt eine Rolle bei der Wahrnehmung der Umwelt und wird aktiviert, wenn man Fotos von Ansichten in und außerhalb des eigenen Hauses betrachtet, jedoch nicht, wenn Gesichter oder Objekte betrachtet werden. Abbildung 9.19a zeigt, dass bei diesem den Raum involvierenden Experiment bei den gesunden Kontrollpersonen dieselben Gehirnregionen aufleuchteten wie bei der Patientin.

Diese Untersuchungen führten zur Idee, die unterschiedlichen fMRI-Reaktionen zu einer Antwortmethode auszubauen, mit der Patienten einfache Fragen mit simplem „Ja (= Tennis spielen)" oder „Nein (= im Haus umhergehen)" beantworten können (Monti et al. 2010). Von 54 im persistenten vegetativen oder minimal bewussten Zustand befindlichen Patienten waren

5 in der Lage, ihre Gehirnaktivitäten zu modifizieren. Aber nur ein Patient war fähig, unter Benutzung von fMRI auf die beschriebene Weise Fragen mit „Ja" oder „Nein" zu beantworten. Auf die Frage „Heißt ihr Vater Alexander?" antwortete der 22-Jährige durch einen Verkehrsunfall zu Schaden gekommene Patient richtig mit „Ja" und auf die Frage „Heißt Ihr Vater Thomas?" reagierte er ebenfalls korrekt mit „Nein". In gleicher Weise wurden die Fragen „Haben Sie Brüder" und „Haben Sie Schwestern" korrekt mit „Ja" bzw. „Nein" beantwortet. Wie die anfangs genannte Patientin verstand auch der kommunikative Patient die Fragen der Experimentatoren und reagierte folgerichtig mit Vorbereitungen zu motorischen Handlungen. Trotzdem sind sie in keinem Fall zur Ausführung gelangt. Liegt dies daran, dass es einem vorhandenen Bewusstsein durch die Verletzungen unmöglich gemacht wurde, die Ausführung anzuordnen, oder etwa daran, dass das Selbstbewusstsein und damit der ultimative Ursprung von Befehlen nicht mehr existiert und unbewusste automatische Abläufe auf hohem Niveau abliefen?

9.7.2   Selbstbewusstsein, das Ich, die Erste-Person-Perspektive

Selbstbewusstsein auch Selbstbewusstheit (self-awareness) nennt man die Fähigkeit, die Aufmerksamkeit auf sich selbst zu richten. Das heißt sich auf das *Ich*, das eigene Dasein in der Umwelt und den eigenen Körper zu konzentrieren und sich als Individuum wahrzunehmen. In Abschn. 8.10.5 ist bereits der Unterschied zwischen der Dritte-Person-Perspektive (3PP) und der Erste-Person-Perspektive (1PP) beschrieben worden. Eine Theorie, dass das Ich und die 1PP auf dem Vorhandensein eines Selbstmodells beruht, wurde vom deutschen Philosophen Thomas Metzinger vorgeschlagen (Metzinger 2008, 2009): „Wie könnte im Prinzip die bewusste Erfahrung eines Ichs und eine echte Erste-Person-Perspektive in einem gegebenen Informations-Verarbeitungs-System entstehen? An welchem Punkt in der natürlichen Evolution von Nervensystemen auf unserem Planeten sind explizite Selbstmodelle zuerst entstanden? Was genau ermöglichte den Übergang von unbewussten zu bewussten Selbstmodellen?"(Metzinger 2007). Dazu können erste Antworten gegeben werden (Seth 2009).

Die Frage, wo im Gehirn das Ich oder die 1PP erzeugt wird, beschäftigt die Menschen schon seit Jahrhunderten (Vogeley und Fink 2003). Aufgrund neuerer Untersuchungen mithilfe von fMRI und PET an gesunden Personen ist man im postero-medialen (dem hinteren, bei der Fissura longitudinalis liegenden) Bereich des parietalen Cortex, dem sogenannten *Precuneus* fündig geworden (Cavanna 2006; Cavanna und Trimble 2007). Der Bereich umfasst den oberen (medialen) Teil des Brodmann-Areals BA 7 und ist besonders gut in der Medialansicht des Gehirns zu erkennen (Abb. 9.20). Neuere Literatur über diesen Hirnbereich zeigt, dass der Precuneus zusammen mit anderen Hirnbereichen wie etwa dem *medialen präfrontalen Cortex*, eine besondere Rolle spielt bei der visuell-räumlichen Bilderzeugung, der Feststellung der Orientierung und Lage des eigenen Körpers im Raum (Ich in der Umwelt). Zudem hat er Bedeutung beim Zurückholen von episodischen Erinnerungen und den mit der eigenen Person zusammenhängenden Prozessen, wie die Welt aus der 1PP heraus wahrzunehmen und sich als bewusst Handelnder zu empfinden (Cabeza et al. 2008).

Eine weitere wichtige Eigenschaft des Precuneus und der ihn umgebenden Regionen besteht darin, dass man hier *im Ruhezustand* den höchsten mit PET (Abschn. 9.5.3) gemessenen Energieverbrauch aller Gehirnregionen beobachtet und dieser Verbrauch temporär abnimmt, wenn eine Person sich mit zielgerichteten, nicht mit der eigenen Person zusammenhängenden Tätigkeiten beschäftigt (Gusnard und Raichle 2001; Raichle et al. 2001; Boly et al. 2008). Das noch unzureichend verstandene Phänomen wird damit erklärt, dass im Precuneus im Ruhezustand die Aufmerksamkeit auf das eigene Ich und das episodische Gedächtnis gelenkt wird (Selbstbewusstsein). Wenn sich dagegen die Aufmerksamkeit auf eine nicht mit dem Ich betroffene Handlung richtet, tritt dieses Selbstbewusstsein in den Hintergrund. Zudem besteht ein eindeutiger Zusammenhang des Energieverbrauchs mit dem Bewusstseinszustand. Ändert er sich vom Wachzustand zum Schlaf, zur medizinisch erzeugten Narkose und zum vegetativen Zustand, nimmt der Energieverbrauch stetig ab.

9.7.3   Emotionalität

Wie bereits bei Tieren erwähnt (Abschn. 8.10.7) bezeichnet *Emotionalität* die Funktion des Gehirns, den Vorgängen und Objekten, die wir betrachten, innere Einschätzungen und Bewertungen, Gefühle und Stimmungen (Fröhlichkeit, Wut, Ekel, Furcht, Verachtung, Traurigkeit oder Überraschung) beizugeben. Bewusste Wahrnehmungen sind regelmäßig von Emotionen begleitet und werden mit diesen Gefühlsbewertungen markiert im Gedächtnis gespeichert. Emotionen können nicht nur Objekte oder Erlebnisse bewerten, sondern zielgerichtetes Handeln motivieren und Entscheidungen bewirken.

Eine wütende Mutter kann sich entschließen, zum Schutze ihrer Kinder auch einen überlegenen Gegner anzugreifen. Ihre Aufmerksamkeit, ihr Denken und ihr Körper (Hormonausschüttung, Erhöhung des Herzschlags, Erweiterungen der Blutgefäße) werden auf Angriff geschaltet (Critchley et al. 2004). Sexualität kann die Partnerbindung intensivieren, aber auch eine Zerstörung der Partnerschaft und des etablierten Sozialstatus nach sich ziehen. Angst, deren Wahrnehmung mit der Amygdala verbunden ist (Sah und Westbrook 2008), kann zur Lähmung des motorischen Handelns oder zur Einleitung panischer Fluchtreaktionen führen. Emotionen sind wichtig, um Lebewesen zum Handeln zu bewegen (Esch und Stefano 2004). Sie setzen für das Überleben wichtige biologische Funktionen in Gang und sind in unserem Sozial- und Geschäftsleben für eine überwältigende Zahl von Handlungen verantwortlich.

9.7.4   Freier Wille

Schon beim Tier vermutet man einen *freien Willen*, die Fähigkeit selbstständig zu handeln und von äußeren und inneren Zwängen unabhängige Entscheidungen zu treffen (Abschn. 8.10.8). Wie kann es dazu kommen, wenn die grundlegenden Naturgesetze, die Newtonsche Mechanik und Relativitätstheorie, deterministisch sind und die Kausalität gilt, dass ein bestimmter Anfangszustand (Ursache) unweigerlich zu einem bestimmten Endzustand (Wirkung) führt? Auch die Quantenmechanik ist deterministisch. Trotz der Heisenberg-Unschärferelation, nach der Ort und Geschwindigkeit nie gleichzeitig genau bestimmt werden können, folgen ihre Vorhersagen statistischer Natur streng der Kausalität (Hoefer 2010). Wie passt der freie Wille zu diesem Determinismus?

In den Kognitionswissenschaften wird nicht bestritten, dass viele – wenn nicht die meisten Handlungen – vorhersagbar sind; man geht aber davon aus, dass es auch andere gibt, die nur nach einer davor getroffenen bewussten Willensentscheidung geschehen. Die letztere Vorstellung wurde in den vergangenen 30 Jahren aufgrund einer Reihe neurophysiologischer Experimente allerdings so sehr in Zweifel gezogen, dass manche Wissenschaftler die Existenz des freien Willens bestreiten.

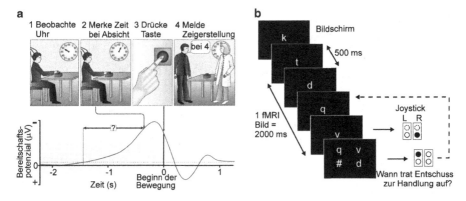

Abb. 9.22 Messungen zur freien Willensentscheidung. **a** Libet-Experiment (Haggard 2008), **b** Soon et al. Experiment (Soon et al. 2008)

Die Zweifel erwuchsen aus den Experimenten von *Benjamin Libet*: Eine Testperson betrachtet den Zeiger einer Uhr (Abb. 9.22a). Zu einer frei gewählten Zeit drückt sie eine Taste, wobei der Augenblick der am Fingermuskel auftretenden elektrischen Erregung (EMG-Zeitpunkt) registriert wird. Danach teilt sie dem Experimentator mit, bei welcher Zeigerstellung sie den bewussten Wunsch hatte, den Kontakt auszulösen (W-Zeitpunkt). Gleichzeitig wurde die elektrische Gehirnaktivität (Bereitschafts-Potenzial, RP) an der Spitze des Schädels beim supplementär-motorischen Areal (SMA, Abb. 9.20) aufgezeichnet.

Libet stellte fest, dass der bewusste Wunsch durchschnittlich 200 ms vor dem Beginn des EMG-Zeitpunkts auftrat (Libet et al. 1983; Libet 1985). Das Erstaunliche war jedoch, dass das Bereitschaftspotenzial regelmäßig bereits mehr als 350 ms vor dem W-Zeitpunkt angestiegen war. Daraus wurde gefolgert, dass die Initiierung einer spontanen freiwilligen Handlung im Gehirn im Unterbewussten beginnt. Libet konnte zudem nachweisen, dass die bewusste Entscheidung trotzdem eine fundamentale Rolle in einer eingeleiteten Handlung behielt. In den verbleibenden 200–100 ms bis zum Absenden des zur Handlung nötigen Motorbefehls besaß sie eine Vetofunktion, die Ausführung der Entscheidung zu erlauben oder abzubrechen (Libet 1985).

In einem anderen Experiment, das mit der fMRI-Methode die Gehirnregionen bestimmen sollte, die an einer Willensentscheidungen beteiligt waren, wurde von *Chun Soon* et al. (2008) in der Arbeitsgruppe von *John-Dylan Haynes* ein Verfahren entwickelt, das zudem erlaubte, den Zeitpunkt genauer festzulegen, an dem die bewusste Entscheidung auftrat, eine Taste zu betätigen. Da der BOLD-Effekt bei der fMRI-Methode – wie erwähnt über Zeitspannen von Sekunden abläuft – genügte es, der Testperson auf einem Computerbildschirm anstatt einer Uhr eine Reihe von Buchstaben vorzuspielen, die alle 500 ms wechselten (Abb. 9.22b).

Zu einem selbst gewählten Zeitpunkt entscheidet sich die Testperson mit dem rechten oder linken Zeigefinger eine Taste zu drücken und merkt sich den Buchstaben, der gerade auf dem Bildschirm erscheint (q in Abb. 9.22b). Da es danach einige Zeit dauert, bis die Muskelaktivität auftritt, wird beim Tastendruck bereits ein neuer Buchstabe (v) auf dem Bildschirm erscheinen. Der Computer reagiert auf den Tastendruck indem er eine Gruppe von vier Symbolen, den letzten (v) und zwei davor liegende Buchstaben (q, d) sowie ein Kissenzeichen (#), anzeigt. Die Testperson gibt dann durch erneuten Tastendruck den Buchstaben an (q), der während ihrer

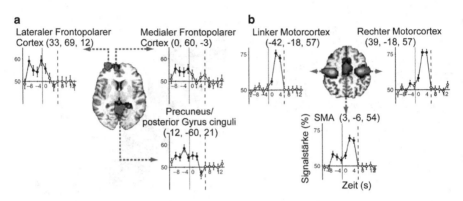

Abb. 9.23 Zeitliche Entwicklung der Signalstärken bei fMRI-Bildern von Aktivitäten in verschiedenen Gehirnregionen während einer bewussten Willensentscheidung. **a** Vor der Entscheidung, **b** nach der Entscheidung (Soon et al. 2008)

Entscheidung eine Taste zu drücken, auf dem Bildschirm zu sehen war. Das Kissenzeichen wird gedrückt, wenn der Zeitpunkt länger zurückliegt oder nicht mehr angegeben werden kann.

Die Diagramme (Abb. 9.23) zeigen den zeitlichen Verlauf der über dem Rauschen (50 %) liegenden fMRI-Signalstärke der Gehirnregionen, bei denen maximale Ausschläge beobachtet wurden. Es handelte sich um den lateralen und medialen frontopolaren Cortex, den Precuneus bzw. posterioren Gyrus cinguli, das SMA und den Motorcortex. Wenn der Moment des Tastendrucks als Zeitpunkt 0 gewählt wird, markiert die vertikale durchgezogene Linie die Zeit (in Sekunden), bei der die Testperson die Entscheidung zum Tastendruck fasste. Die gestrichelte Linie kennzeichnet das Ende des jeweiligen Experiments. Soon et al. (2008) ermittelten, dass das Signal 7 s bis vielleicht sogar 10 s vor der bewussten Entscheidung im frontopolaren Cortex und Precuneus nachweisbar war. Nur unwesentlich später, aber noch vor der Entscheidung, war auch das SMA an der Planung des Motorbefehls beteiligt, der dann deutlich später an den Motorcortex in den beiden Hemisphären zur Ausführung des Tastendrucks gegeben wurde (Abb. 9.23). Diese Ergebnisse konnten auch in neueren Experimenten bestätigt werden (Bode et al. 2011). Weil die Gehirnaktivitäten jedes Mal lange vor der bewussten Entscheidung einsetzten, folgerten Libet und Soon, dass der freie Wille bei bewussten Entscheidungen eine Illusion sei.

Weitere Untersuchungen deuteten jedoch darauf hin, dass diese Interpretation nicht immer zutrifft. Bei einem von *Christoph Herrmann* et al. (2008) durchgeführten Experiment erschien auf einem Computerbildschirm jeweils eines von vier charakteristischen Symbolen, auf das die Testperson mit einem Tastendruck reagieren musste, wobei man die Zeitpunkte des Erscheinens und des Tastendrucks registrierte. Gleichzeitig wurden an der Schädeloberfläche magnetische Feldstärken gemessen, ähnlich den Bereitschaftspotenzialen beim Libet-Experiment. Der Unterschied bestand darin, dass die Testperson bei drei der Symbole eine Taste mit der linken Hand und beim vierten Symbol eine andere Taste mit der rechten Hand betätigen sollte. Nach dem Erscheinen des Bildschirmsymbols musste sie also eine bewusste Entscheidung treffen, ob nun die rechte oder die linke Hand zu bewegen sei. Es ergab sich, dass die magnetische Feldstärke von 1200–200 ms vor dem Tastendruck kontinuierlich anstieg, während vom Erscheinen des Bildschirmsymbols bis zum Tastendruck im Mittel etwa 417 ms vergingen. Die

Entscheidung, welche Hand zu nehmen sei, konnte in der unbewussten Vorbereitungsphase noch nicht getroffen werden, weil sie erst möglich wurde, nachdem das entsprechende Symbol auf dem Bildschirm erschienen war. Die Experimentatoren argumentierten, dass jedenfalls bei ihrem Experiment die Theorie, dass zuerst die freie Willensentscheidung komme und dann die Handlung, nicht bestritten werden könne.

In einem vierten Experiment lieferten direkte elektrische Stimulationen am freigelegten Gehirn weitere Einblicke in die bei der freien Willensentscheidung ablaufenden Gehirnprozesse. Es fand mit Patienten statt, bei denen vor einer bevorstehenden Hirnoperation der Schädel geöffnet war (Desmurget et al. 2009). Bei diesen Untersuchungen konnte es weder einen vorherigen Anstieg des Bereitschaftspotenzials noch Unklarheiten über den Zeitpunkt geben, wann die „Willensentscheidung", d. h. die Stimulation stattfand. Bei den Patienten wurden der in der Nähe des SMA liegende Prämotor-Cortex (PMC) und der posteriore parietale Cortex (PPC, BA 39 und 40) elektrisch stimuliert und die elektrischen Muskelaktivitäten (EMG) an vielen Körperpunkten gemessen. Die PMC-Stimulationen triggerten deutlich nachweisbare Bewegungen des Mundes und der Gliedmaßen, wobei die befragten Patienten jedoch eindringlich bestritten, dass sich irgendwelche Körperteile bewegt hätten. Die Erregung des rechten PPC führte zu einer starken Absicht, auf der linken Seite den Fuß, den Arm oder die Hand zu bewegen, und die Stimulation des linken PPC zu einer starken Absicht, den Mund zu bewegen und zu sprechen. Wurde die Stärke der PPC-Stimulationen erhöht, waren die Patienten sogar der Meinung, dass sie diese Handlungen ausgeführt hätten. Dabei zeigte der EMG-Befund jedes Mal keinerlei elektrische Aktivitäten, die auf Muskelbewegungen hindeuteten. Aus diesen Ergebnissen folgerten die Experimentatoren, dass der Akt des Bewusstwerdens, eine Handlung begangen zu haben, nicht aus der Beobachtung der tatsächlichen ablaufenden Handlung oder der Rückmeldung der Muskelbewegungen herrührt, sondern die gespeicherte Motorplanung der Handlung einfach als Tatsache genommen und nachträglich ins Bewusstsein gehoben wird.

Wie sind diese vier Experimente zu interpretieren? In einer Zusammenfassung der neueren Erkenntnisse kommt Haggard (2008) zum Schluss, dass es nicht die *eine* Willensentscheidung gibt, die eine motorische Handlung auslöst, sondern ein breites Spektrum von verschiedenen Typen solcher Entscheidungen. Am einen Ende des Spektrums liegen die *reaktiven Willensentscheidungen*, die blitzschnell und weitgehend unbewusst ablaufen und bei denen es keine Zweifel an ihrer Determiniertheit gibt. Solche Entscheidungen, wie etwa das augenblickliche Wegziehen der Hand bei Berühren eines heißen Gegenstands oder die jähen Armbewegungen beim Stolpern, sind automatische Reaktionen. Ein Mittelfeld wird von Willensentscheidungen eingenommen, durch die Handlungen initiiert werden, bei denen wir unserer Ziele und motivierenden Wirkungen auf unser Verhalten wenig bewusst sind (Custers und Aarts 2010). *Unbewusste Motivationen* (Nahrung, Sex, Geld, Status) und der Belohnungsmechanismus führen zusammen mit der unbewussten Handlungsvorbereitung wie beim Libet-Experiment zu weitgehend unbewussten Willensentscheidungen für bestimmte Verhaltensweisen.

Das andere Ende des Spektrums wird von den *bewussten* und *überlegten Willensentscheidungen* eingenommen. Entscheidungen können lange, z. B. Tage vor der Ausführung, getroffen werden oder auch unmittelbar vor einer Handlung. Hier läuft ein zeitaufwändiger hierarchischer Prozess ab, der mit der Vorbereitung der Entscheidungsgrundlagen beginnt. Zunächst wird festgestellt, dass überhaupt eine Entscheidung bevorsteht. Zur Vorbereitung müssen Teilentscheidungen getroffen werden: „Wäre dies wünschenswert?", „Soll ich aktiv werden?", „Welche konkreten Handlungen wären zur Durchführung nötig?", „Was wären die Folgen (Vorwärtsmodell)?". Erst dann wird die eigentliche Entscheidung gefällt: „Will ich das wirklich oder soll ich die geplanten Handlungen nicht lieber stoppen?" (Haggard 2008).

Wenn solche Vorbereitungsphasen weitgehend automatisch im Unterbewusstsein ablaufen und man davon ausgeht, dass das Gehirn nur dann Prozesse ins Bewusstsein hebt, wenn sie besonders wichtig sind (eine Veto- oder Rechts/Links-Entscheidung), besteht weder ein Widerspruch zwischen den Libet-, Soon- und Herrmann-Experimenten noch kann der freie Wille bestritten werden. Allerdings ist bisher noch nicht zu beantworten, wo die Entscheidung gefällt wird, im Precuneus oder frontopolaren Cortex?

9.7.5   Zielorientiertes Handeln

Ziel- oder zweckorientiertes auch *teleologisches Handeln* kommt bereits bei Tieren vor (Abschn. 8.10.6) *Es* kann nur bei Organismen auftreten, deren Gehirn mit einer *imaginativen Gehirnarchitektur* ausgestattet ist, was bereits bei Robotern in einfacher Weise realisiert werden kann (Abschn. 8.8.3 und 8.10.3). Zielorientiertes Verhalten liegt vor, wenn Vorwärtsmodelle von zukünftigen Zuständen entwickelt, die möglichen Zustände evaluiert, der Weg zum bestmöglichen Ziel ausgewählt und dann verwirklicht werden kann. Zielorientiertes Verhalten kann sowohl auf freie Willensentscheidungen als auch auf unbewusste Entscheidungen zurückgehen. Dieses hat beim Menschen jedoch eine fundamentalere und weiter in die Zukunft reichende Bedeutung als beim Tier. Es tritt sogar, wie die Entwicklung der Nutzpflanzen und Nutztiere zeigt, als Konkurrent zur Darwin-Evolution auf, weil die natürliche Selektion durch die vom Menschen ausgeübte *zweckorientierte Züchtung und Auswahl* ersetzt wurde. Ohne diese menschliche Auslese wären solche Lebensformen niemals entstanden. Ein Kerngedanke der experimentell hervorragend bestätigten Darwin-Theorie besteht aber gerade darin, *teleologische (zweckmotivierte) Erklärungen abzulehnen.* Wie kann man diese Diskrepanz verstehen?

Obwohl zweckgerichtete Handlungen im Einzelfall nicht vorhersagbar und von deterministischen Entwicklungen zu unterscheiden sind, scheint sich beim einfachen zielgerichteten Verhalten von Tieren abzuzeichnen, dass in den meisten Fällen doch vorhersagbare egoistische Ziele angestrebt werden. Auch beim Menschen, bei dem die kulturelle Evolution auf freien Willensentscheidungen beruht, dürfte das überragende Ziel sein, die eigenen Lebensbedingungen zu verbessern. Über viele Individuen gemittelt, würde dies wahrscheinlich doch zu einer vorhersagbaren Evolution führen (Kap. 10).

9.7.6   Logisches verbales Denken

Nach welchen Regeln verläuft unser Denken? Welche Beziehung besteht zwischen den realen Dingen und der Sprache? Die menschliche Sprache gliedert sich in Sätze, die aus Reihen von Wörtern aufgebaut sind. Wie schon Ludwig Wittgenstein (und auch später die Sprechakttheoretiker John L. Austin und John Searle) bemerkten, dienen Wörter nicht nur zur Benennung von Dingen, sondern stellen auch Handlungen dar (Befehle, Kränkungen, Bitten). Dies ist auch schon bei ihren nichtverbalen Vorläufern wie die akustischen Signale bei Tier und Mensch (Warnung, Drohung, Hilferuf, Nahrungsfinden) weniger differenziert der Fall.

Sätze bestehen in ihrer einfachsten Form aus zwei grundlegenden Bestandteilen, einem Subjekt und einem Prädikat. Im Satz „Martin kauft eine Pizza" ist „Martin" das Subjekt (Satzgegenstand) „kauft" das Prädikat (Satzaussage) und „eine Pizza" das Satzobjekt bzw. die Satzergänzung. Aus dem Wortschatz einer Sprache kann man eine unbegrenzte Anzahl beliebig aufgebauter Sätze bilden. Wie kann man grammatikalisch sinnvolle Sätze von unsinnigen unterscheiden, wahre und falsche Aussagen auseinander halten, logische Schlussfolgerungen ziehen und rational argumentieren?

Der amerikanische Linguist Noam Chomsky und seine Schüler haben darauf hingewiesen, dass wir eine von der Natur mitgegebene *Sprachfähigkeit* (Abschn. 9.2.8) besitzen, die die Evolution im Laufe unserer Gehirnentwicklung geschaffen hat. In der Kindheit entwickeln wir unsere *Sprachfähigkeit* individuell weiter und perfektionieren sie. Dadurch sind wir fähig z. B. grammatikalisch sinnvolle und unsinnige Sätze zu unterscheiden. Wir erkennen, dass „Athen liegt in Griechenland" ein sinnvoller Satz ist, der umgekehrt gelesene Satz „Griechenland in liegt Athen" hingegen nicht. Diese Fähigkeit, in Ansammlungen von Wörtern sinnvolle Sätze zu erkennen, besteht selbst dann, wenn der Satzinhalt aus Unsinn besteht, wie etwa bei „Die Marsmenschen sind klein und grün", oder wenn man mangels Vorbildung, die Aussage nicht versteht, wie bei „Die Wurzel aus zwei ist eine irrationale Zahl".

Sprachfähigkeit besteht aber auch darin, aus Aussagen richtige Schlussfolgerungen zu ziehen, beinhaltet also die Fertigkeit zum *logischen Denken*. Bei den folgenden drei Sätzen: „Füchse haben ein braunes Fell", „Reineke ist ein Fuchs", „Also hat Reineke ein braunes Fell" bezeichnet man die ersten beiden Sätze als Prämissen (Voraussetzungen) und alles was hinter dem Wort „also" steht, als Konklusion (Schlussfolgerung). Wichtig ist hier die Erkenntnis, dass der Austausch der Schlussfolgerung durch „Reineke hat ein weißes Fell" einen Widerspruch darstellen würde, die Schlussfolgerung also *unlogisch* wäre. Man hätte dann gleichzeitig zwei sich widersprechende Aussagen: „Alle Füchse sind braun" und „Reineke ist weiß". Rationales, logisches Denken versucht also, die Schlussfolgerung widerspruchsfrei aus den Prämissen abzuleiten. Allerdings kann bei diesem Beispiel ein Problem auftreten, wenn die Aussage „Reineke hat ein weißes Fell" richtig ist. In der Arktis gibt es im Winter Polarfüchse mit weißem Fell, deren brauner Sommerpelz sich in ein weißes Winterkleid verwandelt, damit sie von ihren Beutetieren nicht bemerkt werden. In diesem Fall wäre die logisch korrekte Schlussfolgerung trotzdem falsch, weil die Prämisse falsch war bzw. nur für nichtarktische Gebiete gilt. Die Richtigkeit der Prämisse, dass „alle Füchse ein braunes Fell haben", ist deshalb nicht eine Frage des logischen Denkens, sondern muss durch wissenschaftliche Untersuchungen separat festgestellt werden. Das Beispiel zeigt, dass die *Logik* (z. B. Priest 2000), die der Mathematik nahe verwandte Wissenschaft vom logischen Denken, sich mit dem formal richtigen Weg beschäftigt, wie aus Prämissen der Wahrheitswert einer Schlussfolgerung ermittelt werden kann.

9.8   Der Unterschied zwischen Mensch und Tier

Bei grob vergleichbarem Körpergewicht beträgt das Gehirnvolumen beim Schimpansen ca. 400 cm^3 (Abb. 9.5), beim frühen Menschen, *H. habilis* und *H. erectus*, ca. 650 cm^3 bzw. 950 cm^3 und beim modernen Mensch *H. sapiens* etwa 1450 cm^3. Dies bedeutet zweifellos ein erhebliches Anwachsen der mentalen Fähigkeiten. Die Frage, wo genau der unbestritten enorme Unterschied in den Gehirnfunktionen der beiden Lebewesen liegt – obwohl Mensch und Schimpanse zu 99 % identische Erbanlagen (Cohen 2007) aufweisen –, konnte bisher nicht beantwortet werden.

Wie bereits erwähnt (Abschn. 8.10), treten fast alle höchsten Gehirnfunktionen des Menschen in unterschiedlicher Ausprägung auch bei höher entwickelten Tieren auf. Auch sie besitzen prozedurale, episodische und semantische Gedächtnisse, vorzügliche, oft schärfere Sinne als der Mensch, mit den dazugehörigen Feinanalysezentren der Sinneswahrnehmungen. Sie haben sowohl ein Körperbewusstsein als auch ein soziales Bewusstsein, das ihnen ermöglicht, sich in ihre Gruppengemeinschaften einzufügen (DeGrazia 2009). Ein Bewusstsein mit imaginativer Gehirnarchitektur tritt auf, das mentale Bilder und Erinnerungen erzeugt, Vorwärtsmodelle simuliert und evaluiert, um optimale Reaktionen zu ermöglichen. Tiere können zielorientiert handeln und besitzen sogar die freie Wahl, aus Egoismus inopportun zu handeln. Sie lernen, besitzen Emotionen und haben ein Ich-Konzept (Gennaro 2009) wie die Existenz der Spiegelselbsterkenntnis (Abschn. 8.7) nahelegt. Hinzu kommt, dass höhere Tiere Werkzeuge benutzen und einfache selbst herstellen können (Abschn. 9.2.1) und dass sie in sozialen Gruppen leben. All dies bestätigt Darwins These, dass der Mensch sich geistig von anderen Tierarten „im Grad, aber nicht in der Natur" unterscheidet.

Der unbestreitbare Unterschied liegt jedoch in der mit dem aufrechten Gang und dem engen Sozialleben zusammenhängenden *mentalen Evolution*, die sich in der *technologischen Evolution*, dem Gebrauch und der Herstellung von Werkzeugen und Waffen, der Feuernutzung, den Bauten, der Sprache und der Hochtechnologie zeigt (Abschn. 9.2) – wie auch in der *kulturellen Evolution* mit der besonders engen Kooperation in der Gruppe und dem Sozialleben (Abschn. 9.3).

Vier Erfordernisse werden als besonders wichtig angesehen (Heatherton 2010). Gruppenmitglieder benötigen ein stark ausgebildetes Bewusstsein für das eigene Ich, um sich in das Verhalten der Gruppe, deren Tätigkeiten, Kooperationen, Allianzen und Hierarchien einzuordnen (soziale Kompetenz). Das intensive Gemeinschaftsleben erfordert, möglichst genau die Gedanken und Beweggründe der anderen Mitglieder zu interpretieren, d. h. eine Theory of Mind zu entwickeln. Obwohl auch schon bei Tieren vorhanden, scheint sie beim Menschen besonders notwendig, ja geradezu überlebenswichtig zu sein. Es werden Mechanismen benötigt, die erlauben, eine Bedrohung des Individuums in komplexen Situationen (Auseinandersetzungen in der Gruppe und mit anderen Gemeinschaften) zu erkennen und ihr zu entgehen. Schließlich wird ein selbstregulierender Mechanismus benötigt, der für eine Lösung der Diskrepanzen zwischen Egoismus und gesellschaftlichen Erwartungen sorgt (moralische Normen, Recht, Religion, siehe Abschn. 9.3).

Das wichtigste Werkzeug für die Interaktion in der menschlichen Gesellschaft ist die Sprache. Bereits Aristoteles (Politik 1253a10) bezeichnete den Menschen als *zoon logon echon*, das einzige Lebewesen, das Sprache besitzt. Zwar kommt es auch zwischen Tieren zu erstaunlich vielfältiger und individueller Kommunikation. Die Sprache des Menschen übertrifft die Vielfalt und Informationsdichte der Kommunikation bei Tieren nicht nur bei Weitem, sondern hat auch das menschliche Denken tiefgreifend verändert. Es besteht kein Zweifel daran, dass Tiere denken, wenn Entscheidungen anstehen (Versuche mit Vögeln oder Schimpansen, die vor ungewohnte Situationen gestellt werden, zeigen, dass sie über Lösungsmöglichkeiten intensiv nachdenken). Da sie keine Sprache besitzen, geschieht ihr Denken in einer nichtverbalen Form. Zwar denken und kommunizieren auch Menschen nichtverbal, jedoch dominiert die verbale Form. Wohldefinierte Worte erlauben dabei ein besonders objektfokussiertes, scharfes und abstraktes Denken (Abschn. 9.7.6). Die durch einen (oft langen) Abstraktionsprozess gefundenen, präzise definierten mathematischen, naturwissenschaftlichen, technischen, juristischen und geisteswissenschaftlichen Begriffe haben den Ausbau und die Tiefe der Erkenntnisse dieser Wissensgebiete überhaupt erst möglich gemacht. Die Sprache und das auf ihr beruhende verbale Denken scheinen deshalb die herausragende, den Menschen vom Tierreich unterscheidende Besonderheit zu sein (DeGrazia 2009).

Literatur

Abbott A (2009) The glorious resolution. Nature 459:638

Akkal D et al (2007) Supplementary motor area and presupplementary motor area: targets of basal ganglia and cerebellar output. Journal of Neuroscience 27:10659

Alperson-Afil N et al (2009) Spatial organization of hominin activities at Gesher Benot Ya'aqov, Israel. Science 326:1677

Ambrose SH (2001) Paleolithic technology and human evolution. Science 291:1748

Balter M (2001) In search for the first Europeans. Science 291:1722

Berna F et al (2012) Microstratigraphic evidence of in situ fire in the Acheulean strata of Wonderwerk Cave, Northern Cape province, South Africa. PNAS 109 (20): E1215

Bode S et al (2011) Tracking the unconscious generation of free decisions using ultra-high field fMRI. PLoS ONE 6: e21612

Boly M et al (2008) Intrinsic brain activity in altered states of consciousness. How conscious is the default mode of brain function? Annals N.Y. Acad. Sci. 1129:119

Boyer P (2001) Religion explained. Basic Books, New York

Brain CK, Sillen A (1988) Evidence from the Swartkrans cave for the earliest use of fire. Nature 336:464

Brunet M et al (2002) A new hominid from the Upper Miocene of Chad, Central Africa. Nature 418:145

Cabeza R et al (2008) The parietal cortex and episodic memory: an attentional account. Nature Reviews Neuroscience 9:613

Campbell A (1996) Biology, 4. Aufl. Benjamin Cumming, Menlo Park CA

Cavanna AE (2006) The precuneus and consciousness. CNS Spectrum 12:545

Cavanna AE, Trimble MR (2007) The precuneus: a review of its functional anatomy and behavioural correlates. Brain 129:564

Chalmers DJ (1995) Facing up to the problem of consciousness. Journal of Consciousness Studies 2:200. http://www.imprint.co.uk/chalmers.html

Cohen J (2007) Relative differences: The myth of 1%. Science 316:1836

Coulthard E.J et al (2008) Control over conflict during movement preparation: role of posterior parietal cortex. Neuron 58:144

Critchley HD et al (2004) Neural systems supporting interoceptive awareness. Nature Neuroscience 7:189

Culotta E (2009) On the origin of religion. Science 326:787

Curry A (2013) The milk revolution. Nature 500:20

Custers R, Aarts H (2010) The unconscious will: how the pursuit of goals operates outside of conscious awareness. Science 329:47

Cyranoski D (2009) The big and the bold. Nature 459:634

DeGrazia D (2009) Self-awareness in animals. In: Lurz RW (Hrsg.) The philosophy of animal minds. Cambridge University Press, S 201. http://esotericonline.net/docs/library/Philosophy/Philosophy%20of%20Mind/Consciousness/Lurz%20-%20The%20Philosophy%20of%20Animal%20Minds.pdf#page=201

de Lumley H (2001) http://www.culture.gouv.fr/culture/arcnat/tautavel/en

Desmurget M et al (2009) Movement intention after parietal cortex stimulation in humans. Science 324:811

Doehring K (2004) Völkerrecht. Müller, Heidelberg § 20

Domínguez-Rodrigo M et al (2010) Configurational approach to identifying the earliest hominin butchers. PNAS 107:20929

Dunham I et al (2012) An integrated encyclopedia of DNA elements in the human genome. Nature 489:57

Emery NJ, Clayton, NS (2004) The mentality of crows: convergent evolution of intelligence in corvids and apes. Science 306:1903

Esch T, Stefano GB (2004) The neurobiology of pleasure, reward processes, addiction and their health implications. Neuroendocrinology Letters 25:235

Frey U (2009) Cognitive foundations of religiosity. In: Voland E, Schiefenhövel W (Hrsg.) The biological evolution of religious mind and behavior. Springer, Berlin, S 229

Gavrilets, S (2012) Human origins and the transition from promiscuity to pair-bonding. PNAS 109 (25): 9923

Gazzaniga, MS et al (2009) Cognitive neuroscience: the biology of the mind, 3. Aufl. Norton, New York

Gennaro RC (2009) Animals, consciousness, and I-thoughts. In: Lurz RW (Hrsg.) The philosophy of animal minds. Cambridge University Press, S 184. http://esotericonline.net/docs/library/Philosophy/Philosophy%20of%20Mind/Consciousness/Lurz%20-%20The%20Philosophy%20of%20Animal%20Minds.pdf#page=184

Gibbons A (2009) A New Kind of Ancestor: Ardipithecus Unveiled. Science 326:36

González-José et al (2008) Cladistic analysis of continuous modularized traits provides phylogenetic signals in Homo evolution. Nature 453:775

Gore R (1997) The dawn of humans, expanding worlds. Natl. Geogr. 191:84

Goren-Inbar N et al (2004) evidence of hominin control of fire at Gesher Benot Ya'aqov, Israel. Science 304:725

Gusnard DA, Raichle ME (2001) Searching for the baseline functional imaging and the resting human brain. Nature Reviews Neuroscience 2:685

Haggard P (2008) Human volition: towards a neuroscience of will. Nature Reviews Neuroscience 9:934

Haile-Selassie Y (2001) Late Miocene hominids from the Middle Awash, Ethiopia. Nature 412:178

Haile-Selassie Y et al (2004) Late Miocene teeth from Middle Awash, Ethiopia, and earlyhominid dental evolution. Science 303:1503

Heatherton TF (2010) Building a Social Brain. In: Reuter-Lorenz PA et al (Hrsg.) The cognitive neuroscience of mind. A tribute to Michael S. Gazzaniga. MIT Press, Cambridge MA, S 173.
ftp://ftp.turingbirds.com/neurosci/The.MIT.Press.The.Cognitive.Neuroscience.of.Mind.2010.eBook.pdf

Herrmann CS et al (2008) Analysis of a choice-reaction task yields a new interpretation of Libet's experiments. Intl. Journal of Psychophysiology 67:151

Hoefer C (2010) Causal Determinism. Stanford Encyclopedia of Philosophy, http://plato.stanford.edu/entries/determinism-causal/

Holden C (2004) The Origin of Speech. Science 303:1316

Johanson DC, White TD (1979) A systematic assessment of early african hominids. Science 203:321

Johansson S (2011) Constraining the time when language evolved. Linguistic & Philos. Investig. 10:45

Karnath H-O, Thier P (2006) Neuropsychologie. Springer, Heidelberg

Konopka G et al (2009) Human-specific transcriptional regulation of CNS development genes by FOXP2. Nature 462:213

Kruggel F et al (1997) BRIAN (Brain Image Analysis). Ein Programmsystem zur Analyse multimodaler Datensätze des Gehirns. Max Planck Institute for Human Cognitive and Brain Sciences, Report. http://www.billingpreis.mpg.de/hbp97/kruggel.pdf

Langergraber KE et al (2012) Generation times in wild chimpanzees and gorillas suggest earlier divergence times in great ape and human evolution. PNAS 109 (39): 15716

Leakey MD (1979) Footprints in the ashes of time. Natl. Geogr. 155:446

Leakey MD et al (1979) Pliocene footprints in the Laetolil beds at Laetoli, northern Tanzania. Nature 278:317

Lee WCA et al (2006) Dynamic remodeling of dendritic arbors in gabaergic interneurons of adult visual cortex. PLoS Biol. 4(2): 0271

Lewin R. (1989) Human Evolution. An illustrated introduction, 2. Aufl. Blackwell Sci., Cambridge MA

Libet B (1985) Unconscious cerebral initiative and the role of conscious will in voluntary action. Behavioral and Brain Sciences 8:529

Libet B et al (1983) Time of conscious intention to act in relation to the onset of cerebral activity (readiness-potential). Brain 106:623

Logothetis NK (2008) What we can do and what we cannot do with fMRI. Nature 453:869

Magistretti, P.J (2009) Low-Cost Travel in Neurons, Science 325, 1349

Mania D (2004) Die Urmenschen von Thüringen. Spektrum der Wissenschaft 10:3

McDougall I et al (2005) Stratigraphic placement and age of modern humans from Kibish, Ethiopia. Nature 433:733

McPherron SP et al (2010) Evidence for stone-tool-assisted consumption of animal tissues before 3.39 million years ago at Dikika, Ethiopia. Nature 466:857

Mellars P (2004) Neanderthals and the modern human colonization of Europe.Nature 432:461

Metzinger T (2007) http://www.scholarpedia.org/article/Self_models

Metzinger T (2008) Empirical perspectives from the self-model theory of subjectivity: a brief summary with examples. In: Banerjee R, Chakrabarti B (Hrsg.) Models of brain and mind, physical, computational and psychological approaches. Progress in Brain Research 168. Elsevier, London, S 218,

Metzinger, T (2009) Der Ego-Tunnel: Eine neue Philosophie des Selbst: Von der Hirnforschung zur Bewusstseinsethik. Berlin Verlag, Berlin

Monti MM et al (2010) Willful modulation of brain activity in disorders of consciousness. New England Journal of Medicine 362:579

Moyà-Solà S et al (2004) Pierolapithecus catalaunicus, a new middle Miocene great ape from Spain. Science 306:1339

Nachev, P et al (2008) Functional role of the supplementary and pre-supplementary motor areas. Nature Reviews Neuroscience 9:856

Nägerl V et al (2009) Live-cell imaging of dendritic spines by STED microscopy. PNAS 105:18982

Organ C et al (2011) Phylogenetic rate shifts in feeding time during the evolution of Homo. PNAS 108:14555

Owen AM et al (2006) Detecting awareness in the vegetative state.Science 313:1402

Panchanathan K, Boyd R (2004) Indirect reciprocity can stabilize cooperation without the second-order free rider problem. Nature 432:499

Priest G (2000) Logic. A very short introduction. Oxford University Press

Pringle H (1998) The slow birth of agriculture. Science 282:1446

Raichle ME et al (2001) A default mode of brain function. PNAS 98:676

Sah P, Westbrook RF (2008) The circuit of fear. Nature 454:589

Service RF (2008) Proteomics Ponders Prime Time. Science 321:1758

Seth A (2009) Explanatory correlates of consciousness: theoretical and computational challenges. Cognitive Computation 1:50

Soon CS et al (2008) Unconscious determinants of free decisions in the human brain. Nature Neuroscience 11:543

Swisher III CC et al (1996) Latest Homo erectus of Java: potential contemporaneity withHomo sapiens in southeast Asia. Science 274, 1870

Tattersall I (1997) Out of Africa. Again and again? Scientific American 46

Taylor DJ et al (1997) Biological Sciences 2. Systems, Maintenance and Change, 3. Aufl. Cambridge University Press

Thieme H (2007a) Die Schöninger Speere: Mensch und Jagd vor 400 000 Jahren. Theiss, Stuttgart

Thieme H (2007b) Warum ließen die Jäger die Speere zurück? In: Thieme H (Hrsg.) Die Schöninger Speere – Mensch und Jagd vor 400 000 Jahren. S 188. Theiss, Stuttgart

Thurman RE et al (2012) The accessible chromatin landscape of the human genome. Nature 489:75

Tomasello M (1994) Cultural transmission in the tool use and communicatory signalingof chimpanzees? In: "Language" and intelligence in monkeys and apes. Parker ST, Gibson KR (Hrsg.) Cambridge University Press

Vaas R (2009) On the natural origin of religiosity by means of bio-cultural selection. In: Voland E, Schiefenhövel W (Hrsg.) S 25

Vogeley K, Fink GR (2003) Neural correlates of the first-person perspective. TrendsCognitive Sci. 7:38

Voland E (2009) Evaluating the evolutionary status of religiosity and religiousness. In: Voland E, Schiefenhövel W (Hrsg.) S 9

Voland E, Schiefenhövel W (2009) The biological evolution of the religious mind and behavior. Springer, Berlin

Wilson EO (1975) Sociobiology: the new synthesis. Harvard Univ. Press, Cambridge MA

Wilson EO (1978) On Human Nature. Harvard Univ. Press, Cambridge MA

Wolde Gabriel G et al (2001) Geology and palaeontology of the late Miocene Middle Awash valley, Afar rift, Ethiopia. Nature 412:175

Wood B (2002) Hominid revelations from Chad. Nature 418:133

Wrangham R (2009) Catching hire: how cooking made us human. BasicBooks, New York

Die Zukunft der Menschheit

P. Ulmschneider, Vom Urknall zum modernen Menschen, DOI 10.1007/978-3-642-29926-1_10,
© Springer-Verlag Berlin Heidelberg 2014

Die Kombination von *biologischer* und aus technologischer und kultureller Entwicklung bestehender *mentaler Evolution* schreitet rapide voran. Wohin wird sich die Menschheit in der Zukunft entwickeln? Ziel scheint ein ferner Zustand zu sein, den man als *evolutionären Konvergenzpunkt* bezeichnen kann und der zusätzlich zu *Urknall* und *Kältetod* ein drittes universelles asymptotisches Ereignis im Universum darstellt. Gibt es in unserer Galaxis und anderswo weiter fortgeschrittene intelligente Zivilisationen, die vor langer Zeit durch unseren heutigen Entwicklungsstand gegangen sind? Warum haben wir keinen Kontakt mit solchen außerirdischen Lebewesen? Was ist die Bedeutung dieser drei asymptotischen Ereignisse?

10.1 Der unaufhaltsame technologische Fortschritt

Wie wird die Evolution des Lebens und insbesondere des menschlichen Lebens weiter voranschreiten? Jeder Börsenmakler weiß, wie schwierig es ist, Zukunftsprognosen aufzustellen; selbst ausgewiesene Experten sind bei Vorhersagen in ihren Fächern zu eklatanten Fehleinschätzungen gekommen. Noch 1895 hatte der berühmte Physiker und Präsident der britischen Royal Society William Thomson (Lord Kelvin) vorhergesagt, dass Flugmaschinen, die schwerer als Luft sind, niemals zu realisieren sein werden. 1977 stellte Ken Olson, Präsident der Computerfirma Digital Equipment Corporation fest, es gebe keinen vernünftigen Grund dafür, dass irgendjemand einen Computer in seinem Heim haben wolle.

Trotz dieser zur Vorsicht mahnenden Beispiele glaube ich, dass man neben einem rasanten *technologischen Fortschritt* in allen Fachrichtungen vor allem für drei Gebiete Vorhersagen machen kann: die *industrielle Eroberung des Weltraums*, die *Informationstechnologie* und die *Biophysik* (Ulmschneider 2006). Der zu erwartende technologische Fortschritt in diesen Bereichen dürfte die menschliche Gesellschaft auf fast unvorstellbare Weise verändern.

Die *industrielle Eroberung des Sonnensystems* wird uns den Zugang zu unermesslichen Bodenschätzen auf den Asteroiden, Monden und Kuiper-Belt-Objekten eröffnen und uns von der drohenden Begrenzung unserer natürlichen Ressourcen auf der Erde unabhängig machen. Der *Informationstechnologie* verdanken wir, dass in nur 30 Jahren, seit 1981, als der IBM Personal Computer eingeführt wurde, elektronische Rechner von einer geringen Zahl spezialisierter Maschinen in Zimmergröße zu Hunderten von Millionen paket- bis handgroßen Geräten mutiert sind. Früher nur wenigen Benutzern in Wissenschaft, Industrie, Regierung oder Militär zugänglich, werden sie heute von jedermann im täglichen Leben verwendet, um Maschinen, Verkehr, Kommunikation und sogar Körperteile zu steuern. Die volle Nutzung dieser Entwicklung ist noch nicht absehbar.

Der dritte Bereich – wahrscheinlich der bedeutendste – ist die *Beherrschung der biologischen Welt*. Erstaunlich schnell ist es gelungen, unsere Erbanlagen (DNA) aufzuklären wie auch die Genome einer großen Zahl anderer Lebewesen (Abschn. 5.4). In wenigen Jahrzehnten dürfte man die Eigenschaften und Wirkungen der ca. 21.000 Gene und ihrer hundertmal größeren Anzahl epigenetischer Schalter verstehen, die den Bauplan des menschlichen Körpers ausmachen (Abschn. 9.5). Es wird gelingen, Organe zu erzeugen, Erbkrankheiten und Krebserkrankungen zu heilen, indem man defekte Gene ersetzt und epigenetische Schalter kontrolliert. Vorstellbar ist, dass selbst der Alterungsprozess aufgehalten wird, der die menschliche Lebenszeit bisher auf etwa 120 Jahre begrenzt. Warum und wie die Natur solche Lebensdauern festlegt – bei der Maus ca. 3,5 Jahre und der ähnlich großen Fledermaus etwa 50 Jahre – ist bisher nicht geklärt.

Ein besonders fundamentaler Schritt steht bevor, wenn in wohl nicht allzu ferner Zukunft die Gensequenzen und ihre Schalter verstanden sind und sich die Möglichkeit eröffnet, den Konstruktionsplan des Gehirns zu verändern. In der Natur sind derartige Änderungen bereits bei der Evolution des *Homo habilis* über *Homo erectus* bis zum *Homo sapiens* erfolgt. Dies dürfte zu geistig weit überlegenen Nachfahren führen. Übersetzt man den Konstruktionsplan in die Sprache der Informationstechnologie, könnten zusammen mit einem synthetischen Körper intelligente menschenähnliche Wesen entstehen, sogenannte *Androiden*. Ausgestattet mit einem ebenbürtigen Intellekt wären sie in der Lage, sowohl den atmosphärenlosen Weltraum als auch die Tiefen der Ozeane zu meistern sowie einen mühelosen Zugang zu den Datenbanken der Welt und einen direkten mentalen Kontakt zu anderen Androiden herzustellen. Als folgerichtige Weiterführung der mentalen Evolution des Lebens und der dadurch wieder in Gang gesetzten biologischen Evolution (Teilhard de Chardin 1959) würde dies neue Dimensionen der menschlichen Zivilisation und der Qualität ihres Zusammenlebens eröffnen.

10.2   Die anhaltende kulturelle Evolution

In Abschn. 9.3 wurde erwähnt, dass die *kulturelle Evolution* sich nicht nur bei der Entwicklung des Rechts, sondern auch z. B. bei den großen Religionen verfolgen lässt. Es ist bekannt, dass von der Antike bis in die Neuzeit die abendländischen Religionen außerordentlich unduldsam waren, wenn es um Glaubensabfall, Homosexualität, Ehebruch, Raub oder Mord ging. Basierend auf den alttestamentlichen biblischen Texten wurde nach harten Regeln verfahren und drakonische Strafen verhängt (Abb. 10.1). Trotz dieser Tradition, sind heute solche unmenschlichen Bestrafungen von den großen westlichen Religionen und fast allen modernen Staaten aufgegeben worden. Weder die Führer der christlichen Kirchen noch die Mitglieder des Obersten Rabbinats von Israel billigen heute noch Steinigungen oder den Scheiterhaufen. Ähnliches gilt für die Lehrer der Al-Azhar Universität in Kairo, einem der Zentren islamischer Gelehrsamkeit und Bildung, oder für die Führer des Diyanet, der höchsten Religionsbehörde in der Türkei, die zusammen die Meinungen der Mehrheit der sunnitischen Moslems vertreten.

Diese Änderungen des Verhaltens stellen offensichtlich nicht nur taktische Schachzüge dar, um sich dem modernen Staat anzupassen. Es handelt sich vielmehr um eine substanzielle Entwicklung der inneren Überzeugung und einen Fortschritt bei der Erkenntnis, dass man die religiösen Texte besser interpretieren und mit den Menschen humaner und achtungsvoller umgehen muss. Hierbei können natürlich die immer wieder aufflackernden Auswüchse des Fundamentalismus nicht übersehen werden (Abschn. 9.3.2). Wie bei der Evolution des Rechts ist jedoch zu hoffen, dass trotz schwerwiegender Abirrungen und Eingriffe in die Freiheit und Würde des Menschen, die Evolution der Religionen eine langfristige humane Entwicklung bleibt.

a   b

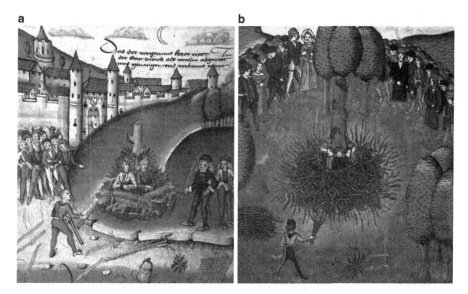

◪ **Abb. 10.1 a** Verbrennung des Richard von Hohenburg und seines Knechts 1482 vor Zürich wegen Homosexualität, **b** Ketzerverbrennung vor Basel nach der Schlacht bei Héricourt 1474 (Ausschnitte, Große Burgunderchronik von Diebold Schilling dem Älteren, Bern 1484, Universitätsbibliothek Heidelberg)

10.3 Der evolutionäre Konvergenzpunkt

Wohin führt diese biologische und mentale Evolution? Hat sie ein Ziel? Wie sollen wir uns solche fernen Zustände vorstellen? Unser *Wissen* erweitert sich in immer schnelleren Schritten (in Richtung *Allwissenheit*?). Hand in Hand geht damit, durch systematische Anwendung der physikalischen, chemischen und biologischen Kenntnisse, ein enormer Zuwachs an technologischer *Macht* (in Richtung *Allmacht*?). Wie erwähnt, dürfte dies zu andersartigen Menschen und sogar Androiden führen, die den *H. sapiens* weit übertreffen und nicht länger eine von der Biologie festgelegte *Lebenszeit* besitzen (Richtung *Unsterblichkeit*?). Gleichzeitig scheint sich auch, trotz Aberrationen, eine gesellschaftliche Entwicklung zu erhöhter Sensibilität für Gerechtigkeit und *Respekt vor dem Individuum* zu vollziehen (Richtung *Empathie*?).

Dies überrascht, weil die das Ziel der heutigen Evolution beschreibenden Begriffe – *Allwissenheit, Allmacht, Unsterblichkeit* und *Empathie* – primär aus Philosophie und Religion stammen (*göttliche Attribute*?) und weniger aus den Naturwissenschaften. Dieses Ziel kann jedoch kein tatsächlich erreichbarer Zustand sein, sondern nur ein asymptotisch ferner Punkt. Selbst wenn der Alterungsprozess aufgehoben würde, könnten unsere Nachfahren als biologische Organismen nie wirklich allwissend oder allmächtig sein. Wegen des immer möglichen Unfalltodes sowie des zwangsläufigen Zerfalls der Materie in Richtung Kältetod wären sie nicht wirklich unsterblich. Dieser ferne asymptotische Punkt, zu dem das Leben wahrscheinlich überall im Weltall hinstrebt, kann als *evolutionärer Konvergenzpunkt* bezeichnet werden.[1] Ne-

---

[1] Ein evolutionärer Konvergenzpunkt wurde bereits von dem französischen Paläanthropologen, Philosophen und Jesuiten Teilhard de Chardin (1881–1955) postuliert (Teilhard de Chardin 1959). Im Gegensatz zu dem oben erwähnten Zielpunkt stellte sich Teilhard de Chardin jedoch ein wirklich existierendes Ziel vor, das er

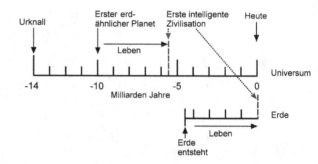

Abb. 10.2 Entstehung von intelligenten Zivilisationen in unserem Universum

ben dem *Urknall* und dem *Kältetod* gibt es im *evolutionären Konvergenzpunkt* also ein drittes universelles asymptotisches Ereignis im Universum. Bemerkenswert ist, dass diese Ereignisse Grenzübergänge unserer Welt zu markieren scheinen. Für eine Gesamtschau des Universums ist es deshalb nötig, nach einer Erklärung für diese drei Ereignisse zu suchen.

10.4   Extraterrestrisches intelligentes Leben

Obwohl bisher noch keinerlei konkrete Nachweise vorliegen, ist unbestritten, dass wir in unserer Galaxis keinesfalls allein leben. Dies stützt sich auf die sehr große Zahl zu erwartender erdähnlicher Planeten (Abschn. 3.17). Natürlich entstanden diese Planeten nicht alle zur gleichen Zeit und auch nicht während der Frühzeit der Galaxis. Vor mehr als 10 Mrd. Jahren hatten die kosmischen Häufigkeiten von schweren Elementen noch nicht die für terrestrische Planeten geeigneten hohen Werte erreicht. Auch wenn die Entwicklung zum intelligenten Leben sehr lange dauert und man dafür – wie auf der Erde – etwa 4 Mrd. Jahre ansetzen muss, darf man mit einer erheblichen Anzahl von intelligenten Zivilisationen in unserer Galaxis und erst recht im Universum rechnen, wenn man annimmt, dass auf jedem erdähnlichen Planeten höchstwahrscheinlich Leben entsteht und sich in Richtung zur Intelligenz entwickelt.

Abbildung 10.2 zeigt im oberen Teil den Ablauf der Geschichte des Universums seit 13,7 Mrd. Jahren. Darunter ist der Zeitverlauf der Erdgeschichte aufgetragen, die vor 4,6 Mrd. Jahren begann. Wenn die Entwicklung des Lebens bis zur Intelligenz 4 Mrd. Jahre dauert (waagrechte Pfeile) und erste erdähnliche Planeten schon vor 10 Mrd. Jahren existierten, dürften die ersten intelligenten Zivilisationen bereits vor mehr als 5 Mrd. Jahren aufgetreten sein. Man kann also erwarten, dass extraterrestrische intelligente Zivilisationen existieren, die erheblich älter sind als wir.

Angenommen, dass solche Zivilisationen schon vor langer Zeit unseren heutigen Entwicklungsstand durchlaufen haben und die biologische, technologische und kulturelle Evolution ähnlich vorangeschritten ist wie bei uns, wäre es möglich sich die heutige Natur solcher Lebewesen vorzustellen? Sie dürften nicht nur Tausende oder Millionen, sondern Milliarden Jahre länger Wissenschaft betrieben haben und wären, verglichen mit uns, nahezu allwissend und allmächtig.

Sich auch nur ein annähernd zutreffendes Bild solcher Zivilisationen zu machen, ist völlig ausgeschlossen. Allenfalls kann dafür eine sehr inadäquate Analogie herhalten: Der Unter-

---

mit dem kosmischen Christus identifizierte und Punkt Omega nannte – eine mystische Sichtweise –, die von den meisten Naturwissenschaftlern und Theologen abgelehnt wird.

schied dürfte in der Qualität vergleichbar sein, wie der von uns Menschen gegenüber den Einzellern, die vor vielen Milliarden Jahren in den irdischen Ozeanen lebten. Trotzdem würden solche Zivilisationen immer noch den Naturgesetzen unterworfen sein und ihre Entwicklung wäre noch weit davon entfernt, den evolutionären Konvergenzpunkt zu erreichen.

10.5 Gefahren, das Fermi-Paradox

In der Erdgeschichte hat eine Vielzahl von natürlichen Katastrophen das Leben bedroht (Supernovaexplosionen und Gammastrahlenausbrüche in unserer galaktischen Nachbarschaft, Kometen- oder Asteroideneinschläge, Episoden von extremem Vulkanismus, Vereisungen, Umweltveränderungen, bakterielle oder virale Infektionen). Die geologischen Schichtgrenzen markieren meist Zeitpunkte, in denen ein Massensterben stattgefunden hat und danach bestimmte Lebensformen (Leitfossilien: Trilobiten, Ammoniten) verschwanden. Solche die biologische Evolution treffenden Katastrophen können auch heute noch jederzeit geschehen. Hinzu kommt, dass auch die mentale Evolution extreme Gefahren mit sich bringen kann. Vom Menschen verursachte Klima- und Umweltveränderungen und unkontrollierbare Erfindungen können zu Katastrophen führen. Die größte Gefahr liegt aber in der Möglichkeit einer Selbstzerstörung durch Krieg, Terrorismus und Irrationalität, ausgelöst vom Menschen durch sein steigendes Wissen und der daraus abgeleiteten rapide anwachsenden technologischen Macht (Ulmschneider 2006). Während man die natürlichen Gefahren heute zunehmend besser beherrschen kann, wächst die Gefahr der Selbstzerstörung unaufhörlich. Die Vermutung, dass nur wenige verantwortungsbewusste Zivilisationen diese Entwicklung überleben und die meisten einer selbst herbeigeführten Katastrophe zum Opfer fallen, wurde als Erklärung dafür vorgeschlagen, dass man bisher noch keinen Erfolg bei der *Suche nach extraterrestrischen intelligenten Zivilisationen* (SETI) hatte.

„Wenn es so viele extraterrestrische Zivilisationen gibt, wo sind sie denn?" fragte 1950 der italienisch-amerikanische Physiker und Nobelpreisträger Enrico Fermi eine kleine Gruppe von Kollegen (*Fermi-Paradoxon*). Neben einem zwangsläufig auftretenden globalen Selbstmord gibt es eine vielleicht plausiblere und realistischere Erklärung des Fermi-Paradoxons: die *Zoo-Hypothese* (Ball 1973; Sagan 1973). Diese geht davon aus, dass der Kontakt mit einer weit überlegenen Zivilisation all unsere wissenschaftlichen und kulturellen Errungenschaften obsolet machen, zu einem absoluten Kulturschock und einem verantwortungslosen Eingriff in unsere natürliche Entwicklung führen würde. Da eine intelligente Zivilisation nur dann überlebt, wenn sie gelernt hat verantwortungsvoll zu handeln, muss man davon ausgehen, dass fortgeschrittene extraterrestrische Zivilisationen keinen Kontakt mit weniger entwickelten zulassen werden.

Es ist übrigens möglich, eine wenn auch sehr grobe Abschätzung der Anzahl der derzeitig existierenden intelligenten Zivilisationen in unserer Galaxis vorzunehmen. Dazu muss man eine äußerst unsichere Größe, die *mittlere Lebenszeit intelligenter Zivilisationen L* einführen. Wir nehmen an, dass die ältesten Zivilisationen 5 Mrd. Jahre und die jüngsten 2,5 Mio. Jahre alt sind. Die letztere Zeitdauer ergibt sich aus der Entwicklungszeit seit dem *H. habilis* und der sehr pessimistischen Annahme, dass wir uns demnächst selbst vernichten werden. Damit bestehen zwei Grenzen, mit deren Hilfe man einen (logarithmischen) Mittelwert bilden kann und eine Zeit L erhält zwischen 10^7 und 10^8 Jahren. Diese Zahlen sind Schätzwerte, die Folgendes ausdrücken: Es gibt wenige außerirdische Zivilisationen (Extraterrestrials, ETs), die seit

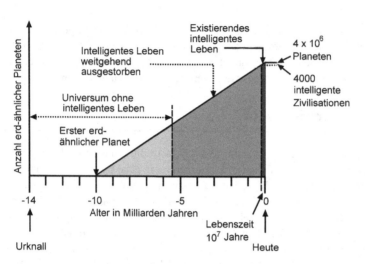

◻ Abb. 10.3   Anzahl der derzeit existierenden intelligenten Zivilisationen in der Galaxis

5×10^9 Jahren existieren, aber auch wenige, die bereits nach $2{,}5 \times 10^6$ Jahren aussterben. Die meisten ETs dürften also 10^7–10^8 Jahre lang leben.

Abbildung 10.3 zeigt die Situation, wenn man für L einen *festen* Wert von 10 Mio. Jahre annimmt und die Anzahl der in der Galaxis entstehenden erdähnlichen Planeten gleichmäßig bis auf heute 4 Mio. anwächst. Die ersten ETs entstanden vor 5 Mrd. Jahren, starben aber nach 10 Mio. Jahren aus. Weitere ETs entstanden, starben jedoch ebenfalls wieder aus usw. In der gegenwärtigen Galaxis dürfte es also nur noch jene 4000 Zivilisationen geben, deren Heimatplaneten vor ca. 4,6 Mrd. Jahren entstanden sind und die maximal 10 Mio. Jahre älter sind als wir. Diese geringe Anzahl dürfte einer der Gründe dafür sein, dass wir sie noch nicht entdeckt haben, weil sie wahrscheinlich im Mittel ca. 1200 Lj von uns entfernt leben, wenn sie in unserer Galaxis mit einem Durchmesser von 100.000 Lj gleichmäßig verteilt wären. Solche Entfernungen kann man mit heutigen SETI-Methoden noch nicht überwinden.

10.6   Die „Gotthypothese" – für und wider

Abschnitt 9.3.2 zeigt, dass Religion ein Jahrhunderttausende altes soziobiologisches Verhalten repräsentiert, das Menschengruppen beim Überlebenskampf offensichtlich Vorteile bringt. Es wurde erwähnt, dass Religionen auch dann ihre Wirksamkeit entfalten, wenn es sich bei der von ihnen entwickelten Vorstellung von „Gott" (als allwissenden, allmächtigen, unsterblichen, empathischen Weltschöpfer) um eine fest geglaubte Fiktion handelt. Sollte das Phänomen „Gott" jedoch keine Fiktion sein, sondern wirklich existieren (*Gotthypothese*), müsste man es, da die Weltentstehung betroffen ist, zu den Naturphänomenen zählen und wie ein solches behandeln. Ist die Gotthypothese als eine Absurdität anzusehen wie die berühmte, auf Bertrand Russell (1952) zurückgehende Vorstellung einer die Sonne zwischen der Mars- und Erdbahn umkreisenden Teekanne[2]? Oder gibt es naturwissenschaftliche Argumente dafür, dass man sie vertreten kann? Vielleicht könnten hier die drei unsere Welt begrenzenden asymptotischen Naturereignisse, der Urknall, der Kältetod mit dem kosmischen Archiv und der evolutionäre Konvergenzpunkt als Hinweise eine Rolle spielen.

Beim Urknall (oder Flaschenhals) stößt man auf folgende Probleme und Fragen: Wir haben uns nicht selbst geschaffen; dies gilt auch für die Objekte unserer Umwelt, die von anderen existierenden Objekten abstammen. Man kann deshalb davon ausgehen, dass auch die Welt sich nicht aus dem Nichts heraus von selbst geschaffen hat. Woher kommt dann aber die Welt? Diese Frage würde nicht nur den Urknall, sondern auch den Flaschenhals betreffen, weil es auch dort darum geht, woher die Welt stammt. Bereits die Antike hatte dazu eine Antwort: Es muss etwas geben, das schon immer da war, das „Ur-Seiende", von dem das Sein, die Existenz kommt (Aristoteles, Metaphysik, Buch 12, Kap. 7).

Die Entwicklung zum Kältetod (Abschn. 1.16) hat das eigentümliche Resultat, ein kosmisches Archiv zu schaffen, in dem für ewig und unzerstörbar Informationen über unsere Welt gespeichert sind – auch wenn außer Photonen und Neutrinos alle Strukturen zerfallen. Warum und wozu wird ein solches unzerstörbares Archiv aufgebaut? Gehört zum Archiv ein „Archivar"?

Warum bewegt sich die Evolution des Lebens überall im Weltall in Richtung des evolutionären Konvergenzpunktes, charakterisiert durch Attribute, die in Religion und Philosophie einem „Gott" zugeschrieben werden? Weist dies auf einen „Gott" hin?

Diese Fingerzeige sind weit davon entfernt, die Existenz eines „Gottes" zu belegen; sie dürften aber bei der Einschätzung eine Rolle spielen, dass die Gotthypothese keinesfalls automatisch – sei es aus ideologischen oder anderen Gründen – als Absurdität zu betrachten ist. Sie muss also offensichtlich in die lange Reihe der Naturphänomene eingereiht werden, die auf ihre mögliche Verifizierung oder Falsifizierung warten. Solche Nachweise können sich hinziehen und haben in anderen Fällen zum Teil lange gedauert: für Atome ca. 2500 Jahre; Schwarze Löcher ca. 200 Jahre; Higgs-Bosonen ca. 50 Jahre. Man muss sich im Übrigen klarmachen, dass derartige Sachlagen unvollkommenen Wissens (Dunkle Materie, supersymmetrische Teilchen) die Norm sind und nicht nur Naturphänomene, sondern auch unser Leben täglich betreffen. Wir sind gewohnt und müssen uns damit begnügen, basierend auf unvollständigem Wissen zu leben und zu handeln, Überzeugungen und Entschlüsse auf vernünftige und akzeptable Wahrscheinlichkeitsabschätzungen zu gründen und darauf zu vertrauen, dass das eintritt, was wahrscheinlich ist. Es ist also – auch aus naturwissenschaftlicher Sicht – durchaus vertretbar, an die Existenz eines „Gottes" zu glauben, wenn man sich der begrenzten Tragweite des noch unvollkommenen naturwissenschaftlichen Nachweises bewusst ist.

---

[2] „Wenn ich behaupten würde, dass es zwischen Erde und Mars eine Teekanne gäbe, die auf einer elliptischen Bahn um die Sonne kreise, so könnte niemand meine Behauptung widerlegen, vorausgesetzt sie sei zu klein, um selbst von unseren besten Teleskopen entdeckt zu werden. Wenn ich, weil meine Annahme nicht zu widerlegen ist, darüber hinaus behaupte, jeder Zweifel an meiner Behauptung sei eine unerträgliche Anmaßung menschlicher Vernunft, dann könnte man zu Recht meinen, ich würde Unsinn reden. Wenn jedoch in antiken Büchern die Existenz einer solchen Teekanne bestätigt würde, dies jeden Sonntag als heilige Wahrheit gelehrt und in die Köpfe der Kinder in der Schule eingeimpft würde, dann würde das Bezweifeln ihrer Existenz als ein Zeichen von Exzentrizität genommen werden. Es würde dem Zweifler in unserem aufgeklärten Zeitalter die Aufmerksamkeit eines Psychiaters einbringen oder in früherer Zeit, die eines Inquisitors".

Literatur

Ball JA (1973) The zoo hypothesis, Icarus 19:347

Russell B (1952) http://www.cfpf.org.uk/articles/religion/br/br_god.html

Sagan C (1973) On the detectivity of advanced galactic civilizations. Icarus 19:350

Teilhard de Chardin P (1959) Der Mensch im Kosmos (Le Phénomène Humain). Beck, München, S 250. http://www.ubest1.com/ebook/GNU_Reader_1309471722.pdf, http://www.rosemike.net/religion/serm_ess/misc/phenom10.pdf

Ulmschneider P (2006) Intelligent life in the universe. Principles and requirements behind its emergence. 2. Aufl. Springer, Heidelberg

10

Anhangtabellen

Entfernung	
Nanometer	$1\,nm = 1 \times 10^{-9}\,m$
Mikrometer	$1\,\mu m = 1 \times 10^{-6}\,m$
Astronomische Einheit	$1\,AE = 1{,}496 \times 10^{11}\,m$
Lichtjahr	$1\,Lj = 9{,}46 \times 10^{15}\,m$
Parsec	$1\,pc = 3{,}26\,Lj = 3{,}09 \times 10^{16}\,m$
Megaparsec	$1\,Mpc = 10^{6}\,pc = 3{,}09 \times 10^{22}\,m$
Energie	
Joule	$1\,J = 1\,kg\,m^{2}\,s^{-2}$
Elektronenvolt	$1\,eV = 1{,}60 \times 10^{-19}\,J$
Gigaelektronenvolt	$1\,GeV = 10^{9}\,eV = 1{,}60 \times 10^{-10}\,J$
Temperatur	
Kelvin	$1\,K = -273{,}15\,°C$

◘ Tab. A.2 Zeitlicher Beginn geologischer Epochen, Neufestlegung der Internationalen Kommission für Stratigraphie 2013 (http://www.stratigraphy.org/)

Phanerozoikum	(Millionen Jahre)
Känozoikum	
Quartär	
Holozän	0,0117
Pleistozän	2,588
Neogen	
Pliozän	5,333
Miozän	23,03
Paläogen	
Oligozän	33,9
Eozän	56,0
Paläozän	66,0
Mesozoikum	
Kreide	145,0
Jura	201,3
Trias	252,17
Paläozoikum	
Perm	298,9
Karbon	358,9
Devon	419,2
Silur	443,4
Ordovizium	485,4
Kambrium	541,0
Präkambrium	
Proterozoikum	
Ediacarium	635
Neoproterozoikum	1000
Mesoproterozoikum	1600
Paläoproterozoikum	2500
Archaikum	4000
Hadaikum	4567